中国特色城镇化研究中心
教育部人文社会科学研究基金项目(批准号:11YJCZH071)研究成果

城市游憩空间复杂性及优化调控研究

——基于分形几何与行为映象集成的视角

黄 泰 著

苏州大学出版社

图书在版编目(CIP)数据

城市游憩空间复杂性及优化调控研究:基于分形几何与行为映象集成的视角 / 黄泰著. —苏州: 苏州大学出版社, 2013.12

ISBN 978-7-5672-0733-2

Ⅰ.①城… Ⅱ.①黄… Ⅲ.①城市空间-空间规划-研究 Ⅳ.①TU984.11

中国版本图书馆 CIP 数据核字(2013)第 302082 号

城市游憩空间复杂性及优化调控研究

黄 泰 著

责任编辑 周建国

苏州大学出版社出版发行

(地址:苏州市十梓街 1 号 邮编:215006)

苏州工业园区美柯乐制版印务有限责任公司印装

(地址:苏州工业园区东兴路 7-1 号 邮编:215021)

开本 787×1092 1/16 印张 13 字数 301 千

2013 年 12 月第 1 版 2013 年 12 月第 1 次印刷

ISBN 978-7-5672-0733-2 定价:48.00 元

苏州大学版图书若有印装错误,本社负责调换

苏州大学出版社营销部 电话:0512-65225020

苏州大学出版社网址 http://www.sudapress.com

序
Preface

新中国成立后，城市是围绕着生产建设的，20世纪70年代，我们这代人上小学或中学时，在写作文的过程中，常常将城市工厂的大烟囱描写成伸向空中的画笔，将滚滚浓烟美化为空中美丽的图画。改革开放后，城市美化运动从南到北，从东向西，造就了很多花园城市、明星市长，其目标是经营城市，而不是考虑城市居民的基本游憩需要。反映在学术研究上，关于城市旅游的研究有很多成果，而关系到城市居民游憩空间的研究却寥若晨星；反映在城市规划实践上，旅游规划受到重视，但游憩绿地规划主要是为了满足绿化覆盖率，标志性建筑、代表性区域等中看不中用，或可看不可用。

实际上，城市的重要职能之一是为在城市工作的人及来城市办事的人提供生活的空间，城市游憩空间系统对满足这种需求非常重要，但我国大多数城市面临着游憩空间供给不足或配置失衡的问题，而我们对城市游憩空间的认识却非常有限，亟需从理性上给予解答。

本书正是探讨城市游憩空间的若干问题，是作者在其博士论文的基础上修改完成的。

作者黄泰来中山大学读博士之前，曾在南京大学随张捷教授攻读硕士学位。张捷教授的团队在应用数理方法研究旅游方面有颇多建树，黄泰的博士论文研究沿袭了这一特点，尝试用复杂性科学和分形理论来进行研究。同时，黄泰在攻读博士学位期间得到国家留学基金的资助，到加拿大滑铁卢大学随国际著名旅游研究学者 Geoffrey Wall 教授学习一年，相对系统地了解了西方的相关研究，从书中可以看到后结构主义和人本主义的影响。

黄泰将城市游憩空间划分出场点空间、映象空间、行为空间三种空间子类别，通过分析三者自身及其耦合关系的复杂性特征规律，揭示城市游憩空间供求关系中可能存在的问题及解决途径，进而提出了复杂性科学视野下城市游憩空间优化调控的三螺旋模型。他的研究得出了一些有意义的发现：

1. 将复杂性科学和分形理论应用到城市游憩空间研究领域，对城市游憩场点及其交通支持系统的结构分形分异特征进行了系统刻画，揭示了城市游憩空间系统的复杂性本质、自组织优化特征及自相似分形特性。发现城乡游憩空间的分形结构存在二元分异规律，为基于客流分布统计的环城游憩带理论找到了复杂性分形指标的比较依据。为城市游憩空间发展的分形演变模拟和游憩社会空间的复杂性分形本质研究提供了立论依据和知识基础。

2. 城市游憩映象形态模式可溯源于凯文·林奇城市意象模式，但与后者又有所不同，主要表现为散点型形态模式的数量比重大幅提高，且出现了散点—路径复合型的新形态模式。这些新特征、新模式比较真实地反映了城市游憩空间和城市空间两者之间存在的内在差异性，形成原因应该与城市游憩空间的散点性或非面状网络型特征、城乡游憩空间的二元分异规律以及城市游憩空间感知强度的距离衰减现象密切相关。

3. 城市游憩映象空间变形的感知距离偏差以对数函数模式的拟合效果最佳。交通方式对城市游憩空间的感知距离偏差具有一定的影响。自驾车游憩者对距离感知的精确性略高于非自驾车游憩者，感知距离的长度小于非自驾游者。与自驾车感知距离最为接近的交通方式依次是公交车、摩托车和电瓶车，而摩托车和电瓶车的使用比重较小且在较长距离游憩中的优势不明显，因此重视和优先发展旅游公交线路是推进游憩空间发展的重要战略选择。

4. 苏州城市尺度范围内的游憩客流空间分布以 Pareto 函数的拟合效果最佳，与以往大尺度长距离游憩客流分布的函数模式相一致。游憩行为空间的影响因素复杂，其中交通便捷性、拥挤程度、花费水平对游憩空间行为的影响较大，有必要加强以“公交车 + 地铁”为主导的公共游憩交通网络建设，进一步加大非本地户籍常住人口的景区门票减免力度或赋予旅游休闲年卡的办理权。

5. 以城市游憩空间复杂性研究发现为基础，类比里查德·列万廷的“基因、生物体和环境”三螺旋概念和亨瑞·埃茨科瓦茨的“政府、产业和大学”三螺旋模型，提出了城市游憩空间优化调控的“场点、行为、映象”三螺旋模型，为贯彻城市游憩空间的公共管治理念和规划创新转型提供了科学路径模式。

改革开放 30 多年来，中国的城市建设理念在不断变化，但距我们理想的宜居城市理念还有相当的差距，黄泰的研究不仅为我们提供了一个从游憩空间理解城市的视角，而且对政府制定城市规划政策也有相当大的参考价值。

由于应用了分形理论，本书读起来会比较费力，但值得慢慢读。

保继刚

2014 年 1 月 7 日于北京

目　　录
Contents

绪　论

第一节　研究背景与问题

1　研究背景

(1) 休闲时代与中国城市游憩现象的蓬勃发展

著名未来学家格雷厄姆·莫里托认为,到2015年前后,发达国家将率先进入休闲时代,发展中国家也将紧随其后,到那时,休闲将成为人类生活的重要组成部分。技术进步在提高生产效率、创造物质财富的同时,也使得人类开始拥有更多的闲暇时间。有预测认为将来人们可以将生命中50%的时间用于休闲[1]。美国权威人士则预测,休闲、娱乐活动和旅游业将成为下一股经济大潮,并席卷世界各地。目前,某些发达国家已经进入了休闲时代,而一些发展中国家的某些城市也看到了休闲社会的曙光。如何从可持续发展的战略高度,以积极的姿态迎接休闲时代的来临,这已经成为我国城市发展研究中的新课题。

游憩是人类的一种基本需求,是人类自身发展的需要,也是人类生活不可或缺的重要组成部分。我国作为发展中国家,虽然距全民休闲还有一定距离,但在休闲全球化的大背景下,随着我国居民收入水平的不断提高和闲暇时间的不断增多,城市游憩作为一种主流的休闲方式已经在我国城市中蓬勃兴起。一方面,随着我国经济的持续快速增长,人们的经济收入与生活水平不断提高,经济上带动了游憩需求的快速增长;另一方面,我国1995年开始实施的双休日制度和2007年起草通过的《国务院关于修改〈全国年节及纪念日放假办法〉的决定(草案)》,使城市的法定假日达到115天,再加上2007年起草通过的《职工带薪年休假条例(草案)》规定的休假日、寒暑假等因素,实际上城市居民生活的三分之一处于休闲状态,时间上保障了游憩活动的日常化、生活化。

法定假日的时长构成决定着游憩机会。暂不考虑尚不成熟的带薪休假,从法定假日的时长来看,我国法定假日以双休日2日假,清明节、端午节、中秋节、五一节、元旦各3日假,国庆节、春节各7日假为主。7日长假为长途旅游提供了可能,其游憩机会谱系覆盖短、中途游憩及长途旅游全域;3日假的游憩机会谱系则以短、中途游憩为主,长途旅游的开展相对困难;2日假则以短途游憩为主(表绪1)。由此可见,115天法定假日中,只有14日可能开展长途旅游,其时间总和不足年法定假日总天数的1/8;可用于中途游憩的假日有14+15=29天,占年假日总天数的25.22%;而可开展短途游憩的机会则为14+15+86=115天。从休闲的本质含义来看,休闲是一种生活方式,在时间上是指除掉工作、睡眠、家务等之外的所有自由闲暇时间，这种闲暇时间只会比 115 天更长。可见，休闲是无所不在、随时随地都可拥有的一种精神状态或生命模式。长途旅游只是一种特殊的、非主导的休闲方式。而游憩比旅游有着更宽泛的内容范畴及更重大的社会意义。

表绪 1　中国法定节假日闲暇时间与游憩机会谱系

节假闲暇	43(52 -9)个双休日	清明节 +1个双休日	端午节 +1个双休日	中秋节 +1个双休日	五一节 +1个双休日	元旦 +1个双休日	国庆节 +2个双休日	春节 +2个双休日
单节天数	2	3	3	3	3	3	7	7
全年天数	86			15			14	
游憩机会谱系	短途游憩			短、中途游憩			短、中、长途游憩	

2009 年年初，国家相关部门为应对全球经济危机的影响、缓解入境游客量大幅度减少的负面影响，倡导并开始酝酿“国民休闲计划”。2013 年初国务院办公厅印发了《国民旅游休闲纲要(2013—2020 年)》，为满足人民群众日益增长的旅游休闲需求、促进旅游休闲产业健康发展和推进具有中国特色的国民旅游休闲体系建设，提供了纲领性指导文件。休闲是人类的一种幸福生存状态，也是几千年来人类社会的不懈追求。经济条件好坏是休闲发展的充分条件，但非必要条件。当代经济落后地区的人们或过去经济落后时期的人们，同样都可以开展休闲活动。在经济相对发达、休闲者相对富裕的情况下，休闲消费金额多、经济拉动效应大，这是休闲经济能够成为西方发达国家主要经济方式的根本原因所在。可见，休闲首先是一种幸福生活方式，其次是一种经济手段。在当前我国国民经济正在走向富足的时期，提出休闲话题，激发了国民休闲的强烈意识。满足国民的休闲需求，是体现以人为本的执政理念，构建社会主义和谐社会的关键所在。政府在实施国民旅游休闲纲要、拉动休闲经济的同时，应适度关注低收入群体的休闲权利，权衡休闲发展中经济收益和民主福利的份额比重，在利用休闲促进经济发展的同时，加快国民休闲福利的发展。多一些人文关怀，少一些经济求索，这正符合当前我国关注民主民生、构建和谐社会的时代主旨。城市游憩空间是国民休闲的基本空间场所或物质保障，以国民休闲需求为导向，构建科学合理的人文生态型城市游憩空间系统，加快公益性城市游憩空间发展的步伐，适度免费开放一些旅游景区，是构建社会主义和谐社会、提升国民幸福指数的有效抓手。

(2) 我国城市游憩功能开发缺乏行为规范引导

早在 1933 年，《雅典宪章》就明确指出游憩是城市的四大功能之一。城市游憩功能开发的根本目标是满足游憩者的游憩需求，其开发必须以游憩者主体的需求为导向。城市游憩者主体通常包括本市居民及外来中短途游客两个部分。城市游憩功能开发必须首先满足本城市居民的基本游憩需求，其次是满足外来游客的游憩需求。了解游憩者主体的需求是什么，具有哪些特征，也即了解游憩者需要什么样的游憩空间、活动类别、设施服务等，这是城市游憩功能开发必须首先回答的问题，也事关城市游憩空间开发的成败。

虽然城市的游憩功能早在 20 世纪 30 年代就已经被明确强调，但由于受经济发展水平、城市规划理念等因素的限制，世界城市游憩开发的道路，尤其是当前发展中国家的城市游憩空间发展之路并不顺利。与其他城市空间类型相比较，游憩空间更多的是一种社会公益强导向、经济效益弱导向的空间类别，这种经济利益弱势空间是在与其他的经济利益强势空间的不对称博弈中艰难发展的，其生存动力植根于国民游憩需求，而规划与开发掌握在城市管理者手中。执政为民，落实到城市游憩空间的规划建设上，就是要顺应民意，科学合理地配置游憩设施，以满足城市居民的日常游憩需求。何谓合理的游憩设施配置？这必须从两个方面分析，一是要客观、深入地认识游憩空间系统自身的结构合理性；二是要研究城市居民的游憩需求结构，客观反映游憩需求的满足程度。我国现有的游憩空间开发大多缺乏对游憩需求行为的系统研究，导致开发供给与需求消费脱节。

近年来，城市规划专家及城市管理者开始深刻反思城市游憩的供给与需求问题。北京大学俞孔坚在所著的《城市景观之路——与市长们交流》一书中呼吁我国的城市管理决策者加强对市民游憩需求的关注和尊重。党的十七大也明确提出加快建设创新型、文化型、生态型、和谐型城市，其和谐城市战略方针，体现了城市游憩空间的精神内核，体现了对居民游憩需求的尊重，为城市游憩开发带来了机遇并指明了方向。如今，在党的生态城市、文明城市、和谐城市理念导向下，我国城市在规划建设过程中，普遍加强了对游憩需求的调研和关注。

(3) 城市游憩空间感应与行为研究的缺失

感应与行为研究的产生与当代的现象学和实证主义两大哲学思潮密切相关。地理学中的感应与行为研究始于20世纪50年代末，其研究领域主要为环境感知的研究。20世纪60年代洛温塔尔(Lowenthal)和柯克(Kirk)发表论文证明了感知研究在地理学中的有用性。凯文·林奇撰写的《城市意象》则是城市感知研究的经典著作。自此之后，有关城市感知的研究受到了地理学者的广泛关注。城市形态、城市居民感知与行为等研究成为城市科学研究中的热点领域。然而，已有的相关研究大多是从整个城市的层面对城市空间系统整体的感知进行研究，而对城市空间细分出的亚空间类别、特别是游憩空间系统的研究不多。

国内外学者对城市感应的关注远远多于城市游憩。城市游憩空间是城市系统的一个子系统，已有的城市感应研究显示，游憩空间在城市感应中发挥着重要作用，城市感应的诸要素都是一些具体的游憩空间类型，比如市民广场雕塑、游乐园、大型购物中心、游憩商贸区(recreational business district，简称 RBD)等。尽管游憩空间在多数情况下可能成为城市感应的基本要素，那么城市游憩空间的感应能否与城市空间感应画等号呢？从常理推测，答案应该是否定的，因为毕竟城市系统比城市游憩空间系统复杂得多，城市空间是连续的、面状的，而城市游憩空间是不连续的、网状的。但科学的答案同样是有待深入考证的，因为目前并没有文献对城市游憩空间感应进行系统深入的研究，更无法进一步揭示城市空间感应与城市游憩空间感应的异同。

总的来看，迄今为止，在游憩科学及城市科学研究领域中，对于城市游憩空间感知方面的研究非常少见。国内研究对城市游憩的研究大多采取行为学规律的统计分析。对于城市游憩空间这种分散复杂的网状空间系统来讲，其感应特征、感应与行为的关系等都很少被研究。本书拟通过分析感知映象空间与行为空间的耦合关系，达到对游憩网络空间的整合与优化。

(4) 复杂性科学与城市游憩空间复杂性研究的新机遇

对自然界和人类自身的认识始终是科学研究的努力方向。除掉一目了然的简单现象，人类面对世界的很多未知领域，通常会显得束手无策；而即使在人类已知觉的很多领域，依然存在很多复杂的未知现象，科学就是要揭示、解释这些复杂性现象的本质或规律，从而为人类认识世界、改造世界提供合理的依据。伴随着系统论的发展，复杂系统和复杂性科学受到广泛关注。复杂性科学是用以研究复杂系统和复杂性的一门方兴未艾的交叉学科。虽然它还处于萌芽时期，但已被有些科学家誉为"21 世纪的科学"。复杂性现象普遍存在，同样复杂性科学也很普遍，它没有严格的学科界限，普遍存在于自然、工程、生物、经济、管理、政治与社会等各个领域；它探索的复杂现象从一个细胞呈现出来的生命现象，到股票市场的涨落、城市交通的管理、自然灾害的预测，乃至社会的兴衰；等等。目前，关于复杂性的研究受到了世界各国科学家及不同学术领域科学家的广泛关注。

地理学研究的核心对象是人—地关系的复杂系统。无论是人、地，还是其间关系，都存在着很多有待进一步解释或揭示的复杂性现象和规律。近年来，以空间复杂性为核心的地理复杂性研究已受到广大地理学者的高度关注。城市空间复杂性研究最早可追溯到 20 世纪 70 年代[2]，正式起步于 20 世纪 80 年代，相关研究主要集中于城市结构的分形刻画和城市演变的细胞自动机模拟。1993 年前后，分形城市与细胞自动机模拟趋于合流，与此同时，自组织理论、混沌理论、神经网络、遗传算法等多种复杂性理论也纷纷在城市地理研究中出现。越来越多的文献揭示城市空间系统的复杂性特征。对于城市空间子系统复杂性的研究，相关成果主要集中于城市人口分布复杂性、城市交通网络复杂性、土地利用结构复杂性、城市经济空间结构复杂性、城市边界复杂性、城市形态结构复杂性、城市景观结构复杂性等方面，而对于城市四大基本功能子系统之一的游憩系统的复杂性的研究文献很少。伴随着游憩学者对复杂性科学的关注和重视，越来越多的游憩学者将能攻克复杂性科学研究的理论和技术门槛[3-4]，熟练掌握后现代数学理论、模拟实验和 GIS 等必备的复杂性理论技术，并将之与城市游憩复杂系统相结合，开拓前景一片大好的城市游憩空间复杂性研究新领域。简言之，在复杂性科学盛行的世纪，复杂性科学必将促进城市游憩复杂系统研究不断走向成熟和完善。

2 问题提出

当前，我国正迎来大规模快速城市化发展时期，大多城市面临着新城空间拓展或旧城空间改造问题，还面临着国民休闲游憩需求日益增长而城乡游憩场所却相对匮乏的突出矛盾。在新一轮的大规模城市规划建设中，如何解决城市游憩空间开发建设中已经存在或可能面临的各种问题，科学合理配置城市游憩空间系统，实现城市和谐空间营造任务与和谐城市发展目标，已成为当前城市科学与游憩地理学研究的重大时代课题。我们面临的亟待解决的问题主要有：

（1）作为复杂城市空间系统的子系统，如何刻画并揭示城市游憩空间的复杂性特征？这是对复杂城市游憩现象开展复杂性研究必须回答的首要问题。

（2）城市游憩系统具有空间分异性，在不同的空间区位上，城市游憩空间通常具有不同的自组织结构形态，市区范围内的城市游憩系统自组织结构分异的特征或规律如何？

（3）城市游憩空间是复杂的网状系统，而人所感知到的城市游憩映象空间应该是简化的图式，这些简化图式具有哪些特征？与面状城市空间的感知简化图式相比较存在哪些异同点？

(4) 自驾车游憩现象正在我国一些大中城市蓬勃兴起，以自驾游为代表的游憩交通方式对城市游憩空间形态发展的影响如何？为此，我国城市游憩空间的规划建设应采取哪些应对策略或变通途径？

(5) 城市游憩的物质空间、映象空间、行为空间之间的耦合关系如何，如何从三者之间的复杂关系差异性中寻求城市游憩空间优化调控模式及途径（自组织 + 他组织）？

综上可知，城市游憩空间是复杂的，人脑是复杂的，而游憩空间在人脑中经过复杂的感知映射所得到的映象空间在表现形式上是简单的，但在生成本质上却是复杂的，即简单的存在形式背后隐藏着复杂的生成本质。本研究突破传统结构功能主义的局限，运用复杂性理论及感知映象理论对城市游憩空间复杂系统进行全面透视，旨在唤醒城市规划建设对游憩空间开发的重视，为城市游憩空间开发提供科学的支持依据，为国民休闲的健康发展及和谐一体化城乡构建提供理论支持与发展依据。

第二节　研究目标与意义

1　研究目的

本研究关注了两个复杂而相互联系的领域，其一是客观物质世界的复杂性，其二是复杂性人脑感知生成的抽象空间世界，二者都是学术研究的重点和难点。研究目的旨在为和谐城市规划建设与国民旅游休闲纲要实施探索基本理论和发展依据。

正如英国彼得·安布罗斯（Peter Ambrose）所指出的："作为地理学家，如果我们试图从环境方面去解释人类行为，那么我们主要感兴趣的是主观环境，而不是客观环境。"[5] 本研究运用复杂性分形理论，立足主观环境即映象空间的形态的新视角，对游憩空间多维复合系统结构进行整合研究，从而达到透视其物质实体空间系统配置优劣、促进游憩空间系统优化的目的。具体目的如下：

理论目的：其一，系统分析我国城市游憩空间系统的自组织分形演化规律及国民游憩需求规律，通过刻画我国城市游憩实体空间的复杂性分形特征，揭示城市游憩空间感知规律及映象地图特征，分析游憩感知映象空间特征与游憩实体空间分形特征的空间关系及互动机制，从空间形态的角度系统探索城市游憩空间组织优化相关的基本理论。在方法论上，城市游憩空间具有自相似复杂性，避免利用法国培根的"还原论"思想将城市游憩空间复杂系统片面分离或还原为简单性所带来的解释失真，选取并利用分形方法及映象理论进行刻画论证，是对复杂分形及感应地理方法论的创新性应用与发展。另外，寻求符合我国国情的国民休闲的基本理论，促进我国游憩空间开发理论的建构与完善。

实践目的：为我国和谐城市的规划建设、城乡一体化和谐空间的营造及国民旅游休闲纲要的实施提供科学依据。具体表现在：其一，通过刻画城市游憩空间系统复杂性，揭示系统自组织演变特征，为城市游憩空间优化发展提供优化分形指标或优化判断的分维标准。其二，运用感应地图解读游憩者的动机特征、行为规律及影响机制，客观、科学、深刻地揭示游憩需求的特征规律，为我国的城市游憩空间规划建设提供科学的偏好行为规律导向。其三，综合考虑城市游憩空间自组织优化能力、游憩感应行为差异，在既尊重游憩系统自组织演变规律、又尊重游憩者需求的基础上，综合运用"自组织 + 他组织"手段，提炼科学合理的优化调控策略，为苏州及我国其他城市的游憩空间开发提供参考依据，以期促进我国城市游憩空间健康持续发展及和谐城市发展目标的早日实现。

2 研究意义

本研究从目标内容到方法手段都具有一定的创新性，具有重要的理论意义和实践意义。

理论意义：其一，弥补国内外对城市游憩空间系统复杂性及游憩空间感知研究领域的空白；其二，将复杂性分形理论创新应用于城市游憩空间研究，论证、揭示城市游憩空间的复杂性及自组织分形特征；其三，通过探索城市游憩感应空间形态特征，丰富与发展城市意象理论；其四，积极探索符合我国国情的国民休闲的基本理论，弥补我国城市游憩空间开发研究的严重不足。

实践意义：其一，为当前我国相对混乱的城市游憩空间规划建设理清思路与发展理念，提供自组织演化规律及第一手游憩需求调查资料的发展依据；其二，迎合了我国国民旅游休闲纲要实施对支持理论的迫切需求；其三，为我国和谐城市规划建设、城乡一体化和谐空间营造，以及社会主义和谐社会构建提供借鉴及发展依据；其四，本研究以苏州为游憩目的地案例区，从苏州城市居民及外来游憩者（长三角中短途游客）两个角度，系统分析了苏州游憩现象，并放大映射到整个长三角游憩市场域系统，可以为苏州及整个长三角地区城市游憩系统开发提供重要理论依据，同时对我国其他地区城市游憩的开发具有重要参考价值。

第一章

文献回顾和综述

第一节 概念说明和研究源起

1 相关概念阐释

(1) 形象、意象、映象

形象:是对某一客体环境整体轮廓特征的描述,分析的视角是立足主体自身。从这个角度来讲,形象是可以打造、更新的。在开发实践中,对某一旅游点或游憩地形象即整体特征和核心吸引力的把握、打造与营销,必然成为其发展成败的关键。可见,形象是外部环境客体的特征,具有客体性。

意象:1956 年 Kenneth Boulding 开始以现代的观点运用"意象"一词。Strauss 认为,不清楚人们对城市的感受,就不足以完全了解在城市化过程中的城市社会行为[6]。1960 年 Kevin Lynch 开创了城市意象研究,其所著《城市意象》一书提供了一套完整的城市意象调查与研究方法,被认为是城市意象研究的经典之作。总体来看,意象被认为是外部环境特征在人脑中的感知,具有鲜明的非物质特征,通常是概念性的、不可标度性的,而映象虽然也体现的是虚体空间,但其"虚—实"对应的特征具有较强的可标度性倾向,可以与本研究对虚体抽象空间的量化研究相统一。

映象:是主体(人)对环境对象的感知、认知、情感、偏好、评价或印象的总和,是外部空间对象在人脑意识空间的系统映射与有机综合,也是影响人的决策行为的诱发器。可见,映象也是客观见之于主观的东西,具有主观性。前面已经分析过,映象相对于意象而言,具有更强的可标度性倾向或意图,与本研究的目的相符。而映象数学则是本研究提出映象空间研究的科学基础[7-10]。在旅游研究领域,毛端谦曾经对旅游映象开展过较为深入的概念诠释[11]和相关实证研究。

可见,形象、意象、映象这三个概念表示的都是事物的抽象特征,但总体来看,形象相对偏向于对事物特征的客观描述,而意象、映象更多的是对事物特征的主观描述,是客观事物在人脑中的反映,是客观见之于主观的东西,在不同的场合可能存在同意或可替代性。本文针对主客观之间的反映与被反映的对应特征,同时依据映象数学的科学基础,采用"映象"这一术语。在方法论上,本研究严格遵照先验的科学标准,采用"意象地图",来达到对映象空间的科学阐释。

(2) 旅游、休闲、游憩

2009 年我国相关部门酝酿的"国民休闲计划"再次引发了人们对休闲的热议,随之而来的，便是对旅游、休闲、游憩的概念之争。旅游、休闲、游憩到底存在什么样的内在联系或异同？无论是媒体还是大众，无论是国外学者还是国内学者，至今都没有形成一个被普遍接受的概念体系。在过去相当长的一段时间里，旅游、休闲、游憩、休闲旅游、旅游休闲、城市旅游、城市游憩、城市休闲、休闲城市、旅游城市……这些词被混合使用着。包括媒体报道的国家旅游局酝酿的“国民休闲计划”和“国民旅游休闲计划”等概念变化，也充分体现了“旅游”“休闲”与“游憩”分割、分界的困难。

国内外学术界或管理部门对旅游的界定相对清晰，普遍认为旅游是一种前往异地的“过夜游”行为，空间迁移属性、时间属性界定明确，但对旅游活动的属性界定相对模糊，比如休闲（度假）旅游、观光旅游的划分，自然而然地就把旅游拉进了概念困境。而休闲的界定存在诸多争议，休闲研究也远远滞后于旅游研究。有的学者认为休闲大于旅游，有的学者则强调休闲与旅游是有着共同场域且又有各自相对独立之处的两个同等重要的概念。游憩与旅游经过了一定时期的争辩之后，多数学者开始认同游憩是闲暇时间内开展的各种休闲活动的总和，有着比旅游更宽泛的范畴和更深远的意义。休闲与游憩的辨析，不少学者认为二者关系密切，有时候难以区分，学者们也大多赞同休闲有着更强的时间维度，游憩则偏重于活动及其场所意义。

在国内外学者对旅游、休闲和游憩进行了大量辨析的背景下[13]，本研究无意也没有必要加入概念之争，只需在前人研究的基础上，根据本研究实际分析的需要，对本研究的概念范畴进行界定。本研究的对象定位在城市游憩空间，将游憩视为“游”和“憩”两个方面，认为游憩比旅游有着更宽的属性范畴及活动谱系，同样游憩也根本无法排斥休闲，而是包含了休闲空间的全部。因此，城市游憩空间包含了城市旅游空间与城市休闲空间的全部，是对城市市区和城乡的所有旅游、休闲与游憩空间的全面透视。这个范畴的界定与1933年的《雅典宪章》界定的游憩功能范畴是一致的，也符合城市规划建设的现实需要。

（3）城市游憩空间系统

几乎每个城市都是一个地区的经济、政治或文化中心，每个城市都有自己的影响区域与管辖范围。我国的城市通常都由城市建成区、城乡结合部、市辖乡村地带三部分组成。在城市直辖城乡地域范围内，各种不同类型、不同层次的游憩场点以交通为连接，以游憩流为主体作用因子，所形成的具有自组织演化功能的复杂动态反馈系统，即城市游憩空间系统[14]。19世纪60年代，行为主义方法论兴起，地理学者的空间观与心理学知觉因素结合，形成了具有区域文化结构的“场所”概念，城市空间概念也从传统的地学空间衍生了行为空间、感知空间等多维空间类别。2003年我国学者秦学曾提出从物质空间和行为空间两个维度考察城市游憩空间[15]，得到国内不少学者的认可。笔者认为完整的城市游憩空间系统是一个人与环境的交互系统，应该包括人的行为、游憩空间和人与游憩环境交互映象三个方面，对应可以细分出城市游憩物质空间、城市游憩行为空间、城市游憩映象空间三个类别（图1-1）。城市游憩空间系统是物质属性、社会属性和感知属性有机整合而成的开放、动态、演变的系统，它拥有三重意义：物质空间意义体现了游憩场所的存在本质与结构分布模式，行为空间意义体现了游憩场所的功能结构及态势演变，而映象空间意义则着重反映了人与自然、人与社会的互动关系演变。三重空间意义的有机融合最终形成多姿多彩的城市游憩生活。

城市游憩空间系统由城市建成区、城乡结合部乃至市辖乡村地带三种不同性质的空间类别构成,可能形成不同的自组织结构,也应有不同的游憩空间发展模式,这应该是游憩空间结构分异研究的重点。本研究将城市作为游憩空间研究的基本地域单元,关注的是城市直辖城乡地区的游憩空间系统,这与实际中的游憩空间规划管理实践是一致的。另外,从游憩者构成来看,本研究重点关注本地市民及外来中短途游憩者,少了一些经济求索,多了一些人文关怀,符合社会主义和谐社会建设及和谐城市发展的时代要求。

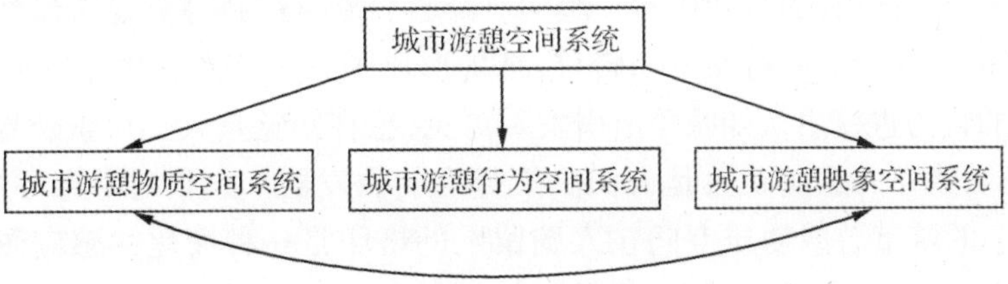

图 1-1　城市游憩空间系统概念框图

(4) 城市游憩空间复杂性

迄今为止,人们对复杂性没有一个明确或者统一的定义。尽管如此,学者们都知道什么是复杂性:①复杂性与非线性有密切关系——有学者强调复杂性的本质就是非线性。②复杂性与整体性有密切关系——整体不可以分析还原为部分。③复杂性意味着多样性和结构变异性。④复杂性意味着组织相关性和时空不对称性。城市游憩空间是城市空间复杂系统的一类子系统。复杂系统科学及分形理论研究表明,城市与区域、自然与人文等复杂地理系统大多具有分形性质[16]。作为城市复杂系统的子系统,游憩场点系统是由不同层次游憩场点与活动构成的一个多层次的复杂系统,其发展受到多种自然及人文因素的影响和制约,遵循从无序到有序、从其一种有序到另一种有序,从有序到混沌的进化过程,最终趋向某种奇异吸引子[17];奇异吸引子的非整数维和无穷嵌套的自相似结构的特性[18],从根本上决定了城市游憩空间系统应该具有复杂性及分形特性。

从城市游憩空间系统的要素构成及发展演变来看,城市游憩空间系统具有复杂性。其一,城市游憩物质空间系统是在某一特定的自然地理及社会文化区域背景下发展起来的,发展动力是游憩需求、规划专家观念、城市管理者等多类主体博弈的结果,其中还蕴藏着诸多的不可预测性因素,蕴含着经济效益、社会效益、生态效益的多元利益博弈。可见,城市游憩物质空间的开发水平,具有很强的不可预测性,它只是非线性复杂性社会现象的一类外显性结果。其二,城市游憩行为空间系统具有复杂性,各种不同社会经济属性的人构成的复杂游憩流,其空间行为本身是复杂的,当然这种复杂性可开展统计学规律的探测,甚至伴随着认知心理及认知神经科学的发展,人们对复杂性行为的解读会越来越客观。其三,城市游憩映象空间系统的复杂性,感知空间是复杂性人脑对复杂性游憩物质空间系统的感应结果,其表现形式可能简单化,但其非空间的生成过程却是非常复杂的。其四,城市游憩空间子系统都是非常复杂的,而城市游憩空间系统的复杂性更是不言而喻的。

(5) 城市游憩映象空间形态

在城市游憩映象空间方面,海森堡提出"我们在同被人思考和描述的自然界打交道"。在一定意义上,对于某个人来讲,被感知的世界才是真实的世界。人的行为在很大程度上是由意识世界决定的。这也是研究游憩映象空间的意义所在。城市游憩映象空间正是城市游憩实体空间在人脑意识空间的投影或映射,是为游憩者所感应所了解的空间;它是一种意识空间、概念空间或评价空间,具有非物质性,但可以通过调研对其空间形态进行虚拟现实与模糊量化,从而进一步探讨实体空间与意识空间之间的异同。

认知心理学的研究表明,人对事物的知觉是一个复杂的过程,要经过生理和心理这两个历程。首先要通过感觉器官感知对象,然后在头脑中形成一种印象(初始印象)。这一印象形成后又与感知者已有的认知体验一起构成经验表象、行为情感、是否愉快等体验,紧接着这种先行经验的观念又向对象方向转移,结果形成了一个有意义的主观心理画面(认知映象)。人们的行为也就由认知映象所引发。可见,感官知觉是人类认识外界事物的起点,而以此为基础所建立的感应映象是人们决策行为的诱发器。人脑对游憩环境的感知能力是有限的,复杂的城市游憩物质空间在人脑留下的烙印是一种简化的感应图式,其构成要素简单,要素之间的空间关系也相对简单。但如何获取这种简化图式,揭示其行为的内在心理机制,却是复杂而有重大意义的课题。

2　研究源起

综观人类社会发展史,游憩现象由来已久,我们可以从一些古文献中找到游憩现象的相关记载,回眸人类城市规划建设历程,从希腊的寺庙广场到罗马的斗兽场,再到17、18世纪英国城市上层人士建立的植物园、图书馆、博物馆、艺术厅廊等文化休息场所和大众游憩的酒馆、客栈、酒吧,几乎在每一个历史阶段我们都可以梳理出一些游憩空间的印记。近现代意义上的游憩研究文献最早始见于1899年,一篇是意大利政府统计局的博迪奥(L. Bodio)发表在杂志上的论文《外国人在意大利的移动及其花费的金钱(*Sul movimento dei forestieri in Italia e sul denaro che vi spendoo*)》,另一篇是索尔斯坦·凡勃伦的《有闲阶级论》,这两篇文献分别涉及旅行中的经济效益统计和休闲视野下的社会阶层分异,可谓是近现代旅游学和休闲学诞生的标志。

从欧洲文艺复兴时期城市市民广场,到19世纪初理想田园城市理念下的英国城郊游憩绿地,二战后兴起的市中心步行商业街,19世纪后半叶的欧洲城市公园运动,[19]西方的城市游憩空间不断面向大众化、市民化。但城市游憩空间一直都是在统治阶级的权欲、利益和国民对自由民主、游憩需求的艰难博弈中前进的。从1893年美国芝加哥的世博会开始,以城市中心地带的几何设计和唯美主义为特征的城市美化运动席卷全美,留下了惨痛的教训。所幸的是这种思潮在1909年的首届全美城市规划大会上及时得到了批评和抵制。城市美化运动很快被科学的城市规划理念所替代[20],城市景观开发重新面向市民需要。1933年《雅典宪章》强调了城市发展对游憩空间的重视,20世纪60年代,一些西方国家在人本主义思潮推动下,再次深化、推动了对城市游憩开发的关注和重视,其中英国在1960—1985年期间兴起的"游憩中心运动"起了重要的推动作用。与此同时,一些旅游游憩类学术刊物创刊发行,城市游憩空间研究的相关成果在国际学术界开始陆续出现,1964年Stansfield在其著作《美国游憩研究中的城乡不平衡》中首次强调了旅游休闲产业中的一个不可忽视的领域——城市游憩研究的重要性[21]。

在20世纪80年代初我国开始出现森林游憩价值的相关调研,最早出现的学术论文是北京大学何绿萍发表在1986年第3期《中国园林》上的《城市游憩绿地的几个问题》[22]。

20世纪90年代，我国的城市游憩空间研究正式起步，相关成果陆续出现，且呈现不断增多趋势。当前，我国城市规划建设已走过10余年的快速发展历程，且正以更快的速度飞速发展，必须注意的是，20世纪末我国兴起的"城市化妆运动"历史覆辙，与100年前美国的大规模城市美化运动存在惊人的相似，可喜的是，广大专家学者及时呼吁、制止，城市建设管理者逐步开始重视城市的人文关怀和游憩场所的开发。国家提出的和谐社会下的和谐城市、和谐城乡战略，更为我国城市游憩空间的健康发展提供了坚实的政策保障。但是从将来更长的发展历程来看，目前我国学者对城市游憩空间复杂性的科学研究仍然处于起步阶段。

第二节 城市游憩场点空间复杂性研究评述

尽管游憩现象研究的起点源于学者对游憩者行为的考察，但游憩物质空间即场点空间仍然是更早的客观存在和活动载体。学者们对城市游憩空间复杂性研究的起点，即始于对城市游憩场点空间的要素组分、属性类别和尺度大小的辨析和细分。

城市游憩场点空间复杂性可概括为以下三个方面：其一是游憩空间类型结构的复杂性；其二是游憩空间布局结构的复杂性；其三是游憩空间与非游憩空间相互关系的复杂性。

就游憩空间类型结构复杂性而言，一方面，城市游憩空间是一类社会文化约束性较强的复杂性概念，在不同的社会背景下或不同的社会发展阶段，人们对游憩空间的认识可能不尽相同。而在当前全球化、地球村年代里，中西方对游憩空间认知的差异逐步缩小，在我国的各类城市里，酒吧、康体中心等随处可见。虽然学术界至今都没有普遍认可的游憩空间类别划分标准，也存在相对激烈的旅游、休闲、游憩概念之争，但对具体的游憩空间场所考察，意见还是趋于一致的，没有人会否定旅游景区具有游憩功能，城市公园、道路及沿街绿地与环境设施、大型城市绿地、文娱体育设施、半公共游憩空间、城市步行空间、城市滨水游憩空间、文博教育空间、商业游憩空间与商业设施、城市特色建筑与构筑物、旅游景区（点）及设施等[23]，都已成为国内外普遍公认的游憩空间场所。伴随着人类社会文化进步、中西方交流的不断加深，城市游憩空间的范畴应该会进一步拓展或演变，其本身具有动态性和复杂性。另一方面，城市游憩空间作为一种拥有尺度属性的空间类别，存在尺度差异性，有些学者尝试从游憩空间自身的尺度大小、功能范围或游憩者的活动尺度[15]等角度对游憩空间进行细分。但整体上来看，无论是要素类别细分，还是尺度大小细分，都具有复杂性，也都必须考虑到整个游憩谱系的方方面面，就像对相对成熟的旅游资源进行细分一样，其本身不可能一蹴而就，而是长期的、复杂的，更确切地说是繁琐的，但这并不会影响我们对城市游憩空间研究的开展，因为任何一类概念体系下的科学研究都是对复杂游憩空间现象的一种透视，都有助于我们更深入地认识本来就很复杂的城市游憩空间系统。

就游憩空间与非游憩空间关系复杂性方面来看，主要涉及空间形态关系复杂性、空间经济关系复杂性、空间行为影响关系复杂性等多个方面。然而这方面的研究文献并不多，大多数文献是在识别城市游憩空间用地时而谈及游憩空间与非游憩空间之间的关系。Getz研究了城市旅游商业区（Tourism Business District，简称TBD）与城市中心商业区（Central Business District，简称CBD）之间的关系，认为它们可能是相邻的，甚至是重叠的，但又有自己独特之处[24]。Verbeke认为零售商业与旅游业的关系是相互促进、纠缠不清的[25]。除此之外，其他成果对游憩空间与其他相关区域之间的功能和空间联系都没有进行很好的阐释。

上述两个方面的复杂性不是本书关注的重点，本书的研究对象是游憩空间布局的复杂性问题。城市游憩空间研究的地域范围涵盖了从市辖城郊乡野的游憩空间到城市建成区内部游憩空间的完整城市区；而研究内容大致可细分出游憩空间单体研究、游憩空间与非游憩空间关系研究、游憩空间系统结构研究三个方面。下面分别对国外、国内研究进行文献回顾和评述。

1 国外研究进展

游憩物质空间研究始于对某些特定区位上的游憩者流动规律性的关注。1964 年 Stansfield 对"美国游憩研究中的城乡不平衡"的关注可谓是游憩空间研究的始点[21]。20 世纪 80 年代之前，城市旅游研究零散分布于一些城市相关研究文献中[26,27]。80 年代后，城市旅游作为一种独特的旅游现象和独立的研究领域逐步引起学者的关注。1987 年 Hall 关注了旅游对工业城市中心更新的重要作用[28]，1990 年 Karski 详细阐述了城市旅游对城市发展的重大意义[29]。Pearce 则强调城市旅游研究的薄弱和不足[30]。随后，Ashworth 又指出对城市旅游活动的忽视已经严重阻碍了城市旅游的研究进展[31]。可见，自 20 世纪 60 年代开始，特别是 90 年代后，城市旅游越来越受到国外学者的关注和重视。地理学者从空间现象的视角做了大量的工作。相关成果主要集中在两个方面，其一是旅游相关现象的分布描述，以接待设施为主，主要采用经验描述的方法；其二是旅游区的功能结构，以遗产地和规划为重点，主要采用概念分析。这两类研究都无法面对城市旅游属性特征多样化、城市导向型旅行动机的多样性以及城市自身的多功能本质[32,33]。

(1) 国外建成区游憩空间研究

在对城市建成区的游憩空间研究中，主要包括游憩空间与非游憩空间关系、游憩空间形态两个方面。首先，游憩空间与非游憩空间的划分及识别是游憩空间研究的起点难点，国外的许多学者试图将城市的游憩功能从复杂城市空间系统中分离出来，提出了多种不同的概念。Stansfield 和 Rickert 在研究小镇度假行为时，在城市中心商业区的基础上，首次提出了城市游憩商业区(Recreational Business District，简称 RBD)的概念，即为了季节性涌入的游客的需要，在某一地域内集中布置饭店、娱乐业、新奇物和礼品商店的街区[34]。随后，Taylor 以南非的东伦敦为例，把宾馆等旅游接待服务设施建筑面积占街区建筑面积 50% 以上的城市街区界定为 RBD，并得出东伦敦长条形 RBD 的结论[35]。而加拿大学者 Stephen L. J. Smith 则认为 RBD 是建立在城镇或城市里，由各类纪念品商店、旅游吸引物、餐馆、小吃店等高度集中组成，吸引了大量旅游者的一个特定的零售商业区[36]。Burtenshaw 等在对欧洲城市旅游业的研究中，提出了中心旅游区(Central Tourist District，简称 CTD)[37]，特指城市中集中了大部分旅游活动的区域。其次，是对游憩空间单体和游憩空间系统结构形态的研究。Smith S. 通过对南非的研究发现城市 RBD 呈直线特征[38]。Pearce 对巴黎城市内部三个旅游区(tourist district)的特点、结构、功能及相互间的联系进行了研究[39,40]。实际上早期的 RBD 研究主要集中于滨海旅游度假地，直到 20 世纪 80 年代末至 90 年代初，RBD 概念才被扩展应用到城市游憩空间研究中，学者试图以此解释城市里以游憩者为导向的城市功能应如何布局与分布的问题[41]。Jim Sibthorp 讨论了等级线性模型在公园、游憩和旅游中的应用[42]。1985 年 Smith 探索了加拿大多伦多地区的 8 个城市中的 5 类饭店业的区位模式及空间分布规律，重点分析了同类和不同类饭店业的空间集散态势、饭店用地与其他功能地块的空间关联、交通条件变化对饭店布局的显著影响、不同人口规模城市的饭店业分布模式差异[43]。2006 年 Ainhoa 研究了 1936 至 1998 年间西班牙首都马德里的 240 家旅馆业的分布格局及演变，发现旅馆分布受地理区位、价格、规模和服务等因素的影响，随着社会经济环境的变化而变化，且呈现出差异化集聚特征，价格与区位均衡特点突出[44]。

上述文献表明，城市内部旅游要素可能形成不同的结构模式，在一定地域空间上特别是在城市中心区通常存在显著的空间集聚或线型分布结构，其成因可能有通达性、地租、规划限制、购物、与其他旅游功能区临近等[45]。这一点在 Ashworth 等提出的城市旅馆区位模型中有所体现[46]，他发现旅馆通常会在市中心的历史遗迹和商业区或交通集散地与交通节点集聚。然而，这些研究仅仅对一些特定的游憩功能区点的空间分布特征进行了观察描述，并没有尝试分析不同游憩场点间的空间关系，更无法对城市范围内的完整游憩空间系统的空间结构形态进行合理剖析。其他一些研究明确认识到不同旅游区块或旅游要素之间的功能联系。Chazaud 认为必须将城市休闲旅游视作公共场所而非宾馆设施，充分考虑游客对这些场所的使用[47]。如前文所述，Getz 结合对尼亚加拉的调查研究，提出了旅游商业区的概念模型[38]，其本质是“城市商业区、旅游吸引物和旅游服务的有机统一体，其中，旅游商业区的对外交通联系内部交通（如安全、休闲的步行道路系统）的好坏是关键，这种统一体不仅要创造更多的吸引物、更好的服务以留住游客，更应加强市民场所印象的营造”。然而，就像 Getz 承认的那样，这是一个功能模型而非一个空间模式，旅游商业区的空间结构仍没能得到较好的刻画。同样，Judd 强调了旅游空间的集聚本质，认为旅游区集聚的关键并不是因为集聚能够降低花费或提高商品服务交易效率，而是因为周全的商品服务是旅游空间引力最大化的关键[48]。Heibrun 则明确指出集聚经济发生于某一区位上的经济要素与其他要素的相互依存[49]。Judd 除了在谈论中提及会展中心、体育场馆、休闲小屋、酒吧等城市旅游设施外，很少深入考虑游客活动场所或旅游区之间的空间结构关系。Jansen 等认为：“旅游发展依赖于集聚而不是分散，依赖于功能整合而不是功能分割，依赖于多功能环境而不是单功能背景。”进而运用精简的需求与供给方法研究功能联系和空间聚类。除 Getz 对尼亚加拉的案例研究外，其他研究成果对旅游与其他相关区域之间的功能和空间联系以及旅游区的空间分布结构都没有进行很好的阐释，而其他对欧亚城市旅游空间的研究也都很少涉及空间分布模式的整体考虑[50,51]。对旅游要素空间集聚较为详细的描述通常可在一些旅游区规划中有所体现，比如港口区、滨水区[50]改造等都需要整合多种功能。此外，所有这些研究成果都很少对功能整合进行深入分析。

（2）国外城郊乡野游憩空间研究

国外对城市周边游憩地类型及空间结构也早有研究。1826 年，John Luodon 编制的“伦敦规划”提到了城市环形发展的概念，并提出了在城乡结合部保护农田和森林的设想。1938 年英国《环城绿带法》明确了“环城绿带”的概念。1987 年，Smith 就在其《区域旅游资源分析》一文中，在国家尺度上将旅游划分出城市旅游、户外游憩、度假/划船、城市边缘旅游 4 个类型[52]。Weaver 曾提出过类似环城游憩带这样的城市居民出游的同心圈层结构，根据旅游活动随距离衰减的现象，将城市居民出游目的地划分为专业旅游带、中心商务区、地方邻里区(local neighborhoods)、胜地带(rsorts trip)和乡村外围(rural periphery)5个带[53]。前苏联地理学家普列奥布拉曾斯基观察到前苏联城市郊区娱乐带的游憩现象,注意到城市过渡地带的游憩地带及游憩用地之间的差异性[54]。Ball也观察到在大伦敦外围形成的环形游憩地带[55]。日本学者对城市游憩空间的研究也多有涉及,如铃木富志郎对城市周围的游憩空间的变化进行过研究[56]。Donald Getz[36], Randell A. Smith, John D. Lesure[57],Scott D.[58]等人的研究也从侧面反映了城市周边旅游的特征。冈恩以城市的核心都市区为空间上的旅游中心,在其外围用四个环型带来区分不同带状区域的旅游功能及特点,并对这四个旅游带的功能及旅游吸引物和旅游设施、旅游活动在空间上的分布做了探索[59]。可见城市外围游憩空间的环形游憩带形态得到了学者们的普遍认可。

(3) 国外城市游憩空间复杂性理论应用研究

城市游憩空间具有复杂性,这已是学者们的共识。但是真正运用复杂性科学理论研究城市游憩空间的成果仍不多见。西方一些学者从复杂性科学的视角考察了旅游地复杂系统的演化,如Faulkner和Russell曾对旅游地复杂系统的混沌与复杂性做过一些初步讨论[60],之后二人又对澳大利亚黄金海岸上两个旅游目的地进行了对比实证研究[61]。McKercher对此做了比较系统的论述并构建了一个基于混沌理论与复杂性理论的概念性系统模型[62],系统模型由旅游者、旅游媒体、混沌制造者等9个要素构成。而Zahra和Ryan基于混论理论分析认为旅游地复杂系统演化过程呈现出线性与非线性、稳定性与动态性、可预测性与有限预测性的交互特性[63]。

可见国外城市游憩物质空间研究领域对复杂性理论的重视和应用不够。仅有少数学者探索了一些概念模型,具体的复杂性科学方法,如分形、细胞自动机的应用研究文献很少。

(4) 国外研究评述

综上可知,国外学者对城乡游憩空间复杂现象给予了越来越多的关注,并进行了比较系统而深入的分析研究。主要特点可以归纳为如下几点:其一,研究范畴覆盖广,从最初对游憩现象的空间区位的分析,到游憩空间和非游憩空间的关系识别,以及对具体的游憩空间结构形态、城乡游憩空间的结构递变规律等问题都有所涉及。其二,对游憩物质空间的结构分析和描述大多是建立在对游憩者行为规律或现象总结的基础之上的,这从一定侧面体现了对需求的关注和后现代人文关怀的学术理念。其三,方法论上主要借鉴点线面拓扑几何和经典地理区位理论,分形理论和方法在城市游憩空间系统研究中的应用成果甚少。归结原因可能有两方面,一方面是分形、细胞自动机等复杂性理论具有较高的技术门槛,熟悉掌握复杂性科学理论的旅游学者不多;另一方面是目前国外学者的研究领域无论是从结构功能主义过渡到人本主义,还是从结构主义过渡到后结构主义,其关注较多的是人,而不是物,这也在一定程度上制约了国外城市游憩空间复杂性科学研究的进程。

2 国内研究进展

由于社会经济发展水平及文化差异等多方面的影响,我国现代意义上的城市游憩现象起步晚,相关的学术研究也较国外晚了20余年。1978年改革开放后,我国旅游业迎来了春天,但在资源导向型的传统发展模式理念下,城市游憩并未引起足够重视。20世纪90年代,我国的城市游憩研究文献陆续出现,研究内容主要围绕城市旅游的开发规划、旅游定位、模式研究、旅游形象几个方面，以城市旅游形象问题探索为主[64]。对城市游憩物质实体空间的正式探索始于1995年保继刚先生对城市游憩商业区的研究，他在探讨深圳华侨城城区发展模式时，提出以旅游业带动城区全面发展，使该区域发展为一个游憩商业区，并预见它可能成为新的城市功能区，这是第一次在国内的城市与旅游研究中运用RBD的概念，也拉开了国内学者对城市游憩空间研究的序幕。随后，吴必虎先生在考察我国特大城市的环城游憩现象的基础上，1998年首次提出了环城游憩带（Recreational, Belt Around Metropolis，简称ReBAM）的游憩空间概念，认为ReBAM的空间特征可由可达性、等游线和活动密度等指标来描述。

可见，20世纪90年代，我国学者对城市游憩物质实体空间（城市建成区内RBD）和城市游憩行为空间（环城游憩带）开始关注，标志着我国城市游憩空间研究正式起步。进入21世纪，我国城市游憩空间研究的文献开始增多。其中最多的当属于对游憩空间结构模式的定性描述，其次是结合调查统计的实证分析，复杂性理论应用研究成果最少。下面对相关文献进行比较详细的回顾和评述。

（1）国内建成区游憩空间研究

首先，在城市建成区游憩空间的定性描述方面。由于社会经济发展阶段的制约，目前我国城市游憩空间研究仍处于初期阶段，相关的概念体系、方法论体系仍有待建立。在此研究基础上，我国学者对城市游憩空间现象进行大量定性描述性研究。秦学对城市游憩物质空间结构模式进行了定性描述分析[15]。陶伟等提出了游憩商业区系统（System of Recreation Business District，简称SRBD）的概念，认为在城市飞速发展的今天，城市游憩商业区的形态往往会突破单核的固定结构而表现为多核结构，整体上又往往会呈现为链状、环状或网状形态[65]，并先后以苏州、香港、广州为案例，研究了城市游憩商业区的空间演变的影响要素、机制或模式[66,67]，还提出了整合苏州城市旅游空间结构的两个途径：整体整合与核心整合，探讨了城市旅游空间整合的基本原则[68]。侯国林等结合南京市湖南路商业街区实证研究，图示描绘了城市商业游憩区的点、线、面三层面的空间结构模式[69]。俞晟等定性描述了城市RBD的空间表现形式、布局模式和分布规律[70]。李麟学分析了城市滨水区整合的用地、交通、实体景观等构成要素，探讨了城市滨水区的更新和空间形态整合[71]。徐小波结合扬州市的案例对城市游憩空间布局的驱动系统进行了实证分析[72]。王兴中等在城市内部生活场所的微区位研究进展评述中凸显了游憩空间的重要性[73]。周菁等结合菏泽市绿地系统规划实践，探讨了将各类游憩资源纳入城市游憩网络进行整体规划的方法与途径[74]。吴承照认为城市旅游基本空间单元是观光游憩点、游憩中心地、主题街、旅游通道、公园道路等，不同旅游空间单元数量与组合方式不同，旅游发展空间结构也不相同[75]。卞显红论述了城市旅游空间结构的六大基本要素：城市旅游目的地区域、城市旅游客源地市场、旅游节点、城市旅游区、城市区域内旅游循环路线及城市旅游入（出）口通道，认为城市旅游空间结构模式有单节点、多节点及链状节点三种[76]。汪德根阐述了城市旅游空间结构在不同阶段的演变形态和特征，在开发阶段的城市旅游空间结构为单节点的凝聚模式，在成长阶段为多节点并存的放射模式，在成熟阶段为板块旅游模式，并结合苏州进行了实证阐释[77]。周向频透视了从“大世界”向“新天地”转变的消费文化下上海市休闲空间的变迁和特征[78]。黄泰等分析了苏州环古城河游憩空间组织优化，并提出了我国城市河流水上旅游空间策划调控模式[79]。王鲁民等认为由于休闲活动具有活动境遇的自由与随机性、活动方式的多样化、活动心理的松弛性等特点，休闲性城市广场的空间构成相应地要求具有更加多元的支持性元素、更多样和细致的空间分层、更多的“模糊”空间和更多样的行为支持设施[80]。这些定性研究成果对于我们加深对游憩空间复杂性现象的理解、促进相关概念体系的发展起到了不可磨灭的重大作用。

其次，在建成区游憩空间的统计实证即定量分析方面。近年来，随着学科自身发展及学科交叉研究的不断深入，定量研究、实证研究成果呈现出不断增多的趋势。张祖群等从景观生态学的视角研究了西安市游憩版块的空间分布和组合特征[81]。张建采用 REcEn 模型，将上海都市区 RBD 系统识别出叠加、伴生、增长极、点轴 4 种模式、8 种形态[82]。宋长海等实证研究了上海市休闲旅游特色街的空间结构，并尝试解读了其多元化成因[83]。余向洋等研究了城市社区环境下商业性娱乐场所的空间结构[84]。柳英华等根据上海目前娱乐设施的分布，分析了娱乐设施空间结构，并归纳了娱乐设施的区位特征[85]。赵清等从景观生态学视角探索了南京森林景观格局特征与空间优化策略[86]。俞金国以大连为例，从整体角度和分区角度探讨了大连城市景观自 1980 年以来的空间演化规律[87]。祝昊冉等通过选取规模、形式、服务设施数量、交通便捷度、开放时间和门票价格等指标，从利用的角度对北京城市公园等级进行分类，并重点研究了北京不同类型城市公园的空间布局特征及其影响因素[88]。史春云等通过构建闲暇指数、多样性指数、优势度指数、均匀度指数四个数理模型，对镇江市中心 13 条街区 1 192 家业态进行实地调研与量化分析，探索一种定量方法，来研究城市不同街区微观尺度上所具有的闲暇功能、优势闲暇类型及其空间分异规律和不同闲暇业类型在城市街区上的空间布局规律[89]。肖贵蓉等提出理想的城市游憩空间的结构模式，并通过调研大连市主城区游憩场所的分布情况、使用情况以及大连城市游憩者的游憩需求特征，分析了大连市游憩供给和需求之间的矛盾及城市游憩空间的等级结构与整体结构[90]。整体上来看，我国城市游憩空间定量研究成果仍然很少，无论在内容体系还是在研究深度上，和国外研究仍存在一定差距。

(2) 国内城郊乡野游憩空间研究

虽然研究的起点不同，但国内外对城市外围乡村地带游憩空间的研究轨迹却是相似的。我国的旅游研究也是早期集中于非城市型旅游景区，1995 年才开始涉足城市旅游的。最早从城乡视角考察乡村游憩现象的是北京大学吴必虎先生，他在研究上海城市游憩者流动行为时发现上海市民以郊区为目的地的活动空间基本上呈同心圆往外围衰减[91]，并在 1998 年提出了环城游憩带的概念①，认为 ReBAM 的空间特征可以通过可达性、等游线和活动密度等指标来描述[92]。黄泰等对江苏非城市型景区对其所属城市的依托性或关联性进行了分析，发现城市和其所辖乡村景区之间存在不可分割的紧密联系[93]。苏平等采用定量分析的方法对北京环城游憩带各种游憩地的空间结构特征及其总体特征进行统计描述研究[94]。王云才以北京市为例，讨论了大都市郊区游憩地的配置，分析了北京郊区游憩景观的空间特征，即形成了大众游憩地带、生态旅游景观、景观生态恢复整治区、野生地域与特殊保护地等空间格局[95]。刘家明等分析了城市郊区游憩用地配置的影响因素，指出科学的

① 吴必虎. 区域旅游规划的理论与方法[R]. 北京大学博士后研究出站报告. 1998:74－80.

游憩土地配置要调解好城市发展与自然保护、经济增长与社会效益之间的矛盾[96]。师谦友等探讨了西安城郊游憩带旅游地的类型与空间结构特征，发现西安城郊游憩带呈现出以市区为中心的同心环状圈层结构特征，即人造娱乐圈层、近郊休闲圈层、人文观光圈层、郊野度假圈层、自然观光圈层、秦岭原生态圈层等六大圈层[97]。李江敏等在对武汉环城游憩地空间演变进行实证分析中发现了环城游憩地推进的逆层次化、区域功能的集聚化、环城游憩地开发的区域一体化三个特征[98]。

(3) 国内城市游憩空间复杂性理论应用研究

从上述建成区或外围乡村地带游憩空间研究中可以发现，很多研究在分析环城游憩现象时通常也将城市建成区包含其中，以协助说明游憩空间分布的圈层结构特征。从游憩需求来看，城、乡游憩系统是优势互补的统一体，也是不可分割的。2000 年以来，学者们对城市和景区发展的关系、城市内部旅游游憩的发展给予了越来越多的关注和重视。但这些分析大多是定性描述或者统计描述，在分析复杂系统的复杂性本质方面逐步显现出方法论的缺陷。一些学者注意到此问题，并开始尝试运用复杂性理论方法或复杂性科学思维去探索城市游憩空间复杂系统。

国内学者对城市游憩空间系统复杂性的探索范畴大多集中在比较宏观的城乡及更大尺度的区域层次，研究成果难以简单地从城乡两个地域尺度进行区分。1997 年陈彦光运用分形理论论述了旅游景观构成要素的自相似性质，指出分形是旅游景观美的主要来源[99]，可谓是我国学者从复杂性科学视角解读游憩空间的第一次简单尝试。2005 年始，戴学军先后运用分形理论中的随机聚集维数[100]、空间关联维数[101]和信息维数、Zipf 维数[102]，较为系统地分析了南京市域内部旅游景区点系统的空间结构和等级结构特征。随后，旅游空间系统分形文献不断增多。许志晖等应用分形理论测算了南京市旅游景区景点系统的聚集维数、网格信息维数和空间关联维数，发现南京市景区景点体系的空间结构是分形的，且系统的有序度高，空间结构紧致，景区景点的空间分布集聚性很强[103]。高元衡等采用聚集分形方法对桂林市旅游景区在 1973 年、1997 年和 2007 年的空间结构分组团进行了研究，实证揭示了旅游景区空间结构的分形演化规律[104]。冒亚龙等通过建立简单的分形模型探讨和度量城市的不规则性和复杂性，从分形美学的视角解读了山地城市的分形美学特征[105]。徐红罡运用系统动力学理念构建了一般城市旅游地发展的系统动态模型与反馈模型，合理解释了城市型旅游地复杂系统内部结构和各要素之间的作用机制[106,107]。冯淑华等分析了江西丹霞地貌景区(点)的空间关联结构及集聚结构分形特征[108]。李凤华等采用随机聚集维数和关联维数测算分析了吐鲁番地区旅游景区(点)系统的分形结构[109]。杨国良采用分形理论中的网格维测算方法分析了四川旅游景区(点) 系统的空间分形特征[110]。朱晓华等认为复杂性分形理论为旅游地理学研究的创新及其理论研究水平的提升提供了全新的理论支撑与机遇，并简单刻画了北京环城游憩带游憩空间结构的分形特征[111]。笔者则在前人研究的基础上，运用复杂性科学中的分形理论，对苏州城市游憩场点系统空间结构的分形特征进行了刻画，从复杂性视角初步揭示城市游憩空间系统的复杂特征[14]。

而在游憩交通复杂性研究方面，游憩交通实质上是一类游憩活动支持系统，广义上游憩交通和城市交通应该是同一个概念范畴。但真正从游憩支撑系统的视角考察城市交通网络分形的文献不多。2006 年张振宇首次运用“旅游交通”的概念分析了城市交通网络结构分形特征[112],但关于城市交通对城市游憩空间发展的作用或联系方面的分析相对简单。国内学者对"旅游交通""游憩交通"的分形研究不多,但对城市交通网络复杂性的研究已有一定的成果积累。陈彦光通过建立城市人口—河流长度、城区面积—流域面积、城市数目—河流数目等测度对应关系,证明了城市和河流之间存在同构关系[113]。刘妙龙等运用分形理论对上海大都市交通网络分形的时空特征演变进行了系统刻画[114]。陈明星等将空间句法模型用于芜湖市交通网络的定量化实证研究,结果表明,芜湖市交通网络通达能力空间分布呈环状特征,与该市经济发展、交通需求基本吻合[115]。程昌秀等采用空间句法中平均深度值的形态分析变量,对2008年北京市各地铁线路、各起始站、各换乘站的可达性做了数量化的评价[116]。傅搏峰等介绍了空间句法在轨道交通枢纽开发评价、行人步行交通研究、城市空间路网结构合理性分析等城市交通研究方向上的应用,并对其在城市交通规划领域的应用前景进行展望[117]。

从上述文献不难看出,分形是目前应用较多的方法。我国的年轻学者越来越多地关注和掌握了分形方法,并开始用分形维数去刻画旅游景区(点)系统。学者们考察最多的是旅游景区(点),其中主要原因可能一方面是旅游景区(点)具有比较完善的评价标准和分类体系,相关数据资料容易获取;另一方面便是我国对旅游景区也有比较好的研究基础或传统。至于游憩交通研究,多数成果来自城市学者对城市交通系统的分形研究,他们并没有考察交通对游憩发展的作用。目前将交通视作游憩支撑系统的复杂性研究成果仍然很少,笔者曾运用分形维数刻画了苏州城市交通系统,并探讨了城市交通对城市游憩空间系统优化的支撑作用[118]。可见,我国城市游憩空间复杂性研究具有如下特点:其一,研究仍处于探索性起步阶段;其二,分形方法在城市区域旅游景区(点)系统研究中得到了成功应用;其三,游憩交通复杂性研究成果不多;其四,完整的城市游憩空间系统(包括景区或景点系统以及其他休闲场所)的分形刻画刚刚起步;其五,受技术门槛制约,在城市研究中得到较多应用的细胞自动机人工智能模拟在城市游憩空间系统演化的研究中仍未出现。

(4) 国内研究评述

从1995年保继刚先生首次关注城市游憩商业区以来,我国学者对城市游憩空间复杂现象的探索就没有间断过,伴随着我国社会经济飞速发展,大规模城市化、城乡一体化进程不断加快,特别是国家旅游局在2009年提出了国民旅游休闲计划的设想,更是掀起了我国学者对城市游憩空间的热切关注。回顾过去15年左右的研究历程,可以总结出以下几个特点:

其一,研究内容体系逐步完善。我国学者结合中国实际,对中国特色的城市游憩空间现象进行了系统分析。虽然我国城市游憩空间研究较国外晚了20多年,但在这15年的研究里,学者们对城市游憩空间的结构、形态、演变及其与其他城市空间类别的关系都给予了一定关注。研究内容体系可谓不断完善。不足之处是,很多研究的深度发掘不够,且存在比较多的重复研究现象。

其二,定性描述研究为主,定量研究成果较少。国内学者对城市游憩空间复杂性现象的研究以定性描述为主,且具有较强的理想主义色彩。不少学者结合对某一游憩现象的考察或结合自己对游憩空间的理解,直接运用地理空间区位论中的点、线、面、链、环、网以及景观生态结构描述中的版块等,提出了比较理想的观点或模式,相对缺乏实证性分析,更无定量的测度与验证。另外,不少学者则结合具体的案例进行实证分析,这在很大程度上加深了我们对游憩空间现象的理解，有助于促进城市游憩空间的研究进程。在定量研究方面，以游憩空间场点数量的测量为主，结合空间自相关等比较新的空间结构测度的成果相对较少。这种研究现状说明了我国城市游憩空间研究在数理模型、计算机辅助程序、ArcGIS空间分析工具综合应用等方面依然相对薄弱。目前国内研究在更进一步的空间复杂性规律探索方面遇到方法论的瓶颈或困惑。

其三，结构主义理念和后结构主义、人本主义并存。西方城市社会地理学研究已经从结构主义转变到后结构主义，人本主义方法理念已根深蒂固。但我国学者的研究方法上呈现出结构主义和后结构主义、人本主义并存的现象。除掉纯理想主义的定性模式描述之外，传统的结构主义研究方法在城市游憩空间研究中逐步得到较为普遍的应用。另外，伴随着我国学者研究基金项目的增多，学术研究的氛围好转，学者们的人本主义方法研究成果逐年增多。毕竟我国城市游憩空间研究仅有15年的历程，多元理念、多元方法论的并存在一定程度上有助于我们弥补结构功能方法研究的薄弱。同时我们需要注意，结构主义向后结构主义转变乃大势所趋，重视和加强后结构主义、人本主义视野下的城市游憩空间复杂性探索是今后一定时期内研究的重点和方向。

其四，复杂性科学应用研究成果逐年增多，研究前景较好。我国学者对复杂性科学理论和方法在旅游游憩领域中的应用探索走在了世界前列。近几年来不少学者运用分形维数对旅游景区（点）系统的结构分形特性进行了刻画，初步揭示了旅游系统的结构分形特性。但整体上来看，分形研究的深度和广度都有待进一步深化与拓展。从旅游系统的角度来看，旅游景区（点）等吸引物系统的研究成果较多，旅游客流的成果较少，旅游交通系统的研究成果最少，旅游系统要素耦合关系仍处于探索阶段，旅游系统演化的分形刻画不足。在复杂性科学理论中，分形和细胞自动机是两个应用比较成熟的领域，分形是对复杂系统数理结构描述的有力工具，而细胞自动机则是对复杂系统演化的计算机模拟，细胞自动机目前已在我国城市科学研究中逐步得到应用，但在城市游憩空间研究领域仍未有成果出现。根据复杂性科学理论发展趋势来看，分形、细胞自动机、人工神经网络等复杂性科学理论在我国城市游憩空间研究领域的应用前景广阔。

3 国内外研究比较与展望

城市游憩物质空间是游憩活动开展的物质基础和基本保障。它和游憩者的行为活动规律是密不可分的。国内外学者都从本国的游憩现象出发，对游憩空间的结构、形态、演变，以及游憩空间和非游憩空间之间的空间关系进行了比较详细的分析与研究。国内外社会经济、文化背景、城市游憩空间发展的历程不同，城市游憩空间研究有所不同，但也有一定的相似之处。比较而言，主要有以下几个方面的异同。

其一，城市游憩物质空间研究的历程不同，国外的城市游憩研究始于1964年Stansfield对"美国游憩研究中的城乡不平衡"的关注，而我国的研究始于1995年保继刚先生对城市游憩商业区的考察。国内外研究相差约30年，这主要是由于国内外社会经济发展水平的差异和我国特殊的历史国情决定的。虽然时间相差30年，但游憩空间现象却有着不少相似之处。

其二，研究内容与侧重点的异同。国内研究主要集中于对城市游憩空间结构形态的描述，对游憩空间与非游憩空间之间的关系的考察，以及对城市游憩空间系统结构演变的时间地理学方法研究都比国外少。游憩空间复杂性很大程度上体现在游憩空间与其他社会经济空间之间关系的复杂性方面,这是我国必须加强研究的领域。另外,城市游憩空间系统结构演变与城市空间整体系统结构演变的互动关系,以及城市文明与游憩空间发展的关联演变等,都是有待深入拓展研究的课题。

其三,研究方法论和理念的异同。国外研究理念已经由过去的结构功能主义向人本主义、后结构主义转变;而我国学者的研究呈现出结构主义、后结构主义与人本主义共存的现象。国外对游憩物质空间的研究大多是建立在对游憩需求空间的探索之上,比较强调人与游憩空间的有机统一;国内研究由于起步晚,不少理想主义色彩比较浓厚的结构主义模式被重复阐述,对城市游憩空间现象的认识、开发或优化的指导价值不大。总体来看,国内外学者对城市游憩空间的关注也都源自市辖城乡地域内出现和兴起的各类游憩现象,所研究的主要游憩空间类别包括从城市建成区的游憩商业区、城市滨水区、商业性娱乐场所,到外围的环城游憩带、乡村景区等,研究的重点主要是对这些类别的游憩空间结构形态的关注,而对城市游憩空间的整体分布规律或模式分析则主要借鉴城市学家提出的各种城市结构模型,如克里斯特勒(Christaller)的城市游憩配置的中心地理论、以帕克(Robert E. Park)和沃尔斯(Conrad L. Wirth)为代表的“芝加哥生态学派”的三大经典模式(同心圆理论、扇形理论、多核心理论)等,都被广泛用来解释城市游憩空间的发展,为城市游憩空间的研究提供了基础理论,但整体上来看,城市游憩地域结构理论仍有待于进一步深化和创新。

其四,复杂性科学理论应用研究的比较。复杂性科学理论和方法兴起于西方。20 世纪 80 年代以来,城市与区域科学从静态、均衡范式向动态演化的范式转变,复杂性科学的理论和方法,诸如空间系统的非线性微分方程、细胞自动机、分形、人工神经网络、多主体模型等,逐渐被城市和区域研究者认识和应用,并且日益成为当代跨学科研究的热点。但在城市游憩空间的研究领域,分形等复杂性方法应用仍属空白。国内学者从 2005 年以来开始用分形方法探索旅游景区(点)系统复杂性,取得了一定的成果。笔者在城市游憩空间结构复杂性研究方面的部分研究成果已公开发表,在一定程度上推进了复杂性理论在城市游憩空间研究领域的拓展应用。

其五,研究发展路径的趋势异同与展望。综合来看,国内外研究趋同应该是大势所趋。在我国政府构建和谐社会、以人为本的执政理念引领下,我国城市游憩空间研究必然会不断加强人本主义方法理念的应用,和国外城市游憩空间研究的前沿趋势靠拢。另外,在复杂性科学应用研究方面,我国学者目前走在了前列,但不少成果仅发表在中文期刊上,无法引起国际学术领域的关注。总体来看,复杂性科学理论和方法的创新应用,以及人文主义方法论的成果将会不断增多。对城市游憩空间单体、系统结构形态演变,以及游憩空间的社会、文化、经济意义及其空间效应,也会成为未来研究的热点。

第三节　城市游憩行为空间复杂性研究评述

Juckle 认为空间行为是与利用场所有关的人类知觉、选择、行为,他认为空间行为模式包括 5 个环节:对象环境(Object Environment)、知觉(Perception)、认知(Cognition)、地理优选(Geographical Preference)和空间活动(Spatial Activity)[119]。行为空间是空间行为在地理空间上的投影，即空间行为区位。因此，行为空间研究是建立在对空间行为规律分析基础之上的。游憩行为的空间分析是国外学者最早进行游憩空间分析的领域之一，也是国内外旅游与游憩地理学研究中的核心内容。自 1974 年 Murphy 等首次研究游憩活动空间行为以来，游憩行为分析对于旅游规划、市场营销、旅游政策制定的意义已经得到各界人士的普遍认可。游憩行为是一种复杂性行为现象，不同学科背景的学者提出了"游憩消费行为""游憩体验行为""游憩空间行为"等不同概念和观察视角，地理学者更关注的是游憩空间行为研究，或者说是习惯从空间的视角透视游憩行为复杂现象。空间作为一种分析视角，几乎是可以容纳和透视整个游憩行为体系的。国内学者林岚在进行旅游空间行为的文献回顾中，认为旅游者空间行为可以细分出旅游者动机行为、决策选择行为、旅行行为及体验行为四个过程[120]。本研究在将游憩空间细分出物质空间、映象空间、行为空间三种类别的基础上，对行为空间的研究体系进一步细化，拟从行为空间的影响机制、轨迹描述、理论模型及结构演变四个方面对城市游憩行为空间相关文献进行回顾和评述。

1　国外研究进展

(1) 国外游憩行为空间影响机制研究述评

城市游憩者行为受到多种个人及社会环境因素的影响。探索不同因素对游憩行为的影响及不同因素影响下的游憩空间行为规律差异性，一直是国外游憩行为空间研究关注的热点，目前已积累了较多文献。1975 年 Timothy 采用问卷调查分析了美国青少年对城市游憩设施的使用情况，发现黑人对公园和运动场的使用率高于白种人，游憩设施使用率与家庭的人均收入并不成正比，与此相反，女性对游憩设施的使用率与人均收入呈现出显著的负相关，最后提出了在黑人社会增建更多公园和运动场馆的建议[121]。2002 年 Laura 等采用对受众分别进行 8 ～ 10 分钟的电话访谈的方式，结合 logistic 回归模型统计分析了居住地、种族和年龄三个因素对城市居民游憩偏好与行为的差异化影响，发现三个因素都具有重要影响，其中，年龄对是否增加游憩用地决策的影响最显著，老年人和黑人比年轻人和白种人更关心游憩用地保护，而种族对游憩活动类型的影响最显著，但老年人和黑人在未来一年内的公园游憩意向相对最弱[122]。而 2005 年 Jennifer 在研究洛杉矶的公园使用情况时发现，收入相对较低的拉美裔、非裔和亚太裔美国人社区使用公园的机会远远小于美国白种人社区，而且公园建设投资的区位选择不是在缩小而是在拉大公园和公共游憩场所利用机会的差距[123]。1982 年 Peter 等考察了区位因素对城市游憩出行需求的影响，之前他曾采用多项式 Logit 模型对地理区位、感知引力、家庭生命周期阶段性等分别进行描述刻画，发现地理区位影响的统计学特征最显著，后来他又将区位因素和社会经济学变量两个维度同时考虑，发现区位因素对游憩出行的影响相对单因素分析的结果而言有所降低，但其整体影响效果依然显著[124]。1988 年 John 利用多元线性回归模型预测了城市森林游憩场点的使用情况，所选取解释变量包括季节性、周天数和气候，对游憩场点日常使用规律的解释效果良好[125]。1996 年荷兰学者 Myriam 等通过考察博物馆游客的动机行为结构揭示了博物馆在城市旅游发展中的作用，丰富了城市旅游动机和行为结构模式[126]。2006 年 Jason 等利用随机效用模型，综合考察了距离、游憩地美誉度、工业化、犯罪、交通拥挤等多种因素，对美国新泽西州的五个城市的游憩者的场点选择行为进行了预测分析[127]。2002 年 Peter 等利用区位竞争均衡理论研究了游憩空间需求和主要居住地区位选择的关系，认为游憩需求越强，居住地到游憩场点的引力越大，居民对其他物品的需求（包括对住宅的需求）越弱，同时探索了出行频率、出行时长、游憩花费对消费者空间分布的影响，还考虑了工资率对游憩的影响[128]。2009 年 Daniel 等以欧洲城市为例研究了旅游与城市公共交通的关系，发现旅游是城市公共交通需求的加速器，旅游因可以带来经济收入而具有外部正效应，但城市似乎并不会因为旅游压力而增加公共交通投入，造成因游客增多交通拥挤进而增加了当地居民的交通花费的局面[129]。

另外，是对自驾游行为的关注。在西方，自驾游（有时被称为“rubber-tire tourism”，即“橡胶轮胎旅游”）已经很普遍。为保护生态环境，西方很多发达国家都出台了抑制自驾游的政策，但由于影响自驾游的因素复杂，相关政策的调控效果并不理想。1985 年 Jakle 曾回顾了北美自驾游发展的历程，指出在学术研究领域，自驾游仍只是一个相对零散的话题[130]。2002 年 Frans 利用荷兰国民旅行调查数据分析城市形态、家庭因素对自驾游行为的影响，发现高收入者比低收入家庭更容易选择私家车出游方式，有孩子家庭比单身家庭更倾向于选择私家车出游，不同的休闲或购物目的也影响自驾游的旅行模式和距离[131]。

分析文献不难看出，国外学者对包括个人特征变量和游憩环境变量等多个细分变量进行了考察，这些游憩行为影响因素包括性别、年龄、种族、区位、距离、社会经济变量、交通、安全、季节性等，对影响因素的考察比较全面；所采用的方法包括因子分析、多元线性回归模型、游憩空间使用曲线、结构方程等；所得出的结论比较科学，也具有一定的实践价值。

（2）国外游憩行为空间轨迹描述研究述评

旅游学学者对人类游憩行为空间的研究，正如 Stephen L. J. Smith 在其《游憩地理学（Recreation Geography）》一书中所阐述的那样，可以从设施所在的区位（Location）和游憩者的旅行（Travel）两个角度来进行[132]。游憩行为空间的研究往往采用特定的统计分析方法。其中，用游憩活动空间（Recreational Activity Space）来刻画游憩者的意境地图（Mental Map），用使用曲线（Use Curve）来表示客源地—目的地（O-D Pairs）之距离衰减，是两种在国外已被证明比较好的方法[132-136]。这两种方法的基本特点是都需要对游憩者进行抽样调查，最后得到有关流动行为的统计规律。

人们一般认为居民外出游憩的人数随距离增加而下降，即所谓的距离衰减现象；不过，事实上，研究者经常发现在某一个距离范围之内，居民的出游人数随着距离的增加而上升，即所谓的反衰减现象。居民出游时存在一个门槛距离，超过这个门槛距离才有距离衰减现象[137]。Murphy 等在系统观察游憩空间使用规律的基础上，提出描述游憩流空间分布特征的三种空间使用曲线类型：基本型、U 型、Maxwell-Boltzman 型。基本型反映随距离增加，旅游者旅游阻力不断增强，使得旅游地使用人数不断下降；U 型反映随距离增加，旅游者旅游阻力不断增加，旅游人数不断下降，但到某一地带，在某些因素的作用下，旅游地使用人数又逐渐增加的现象；Maxwell-Boltzman 型指的是随距离增加，旅游人口增多，使得旅游地使用人数增加，但距离足够大时，旅游阻力使得旅游地使用人数出现下降趋势，该曲线与 U 型曲线相反。另外，研究还表明内城或环城的游憩目的地对居民都有一定的吸引力，由于其各自的风格、吸引物类型等的不同，对居民的吸引力也不同[137-143]。

除了对空间区位、距离衰减分布规律的探索外，近年来，研究者对游憩行为空间选择差异性分析的文献逐渐增多。1995 年 Anastasia 运用结构化田野观察和调查方法研究了洛杉矶社会种族多样化社区居民对邻里公园利用的相似性和差异性[144]。2003 年 David 等调查了美国城市的当地居民和外来游客对传统购物场所的使用与态度，根据居民与游客、经常使用与较少使用，将研究对象细分出四类，从而比较详细地揭示了购物场所中的游客和居民的行为差异[145]。2007 年 Joanne 等针对已有旅行模式、行为、活动分析中对汽车交通因素的忽视，采用 GIS 工具中的线路图绘制方法实现了个体线路绘制，并有效识别和解读了客流集聚的特征规律[146]。2008 年 Bob 将游憩空间行为的距离衰减和市场细分结合起来考虑，分析了香港市民前往世界 11 个城市地区旅行的距离衰减及市场分异规律，拓展了远距离城市游憩行为空间结构研究的深度和广度[147]。2008 年 Myron 等以美国佛罗里达州西部港口城市坦帕和伊利诺斯州芝加哥市的 28 个公园的 9 454 名游憩者为调研对象，统计分析了环境和社会相关因素对邻里公园体育活动（细分出静坐类、散步类、剧烈运动类三种类型）的影响，揭示了不同社会经济背景或不同人口统计学特征对公园游憩者的行为结构分异[148]。

不难看出，国外对游憩行为空间轨迹的描述，已经从最初的整体空间使用曲线的刻画，逐步走向游憩群体细分、活动类别细分，对行为空间的解释更具体、更有实践意义。另外，GIS 空间描述新技术得到初步应用。

（3）国外游憩行为空间理论模型研究述评

理论模型是从学术探索走向科学的必经之路，旅游学者对理论模型的积极探索有助于促进游憩地理学科理论体系的构建。理论模型可以细分出概念模式和数理模型两个方面，通常情况下人们对事项的认识都是从概念体系的探索起步的。

20 世纪 60 年代末起，旅游流的各种概念性结构模式开始陆续出现。目前较有代表性的旅游行为结构模式有 Pearce 城市旅游流模式、O-D 旅游客流联系模式、Mariot 的三种类型旅游路径模式、Campbell 休闲度假模式、Lundgren 旅行模式和空间分层运动模式、Thurot 国际旅游流模式、Mings 和 McHugh 的旅游者旅行空间结构模式、Crompton 和 Ankomah 多目的地旅行模式、Stewart 和 Vogt 的多目的地旅行模式以及 Mieczkowski 旅游区内分散化集中模式等。在这些模式中，除了 Pearce 模式直接关注城市游憩行为空间外，其他模式通常关注的是区域性及更大尺度上的旅游流行为分布。

在数理模型构建方面，国外学者也给予了较多关注[149]，代表性的理论包括 Smith 等提出的客流量预测模型；Taylor，Smith，Gregor 等提出的距离衰减模型；Crompton，Wolfe，Lee 等提出的引力模型；Smith，Caulkin 等提出的效用最大化旅行模型等四大类别。其中距离衰减模型引力模型及其变型已成为旅游流研究的基本数理模型。但这四类模型大多是基于对大尺度背景下的旅游流的考虑，对城市小尺度范围内的游憩流（特别是居民游憩者）行为空间的关注不多。

近年来，一些参数修正模型、新模型或新的概念模式也在实证分析中不断涌现和发展。2000 年 John 等采用多周期线性程序模拟刻画了澳大利亚的汽车旅行者的空间行为模式[150]。2003 年 Thomas 等提出了一个游憩行为分析的 9 元矩阵框架，分别从生理的、心理的、社会的视角考察对应的功能、机制和变量，最终实现了对游憩行为结构的系统化分析[151]。2006 年 Hwang 等研究了赴美国际游客的多城市旅行模式，进一步证实了游客来源国不同，对目的地的熟悉程度不同，多城市旅行模式通常也就有所不同[152]。2009 年

Charles 等运用回归建模并结合 GIS 空间分析手段，构建了游憩划艇者的空间行为模式，并结合邮寄调查结果对模型的预测功能进行了检测，发现除 4.3km 和 3.0km 预测有所偏差外，其他功能整体效果良好[153]。

总体来看，大区域背景下的旅游客流行为空间理论模型已经相当成熟，而城市游憩客流相关模型的构建相对薄弱。这和城市游憩现象被关注较晚的事实是分不开的。深入分析城市游憩客流的行为规律，参照现有的旅游客流概念模式和数理模型，构建城市游憩行为空间的理论模型，是地理学者今后研究的重要领域或方向。

(4) 国外游憩行为空间结构演变研究述评

前文分析表明，游憩行为空间具有复杂性，即不同的游憩者、不同的外部环境都可能形成不同的游憩行为空间模式。同样，将时间因素纳入行为空间，立足发展演化的视角，探索行为空间的日变化、季度变化、年变化乃至更长的时间周期性变化，是全面透视游憩行为空间特征的一个重要方面。然而这一方面的研究面临的最大困难就是时间序列数据的跟踪调研困难，因此相关文献相对较少。时间地理学已经成为地理学者普遍重视的领域，将时间维度纳入游憩行为研究的体系也得到学界广泛认可。1988 年 John 在利用多元线性回归模型预测了城市森林游憩场点的利用行为时，就将季节性、周天数纳入解释变量体系，且证实时间变量有助于游憩行为规律的解释[125]。2000 年 Donald 提出对社会团体公园游憩行为的研究应该从时间与空间两个方面加以考察和透视[154]。同年，Astrid 等针对以往研究中对游憩偏好行为时间变化的忽略，通过构建季节性与求异性行为选择模型，结合荷兰主题公园调查数据，实证分析了游憩偏好行为的求异性和季节变化性[155]。可以预见，随着城市游憩行为空间研究的不断深入和完善，游憩行为空间结构的演变必将成为学界关注的一个热点领域。

2 国内研究进展

我国的城市游憩行为研究最早由吴必虎先生(1994)分析上海城市游憩者流动行为特征开始，在新世纪这十来年里，相关研究文献迅速增多。

(1) 国内游憩行为空间影响机制研究述评

游憩行为空间区位受多种复杂因素的影响，国外学者给予了较多关注。梳理国内文献，1994 年吴必虎等从距离、出游能力、设施引力和可达性分析城市游憩客流形成机制，又以杭州为例[156]，详细阐述了影响居民在内城游憩和环城游憩间进行选择的作用力模型，通过问卷调查，研究了杭州本地居民环城游憩的行为及偏好特征，并在调查的基础上运用统计检验总结出杭州本地居民对环城游憩产品类型、游憩时间、目的地区位的偏好规律。同时指出，不同时间约束条件下居民对环城游憩目的地的区位偏好也会呈现明显不同的倾向。1999 年吴承照分析了影响游憩效用的三个主要因素：价格、距离和游憩地吸引力，并对这三个因素与游憩行为的关系进行了定性与定量分析，认为门槛距离与等级规模扩散是城市居民户外游憩分布行为的基本特征[140]。近年来，部分学者也对游憩行为的影响因素进行了一些探索。如周常春等研究发现昆明城市居民主要的游憩空间是近中距离的游憩度假地，城市居民的经济属性、年龄属性与居民的游憩活动空间具有相关性[157]。陈世斌通过对杭州“最具出游力”人群的调查，发现影响休闲旅游行为的障碍性因素最重要的是时间、交通和学习，传统的经济因素影响力明显下降[158]。汪芳等构建了游憩活动评价指标体系，对无锡的四个典型城市园林进行游客抽样调查，综合评价了无锡市园林游憩活动的现状，并提炼出影响游客游憩体验的重要因素[159]，另外通过构建园林游憩活动谱系，提出针对无锡市园林的游憩活动适宜性管理建议[160]。唐雪琼等在研究经济欠发达地区县级城镇居民休闲行为时，分析了居民的年龄、经济收入、家庭结构、受教育程度、职业、性别等人口社会特征对休闲行为空间结构的影响[161]。

梳理文献不难看出，相对复杂的游憩行为空间现象而言，国内学者对游憩行为空间的深层次动力机制的探索相对薄弱，研究内容过于单一，诸多中国特色的游憩行为影响规律都有待进一步揭示和解释。就方法论而言，和国外学者应用多元回归统计模型、结构方程、多项式 Logit 模型等多种分析方法相比，我国现有文献的研究方法也相对单一。

(2) 国内游憩行为空间轨迹描述研究述评

我国学者对城市游憩行为空间轨迹的统计描述成果颇多。1994 年吴必虎利用游憩活动空间和使用曲线分析技术，发现上海市民以郊区为目的地的活动空间基本呈现同心圆衰减规律[91]。这也是我国城市游憩行为空间研究的最早成果。随后，1999 年张安等通过实地问卷调查获得基本数据，运用曲线分析技术，研究南京城市游憩者时空分布模式与活动频率特征，探讨不同动机的游憩者的活动空间[162]。2000 年以来，特别是最近几年，相关文献呈现飞速增长趋势。梁美玉等以市民活动日志调查为基础探寻了徐州市民周末休闲活动特征，发现徐州市民周末休闲活动空间离家距离有明显的高峰点，空间结构模式表现为"四圈层，一集中带"，且市民的个人社会经济属性对休闲空间的选择有很大的影响[163]。张春丽等统计描述了长春市游憩者行为的时空分布特征[164]。粟路军等通过抽样调查对长沙市居民环城游憩距离选择进行了实证描述[165]。彭顺生采用问卷调查的方式从游憩类型、游憩设施两个方面揭示了广州市民的游憩行为特征[166]，并对穗、港、澳居民环城游憩行为进行了比较分析[167]。周尚意等以对苏州游客的调查资料为基础，并设计了显示旅游群体线路选择差异性的旅游线路多元化指标，分析不同游客群体旅游线路选择的多样性差异[168]。梁玥琳等通过比例分析、交叉分析等手段，总结了汉口江滩休闲者的出行特征及其当日在汉口江滩的空间行为规律[169]。杨兴柱等借助社会网络理论和方法研究了南京市旅游客流的网络结构特征及规划构建[170]。刘志林等归纳出深圳市民周末休闲活动的"四圈层、二集中带"的空间结构模式[171]，并通过对大连、天津和深圳三个城市的休闲活动比较调查，总结了中国城市居民的休闲活动的空间特征[172]。唐雪琼等分析了经济欠发达地区县级城镇居民在工作日和休息日休闲活动的空间结构特征[173]。田谆君等以无锡市太湖广场为例，实证分析了城市广场休闲者的空间行为特征[174]。宁艳等定性分析了城市居民的生活行为模式与居住绿地、综合公园、专类公园、带状公园及街旁绿地等各类城市园林绿地之间的密切关系[175]。杨晓俊等分析了居民消费行为与城市休闲、娱乐场所的空间关系[176]。

梳理现有文献不难看出，我国城市游憩行为轨迹的研究对象通常是城市整体，以分析城市游憩客流的整体行为规律为主，有三篇文章考察了城市内部某类游憩场点的游憩行为规律。在研究方法上，统计描述占绝对主导地位，其他技术手段，特别是 GIS 空间分析新技术的应用较少。

(3) 国内游憩行为空间理论模型研究述评

国内城市游憩理论模型的探索仍处于摸索阶段，1998 年吴必虎提出了环城游憩带理论，其实质上也是对城市游憩行为空间的一种透视。2003年秦学在定性描述城市游憩空间结构的基础上，提出了城市游憩行为空间，丰富、拓展了城市游憩空间的内涵，但缺乏对城市游憩映象空间的考虑[15]。2004年龚洪波通过对武汉市新江滩一期滨水区的休闲行为观察和数据分析，归纳了城市滨水区休闲行为的特点，并提出了数种休闲空间模式[177]。黄向等对游憩行为的场所依赖进行了理论概括，并提出以场所依赖为切入点构建游憩行为研究框架的设想[178]。在这些理论模型的探索中，目前被普遍认可的是吴必虎的环城游憩带理论。

总体而言，在城市游憩行为空间研究领域，积极引介、借鉴相对成熟的旅游客流行为空间模型，对其开展实证应用分析和修正研究，可谓是城市游憩行为空间理论模型构建的一个努力方向。另外，积极引介复杂性科学理论、人工智能信息化技术（包括细胞自动机、人工神经网络等），可谓游憩地理研究的时代使命。

（4）国内游憩行为空间结构演变研究述评

对城市居民休闲时间利用特征的分析是城市游憩行为空间研究的基础。以柴彦威为首的北京大学时间地理学研究小组在这方面取得了丰硕的成果，以兰州、大连、深圳等城市为实证对象，从个人属性、社会属性及空间属性的不同角度探讨了城市居民休闲时间利用的基本特征及其时空分配系统，剖析了居民休闲活动的形成及演化的机理[172,179-181]，相关研究的时间类别主要分为双休日和工作日。2001年孙樱等通过对北京市区50个退休老人四季休闲行为的跟踪调查，采用时间地理学的研究方法，揭示大城市老年人口日常生活行为、休闲活动的基本特征及其时空分异规律，为大城市规划中的休闲空间的组织与布局提供了有益的参考[182]。胡志坚等通过对我国公众闲暇时间的研究，认为整体上中国人闲暇时间分配不尽合理、不尽协调，休闲生活质量不高。

总体来看，我国学者对游憩行为空间的时间演化研究已经取得了一定的统计性成果，该领域研究的价值意义巨大，相关研究前景广阔。

3 国内外研究比较与展望

（1）国内外研究比较分析

1964年开始城市旅游研究领域受到国外学者的关注，20世纪60年代末，国外地理学界开始从空间角度（主要针对国际间、大区域）探讨旅游行为空间活动的各种结构特征模型。我国的城市游憩行为空间研究始于1995年保继刚先生对城市游憩商业区的考察，比国外晚了30年。

从研究内容来看，国外偏重于游憩空间的社会学、行为学意义的研究，而国内则更偏重于功能结构的研究，对人本主义方法论的创新和实证研究不够深入。下面进一步从城市游憩行为空间的影响机制、轨迹描述、理论模型、结构研究四个方面对国内外研究内容进行比较分析。其一，国内外对游憩行为空间轨迹的统计描述成果均较多，但国内研究在统计手段或技术利用上有待加强。其二，在影响机制方面，虽然国内也做了一些探索，但在影响要素体系的选取上考虑不够全面，在要素分析方面，统计手段相对国外略显单一，最终导致研究成果的实践指导价值不够理想。其三，在理论模型研究方面，尽管国外对城市游憩的关注历史不长，但由于其扎实的旅游客流行为研究基础，城市游憩行为空间理论探索也走在了我国前面，不少学者已经或正在做非常有意义的探索性研究。国内学者除了在环城游憩带研究方面在国际学术界有一定影响外，其他研究仍处于简单的成果引介与实证描述层次。总体而言，国内外游憩研究学者在概念模式、数理模型或计算机仿真模拟等领域都缺乏理论模型构建，研究基础和基础理论研究仍十分薄弱。其四，在行为空间结构演变，即从时空角度对游憩空间行为进行研究方面，国内外学者至今都没能给予足够重视，相关文献偏少，很多问题域有待跟踪探索。

相对国外研究比较成熟的方法论而言，我国的城市游憩行为空间研究的方法论体系有待进一步充实和完善。我国的多数实证性研究基本都是考察游憩者的人口学特征，成果结论趋于相似，且实践指导价值意义不大。在方法论上主要涉及游憩活动空间、使用曲线分析技术、SPSS描述统计等，国外使用较广的因子分析、回归分析、结构方程、SERVQUAL模型、行为图式等，国内学者在游憩行为空间分析中应用较少。近年来，国外学者开始将GIS新技术应用到游憩行为研究领域，但总体上而言，GIS新技术、复杂性科学理论和方法（分形等）、计算机仿真模拟（细胞自动机、人工神经网络等）在国内外游憩行为空间研究领域的应用不多，相关研究有待进一步加强。

（2）复杂性理论应用研究展望

20世纪60年代末，自耗散结构理论的建立，相继出现协同学、超循环理论、突变论、混沌学、分形学等一系列理论，被统称为系统自组织理论。在过去的十余年内，以计算机辅助为基础的人工神经网络、细胞自动机等复杂性科学理论得到长足的发展，复杂性科学理论和方法在多种学科门类中受到高度重视，并被广泛应用。到目前为止，分形理论和方法、细胞自动机是两种应用比较成熟的复杂性理论。随着交叉学科的不断发展，地理学者更加清晰地认识到城市系统是一种开放的复杂系统，用常规的数理理论和方法无法从根本上揭示其复杂性本质与规律，城市复杂系统中出现的复杂性问题必须借助复杂性理论才能科学地解决。

最近十多年来，国外兴起的复杂性科学为地理研究提供了新的思想和方法。城市具有自组织特征[183]，分形和细胞自动机方法在城市系统结构及其演变研究中已经得到比较成熟的应用。而近年来，分形理论开始被引介到旅游系统、城市游憩系统的研究领域，国内外应用最多的是将神经网络用于客流需求结构的预测[184]。但真正意义上的对游憩行为空间的描述和刻画的文献仍不多见，国内学者陈涛曾运用信息理论，结合分形和混沌的有关思想，从人类旅游的原动力和旅游景观的美学实质两个角度对旅游行为的本质进行了探讨[185]。2007年杨国良等以四川省为实证区，借助齐夫（Zipf）定律，证明了国内旅游客流和入境旅游客流的流量位序与规模分布均满足齐夫法则[186]，并根据分形演化规律探讨了旅游景区系统优化[187]。随后王英姿等又对武夷山风景名胜区景区（点）系统等级结构年际变化进行了分形分析[188]。这些成果从数理结构的层面初步揭示了旅游客流行为空间的等级秩序。但总体来看，复杂性理论在城市游憩行为空间研究领域中的应用仍处于探索起步阶段，特别是对游憩行为结构研究的时空视角仍没有得到较好的重视和关注。随着分形、细胞自动机、GIS空间相关分析等学科技术的不断发展和普及应用，我们不难推测出，基于市场细分或差异性分析的城市游憩行为空间分形，城市游憩行为空间系统演变的细胞自动机模拟等相关研究文献会逐步增多，这种研究趋势也必将有力地促进游憩地理学基础理论体系的丰富和完善。

第四节 城市游憩映象空间复杂性研究评述

城市游憩映象是城市意象研究中的一个分支领域。但整体上而言,中西方城市游憩现象真正受到学者们的普遍关注和重视也是在 20 世纪 90 年代之后。城市游憩研究历程较短,中西方对城市游憩映象空间的研究成果也远远少于城市意象研究。已有的城市游憩映象空间研究文献,大多来自对旅游目的地映象研究领域中对城市这种非景区型旅游目的地映象的考察。因此,要对城市游憩映象空间研究进程进行比较科学全面的回顾和展望,有必要从城市意象和城市游憩映象两个方面进行梳理和评介。下面从城市意象研究和城市游憩映象空间研究两个方面展开回顾和述评。

1 国外研究述评

(1) 国外城市意象研究

地理学对环境认识方面的研究,最早可追溯到 1724 年法国学者 Lafitau 对纽约州北部 Iroquois 族人在密林里辨识道路方向能力的观察与思考,以及美国学者 Torwbridge 和地理学家 Gulliver 等尝试对大尺度的人类环境认知所做的系统实验[189]。1932 年 Tloman 在致力于解释行为的过程中,提出了感知地图的概念。认为人对环境的学习过程在脑海中有一张类似的田野地图,即所谓的感知地图(Cognitive Map)[190]。通常这一概念可被理解为我们对记忆的界定[191]。感知地图透视了感知系统,也可以反映感知系统的四个结构化特征:复杂性、协调性、抽象性、现实性。这些特征是建立在 Gestalt 心理学派的概念之上的[192]。1956 年 Kenneth Boulding 开始以现代的观点运用“意象”一词。1960 年 Lynch 开创了城市意象研究,其所著的《城市意象》一书提供了一套完整的城市意象调查与研究方法,认为城市居民对城市意象的认知模式具有相似的 5 类构成要素,即道路、边界、区域、节点和标志物,并指出居民以路径主导型和空间主导型两种方式来构造其对城市的意象地图[193]。Lynch 的这部著作成为城市意象研究的里程碑。

在 Lynch 之后,对城市感知的研究不断增多,比较典型的有 Francescat 和 Mebane 针对罗马不同阶级对罗马城市意象的研究。Orleans 对不同种族居民在城市意象方面差异性做了研究。Appleyard 对城市居民意象地图类型做了实证研究,他将路径主导型地图分为段、链、支/环和网 4 种子类型,将空间主导型地图分为散点、马赛克、连接和格局 4 种子类型[194]。Golledge 对城市居民感知阶段的研究,认为城市感知地图随时间变化分为 3 个阶段,即联接发展阶段、邻里描绘阶段和等级秩序阶段[195]。Matthews 研究了如何让孩子们在无限制条件下描绘自己心目中的熟悉环境。选取了 11—18 岁的儿童样本,让他们手绘出他们所居住的城市中心。结果显示,年龄是一个重要影响因素,年龄最小的组绘图简单、结构感差而且通常关注一些与生活相关的小细节。而 17—18 岁的孩子通常能够绘制出比较清晰的和实际相仿的粗略图。另外,其他一些因素也同样被认为与环境认知过程紧密相关[196]。Killworth 和 Bernard 分析了意象地图的比较方法[197]。Geoffrey C. Smith 和 Robert G. Ford(1985)以伯明翰为案例区,研究了城市意象地图与租房行为偏好之间的关系,结果显示,租房偏好虽然在细节上有所不同,但整体上验证了亚当斯的扇形意象地图假设[198]。Lee 和 Schmidt 利用上述理论对中国的广州进行了实证研究,他们调查了 146 个大学地理专业一年级的学生，讨论了感知地图范围、地图细节、城市环境和回答者特征之间的关系[199]。Birnbaum 等研究了意象地图中的感知距离的“比率”或“差异”问题，通过美国城市之间距离的描述，将美国城市划分为东线城市、西线城市两个类别，其城市间感应距离的“比率”或“差异”符合减法模型，另外本研究也赞同采取多维尺度对城市间距进行判定[200]。

总体来看，城市意象研究已从城市意象类型、构成要素、影响因素和空间认知过程等方面逐步深入城市意象内部分区的差异性研究，即从城市居民识别方式、社会阶层和性别等方面探讨了城市意象的差异性特征与规律，开始从定性描述向定量分析研究转变[201,202]，但对于城市游憩映象空间的专题研究并不多见。

（2）国外城市游憩映象研究

学术界对旅游的关注早于游憩，城市游憩映象空间的探索也是从旅游这一特殊领域开始的。学术界普遍认为1971年Hunt开创了旅游目的地映象研究。在2000年的世界旅行与旅游研究协会的年会上，Hunt用“三个农民开垦了一块新地”的比喻解释了他、Edward Mayo和Clare Gunn三人对旅游映象新领域的开拓。本研究在Pike[203]对1973到2000年期间的142篇目的地映象文献进行了归纳综述，将城市游憩映象相关文献细分出来，并对2000年以来的文献进行了搜集，最终提炼出28篇城市游憩映象的相关文献[24,204-231]（表1-1）。

表1-1　1973—2008年城市旅游目的地映象研究文献汇总

作者（日期）	所属区域	属性变量	结构化/非结构化	受众人数	数据分析技术	抽样类别	其他
Pearce（1977）	欧洲		非结构化	72	制图	游客	滞留天数
Pizam，Neumann和Reichel（1978）	北美	32	非结构化	685	因子分析	游客	
Yau和Chan（1990）	亚洲	31	结构化	600	感知地图 因子分析	游客	
Dadgostar和Isotalo（1992,1995）	北美	11	非结构化	260	其他	消费者	距离
Young（1995）	澳洲	7	非结构化	180	个人构念积储格 因子分析	消费者	影响
Weber和Mikacic（1995）	欧洲	26	结构化		重要性—绩效分析	游客	
Mazanec（1995）	欧洲	6	结构化		感知地图	消费者	时效性
Oppermann（1996）	北美	15	结构化	123	T检验/因子分析	经销商/专家	
Bramwell和Rawding（1996）	欧洲		结构化		其他	目的地营销机构	
Mazanec（1997）	欧洲	23	结构化		其他	游客	细分
Murph和Pritchard（1997）	北美	4	结构化	10531	平均值	游客	价值评估
Grabler（1997a）	欧洲	12	结构化	282	因子分析/ 感知地图	消费者	
Grabler（1997b）	欧洲		结构化	40	其他	目的地营销机构	

续表

作者(日期)	所属区域	属性变量	结构化/非结构化	受众人数	数据分析技术	抽样类别	其他
Go 和 Zhang (1997)	亚洲	22	非结构化	61	因子分析	经销商/专家	
Lawton 和 Page (1997)	澳洲		结构化	170	其他	游客	差异性
Illiewich (1998)	欧洲	35	结构化	282	因子分析	消费者	
Dimanche 和 Moody (1998)	北美	30	结构化	107	平均值/T 检验	经销商/专家	差异性
Van Limburg (1998)	欧洲	4	结构化	45	关联分析	消费者	
Dolnicar, Grabler 和 Mazanec (1999)	欧洲	20	结构化	632	感知地图	游客	
Murphy, Pritchard 和 Smith(2000)	北美	16	结构化	610	其他	游客	价值/质量
Heung 和 Qu (2000)	亚洲	31	结构化	522	因子分析	游客	
Jutla (2000)	亚洲		非结构化	100	其他	游客,居民	差异性
Andreu, Bigne 和 Cooper(2000)	欧洲	6	非结构化	120	聚类分析/判别分析	游客	访问
Chacko 和 Fenich(2000)	北美	12	非结构化	291	其他	经销商/专家	媒介
Richard(2004)	欧洲		结构化	375	平均值	游客	
Ahmad(2004)	亚洲	7	结构化	100	制图/平均值	居民	
Seyhmus, Curtis(2005)	北美		结构化	583	主成分分析	规划专家	
Soojin 和 Xinran (2007)	亚洲	7	非结构化	61	平均值/对应分析	网站网点	网络映象

分析这 28 篇文献可以发现几个特征:其一,从研究的城市区域分布来看,以英国为主的欧洲区域城市最多,占到 12 篇;其次是北美 8 篇;亚洲 6 篇;澳洲的文献最少,仅有 2 篇。这种不平衡在一定程度上和城市游憩发展的进程是一致的。其二,城市旅游映象研究以单一城市映象研究为主,而多个城市映象之间比较或竞争的研究文献不多,仅有 1 篇。其三,结构化方法在城市旅游映象研究中得到广泛应用,有非结构化方法文献仅有 9 篇,由此可以看出,国外学者对城市游憩映象的刻画是相对客观的。其四,从数据的分析处理来看,因子分析方法应用最广泛,有 8 篇文献使用,另外感知地图、平均值、T 检验等方法也较为普遍应用。最后,就是感知映象的主体,即被调查抽样群的类别,以游客类别最多,有 13 篇文献。特别值得关注的是,以居民为映象主体的研究文献仅有 2 篇,这也反映出国外对城市旅游映象的关注主要集中于对游客的关注上,对城市本地居民对游憩映象空间的感知考虑不多,与城市意象研究的关注点恰恰相反,上文对城市意象的文献回顾表明,城市意象研究以居民的意象分析居多。这也进一步证实了,国外城市学者习惯于关注城市整体的意象,对城市游憩子系统的意象进一步探索不多;而国外的旅游学者习惯于关注游客视野中的城市旅

游映象，以旅游营销或战略制定为主要出发点，对城市本地居民的游憩映象考察不多。这一点和我国国内学者的分析视野极为相似。

人们对映象感知的研究最早就源于对行为解释的求索。游憩映象的研究和游憩偏好与行为决策通常是不可分开的。映象空间作为一种心理抽象空间，是人脑中形成的一种映象图式，是被人认知到的世界，也就是这个被认知的微观抽象世界支配着游憩者的休闲行为。国外很多学者在对游憩者行为进行分析的过程中，探讨了映象的重要性。Shih 认为感知和映象是目的地选择的决定因素。以往的研究已经揭示了旅游地映象的感知是如何对度假目的地的选择产生强烈影响的[232]。在许多情况下，旅游地形象比实际信息更能影响旅游者目的地选择的决策。而游憩映象空间的选择受到各种个人及环境因素的影响。城市游憩空间系统的优化调控需要理解游憩者的感知、态度和动机，以及游憩空间系统在他们心中的映象。搞不清楚人们对城市的认知和感受，就不足以完全了解在城市化过程中的城市社会行为[6]。游憩映象会直接影响游憩者的感知偏好，并最终影响出游决策，这一点在学术界已得到广泛共识[233-236]。上文分析的一些休闲游憩行为模型，都从不同侧面反映了映象空间，也说明映象和行为的因果映射联系。然而，由于城市游憩研究历程比较短，游憩映象空间研究仍没有建立起完整的理论体系和具有可操作性的概念框架[237,238]。Gartner 认为很多目的地映象研究是零散而没有理论依据的[239]。完整的城市游憩映象空间研究主要包括游憩影响空间要素与形态、映象空间形成机制及影响变化两个方面的研究，而将映象和行为结合考虑则是学者们最经常使用的研究范式。

在对游憩映象生成机制及影响要素分析方面，国外许多学者都将社会经济学特征变量作为影响目的地感知的重要因素[240-243]。一些游客行为模型也认识到社会经济变量在游客认知中的决定性作用，并将其视为认知的基础和起点[244,245]。尽管年龄、教育程度、性别、职业、婚姻状况等都被视为影响映象感知的变量，但比较起来，年龄和教育程度的影响更为显著些。整体来看，过去研究显示，游客的人口学特征和目的地选择偏好是密切相关的。游客的受教育程度越高，利用信息的能力越强，获取的信息量越大，也就是说不同的教育水平的游客使用的信息不尽相同，从而产生了不同的旅游偏好。Mok 等研究发现香港市民对目的地属性特征的感知与他们的人口统计学特征在一定程度上是密切相关的，例如，男性游客比女性更重视娱乐性和气候条件，老年游客比年轻人更重视文化品位和风景秀丽等。Hanqin 等采用深度访谈、因子分析、方差分析等方法手段，进一步实证分析了香港市民的休闲旅行偏好，发现不同人口统计学特征的受访者拥有不同的目的地偏好，且安全因素成为香港市民出行决策考虑最多的问题[246]。

游憩体验是国外学者关注的另一焦点。国外学者特别是一些建筑师大多比较重视游憩体验。游憩体验通常被认为是人在与游憩环境互动过程中产生的一种动态化体验。由于缺乏理论基础，游憩学者一直未能对这一互动过程进行彻底洞察。BongKoo 等尝试将情绪控制理论应用于对游憩体验的动态本质研究[247]，有效推进了游憩体验的研究进程。Frances 等考察了芝加哥“罗拔泰来之家”百名市民对邻里林地和草地的感知态度，发现林木配置对居民的安全感和偏好的影响不大，但令人惊奇的是树丛密度和草地维护对于增强偏好与安全感的效果很显著[248]。2009 年 Takemi 等考察了邻里开敞空间特征与英国老年人生活质量的关系，通过对 284 位年龄在 65 岁以上的老年人的调查，发现邻里开敞空间的愉悦感和安全性与受众的生活满意度有关，而通往邻里开敞空间的小路的好坏和步行行为有关，邻里开敞空间的距离远近同样影响生活满意度，但邻里开敞空间属性特征和受众的身体健康状况无显著联系[249]。1998 年 Byoung 等调查了年龄在 64 岁至 91 岁之间的 91 位市中心老年人对室外公共绿地的使用行为，发现室外公共绿地的使用能够增强邻里联系和社区认同感[250]。总体上来看，国外学者对一些特殊社会群体的具体的游憩体验的关注比较细微、翔实而具体，其相关研究成果具有较强的规划指导意义。

2 国内研究述评

20 世纪 90 年代特别是新世纪以来，我国城市学者一直将城市意象作为一个热点领域加以关注。顾朝林等通过照片辨认和认知地图调查试图对北京城市意象空间进行研究，结果表明北京市的城市意象空间是以天安门广场为中心，以长安街和二环、三环、四环路以及前门大街等道路骨架形成的网格状系统，而游憩场区（点）在北京城市意象空间的构成要素中占有相当大的比重[251]。冯健利用问卷调查和感知地图的方式分析了北京城市居民空间感知的基本类型、构成与发展阶段，以及各种差异性特征，从一定侧面上反映了游憩空间在城市空间感知中的重要地位[252]。李雪铭等在对大连市城市意象空间的分析中发现，大连城市意象区域是以中部为主轴向东西两个方向辐射，并且主要集中在市中心、商业区及风景旅游区[253]。冯维波在对重庆主城区居民感知的城市意象元素进行分析评价过程中发现，影响重庆主城区城市意象的有 8 大因子，按其重要性排序，前 5 个因子依次分别为重要路桥和交通节点、山地与河流、广场与步行街、文化遗产与古迹、标志性建筑和公共绿地[254]。陈基纯等在研究城市居民距离认知特征的分析过程中，简要分析了大学生周末闲暇空间与距离认知的关系[255]。石坚韧等通过调查城市开放空间的满意度，简要梳理了开放空间的意象影响因素[256]。从城市意象的研究结论来看，城市游憩空间通常会成为城市整体意象中的重要意象元素，对于城市意象的营造具有重要意义。这也说明，城市游憩在城市文明、城市形象的传播中具有举足轻重的作用。

近年来，随着人本主义思潮在我国旅游学界的普及，城市游憩映象的研究成果不断增多。相关成果主要集中于以下几个方面：其一，对城市游憩映象空间要素及形态模式的探索。田逢军等采用照片选取城市游憩映象和意象草图勾勒出南昌市以“矩形”为特征的旅游地意象空间结构[257]。梁玥琳等在对武汉市主城区重要休闲地休闲者进行问卷调查的基础上，分析武汉城市居民休闲意象空间要素构成及结构特征，发现武汉三镇城市休闲意象要素发展不均衡，存在汉口江滩和武昌东湖两个休闲意象中心，但尚未形成具有强烈向心性的市级休闲中心地[258]。曹小曙等通过问卷调查，分析了广州城市水上休闲交通意象要素的基本特点及城市水上休闲交通意象空间特征，发现其意象空间结构不完整且存在相互不连续的区域[259]。蒋志杰等采用游客问卷调查及意象地图描绘等方法，初步探究了江南水乡古镇旅游地意象空间的结构特点[260]。李瑞直接利用林奇提出的城市意象 5 要素（道路、边缘、区域、节点、标志物）对应分析了城市旅游意象要素类型及内容[261]。王艳采用研读公众媒介所登载古镇照片的方式探索了水乡古镇的景观意象，发现游客对水乡古镇的感知以道路、节点为主，标志物次之，对区域和边缘的感知较弱；游客的重点感知景观是民居、河道、沿河街道（街市）、桥、水埠（码头）及船[262]。王红等采用照片辨认与公众意象草图简要分析了镇远古城意象空间要素，并提出了规划建议[263]。其二，对游憩体验的研究。廖仁静等调查分析了南京夫子庙历史街区在游憩者感知中的真实性[264]。邵靖在对苏州城市意象古韵今风的描述中,凸显了游憩空间要素在苏州游憩映象空间中的重要地位[265]。王婉飞等以上海城隍庙/豫园 RBD、南京夫子庙/秦淮河 RBD 及杭州清河坊 RBD 三处游憩商业区为例,从影响游客体验方面的游客融入度和 RBD 互动参与性两个方面实证探索了城市游憩商业区的深度体验问题[266]。其三,从游憩映象的视角考察旅游行为规律。徐菊凤实证调查了北京市居民的旅游产品偏好、旅游时间段选择及对"黄金周"出游的态度、旅游消费价值观、旅游感知等游憩行为要素[267]。其四,考察了距离因素对游憩映象空间及游憩行为的影响。李连璞等分析了"时空缩减"对游客感知行为的影响,进而探讨了环城游憩带发展应对策略[268]。

可见,在上述四个方面的研究成果中,我国学者对游憩映象空间要素及形态模式的关注最多,而对游憩映象空间的影响要素及作用机制、映象空间与感应行为的关联分析、映象空间结构形态演化的追踪调查,以及不同城市映象空间的竞争与比较等内容,相关文献仍不多见。另外,已有的许多研究大多是以 Lynch K 的城市意象理论与研究方法为蓝本,且在调查过程中经常遇到不配合现象,导致调查数据的误差较大的现象时常发生。另外,旅游映象调查方法至今在城市旅游规划中都没能得到较好的体现和应用,直接经济效益不如旅游的游憩映象调查,更是没能在城市规划中体现。在此实践背景下,我国的城市游憩映象空间研究受到了一定的阻滞。

第五节　研究进展简评与展望

前人文献成果为本研究提供了基础和有益的借鉴,也揭示了对城市游憩空间复杂性本质及其感知映象形态结构特征认识的匮乏和不足。复杂性科学理论不仅可以刻画城市游憩实体空间的复杂性特征,更能刻画游憩者行为空间秩序特征,从而为落实城市游憩空间配置的人本主义导向提供了有效途径,也为揭示游憩空间感知与空间行为之间的复杂关系提供了新的分析视角。人文学科的发展和创新离不开科学技术手段,科学技术有助于推动旅游现象研究实现质的提升。运用复杂性科学理论研究城市游憩空间复杂性特征规律是一项非常有意义的课题,特别在当前我国大规模城市化的背景下,如何合理布局复杂的城市游憩空间系统以满足国民的城市游憩需求,有必要运用人本主义理念和复杂性科学理论方法深化开展对我国本土化城市游憩空间合理规划布局规律的专项研究。

受传统的结构功能主义的影响,我国城市游憩空间的相关研究明显偏重物质实体空间,而忽视游憩行为空间,特别是对决定游憩者行为的"主观环境"空间——游憩者所感应的"映象空间"的系统化研究很少。对休闲游憩者的出游心理、选择目的地过程的研究成果不多。对游憩者映象空间图式即游憩意象地图研究不够,针对本市居民游憩与外来游憩者的感知映象空间差异,针对细分市场和群体的休闲与游憩行为,以及我国乡村居民的休闲与游憩的深入研究都较少。在当前以人为本的科学发展观与和谐城市建设的大背景下,我国的城市游憩开发规划必须加强休闲主体、休闲行为与休闲空间的互动研究。另外,我国城市环城游憩开发过程中还存在着认识不到位、资金不足等系列问题,提高政府的城市管治理念,尊重游憩者的实际需求,已成为决定我国今后城市游憩开发成败的关键所在。

第二章
研究设计

第一节 案例地选择与数据来源

1 案例地概述

本研究的案例地苏州市位于江苏省东南，东连上海，南邻浙江，西濒太湖，北枕长江。苏州大市面积目前为8 488 km²（含昆山、常熟、张家港、太仓四个县级市），市区面积为1 730 km²，《苏州市城市总体规划（2007—2020）》勾画了苏州市区新格局，其城市规划区面积为2 597 km²，包括苏州市区（姑苏区、吴中区、相城区、工业园区和高新区）以及吴江区的松陵镇、同里镇、横扇镇部分地区（仅包括原菀坪镇）；昆山市的巴城、张浦、锦溪、周庄镇；常熟市辛庄镇的部分地区（不包括原练塘镇）。2010 年苏州市区规划人口 360 万人。本研究以最新的完整城市规划区 2 597 km² 的市区城乡地域范围为研究对象，考察苏州市区直辖城乡地域范围内的游憩空间现状，探索城市游憩空间系统的复杂结构及需求行为规律，研究结论或成果发现可以直接为苏州城市规划建设提供游憩功能视角下的参考依据。

在历史上，苏州因“上有天堂，下有苏杭”的美誉扬名中外，是中国江南富庶的休闲之地。新中国成立之后的很长时间内，苏州是有机会前来中国的所有外国人必到的城市。改革开放后，苏州充分利用知名度高的优势，以古典园林为主打旅游吸引物，迅速成为吸引海内外游客的著名旅游目的地，造就了苏州旅游的辉煌。但苏州作为一座严格保护的历史名城，其新城开发也相对滞后。进入 20 世纪 90 年代，在苏州地区经济持续快速发展的背景下，苏州终于迈开了新城建设的第一步。1991 年苏州市开始在古城外围西部建设高新技术开发区，1994 年开始在古城东部发展中国—新加坡工业园，2001 年 3 月，吴县撤市建区，被拆分成吴中、相城两区，2012 年 9 月，吴江撤市建区。至此，苏州形成了“东园、西区、南吴、北相、中古城”的大苏州城市格局。2008 年通过的苏州市城市总体规划，勾画了 2 597 km² 的苏州市区新格局，《苏州市旅游业发展总体规划》修编也开始启动，这些都说明新时期苏州城市的发展及和谐城乡游憩空间的营造必然会面临着越来越多的复杂性问题，也迫切需要第一手调研资料及科学规律发现的引导。

总体来看，苏州城市发展的历程可谓是新时期我国快速城市化的重要缩影和典型代表。以苏州市区为案例分析当前我国社会经济转型时期的城市游憩空间结构及优化调控，不仅对当前的苏州城市游憩空间发展具有直接的指导意义，其中的成败得失或规律发现对全国其他城市的游憩功能开发同样具有重要的参考价值。

2 数据来源

第一，游憩场点的选取。鉴于目前我国尚无统一的游憩资源规范，本研究以《中华人民共和国旅游资源分类、调查与评价(2003)》和吴必虎关于公共游憩空间的分类[7]为参照标准，在苏州市游憩场点普查的基础上，选出备选游憩场点150个，然后结合专家、游憩者深度访谈及200份调查问卷，对游憩场点进行分析，最终筛选出代表性场点129个，分别将其视为点位，采用ArcGIS软件绘制在苏州市游憩场点空间分布图上(图2-1，图2-2)。129个游憩场点的空间定位以GPS实测数据为主，辅以Google Earth采样，经数字化的苏州市旅游景点分布图检测，游憩场点的空间定位精度很高。

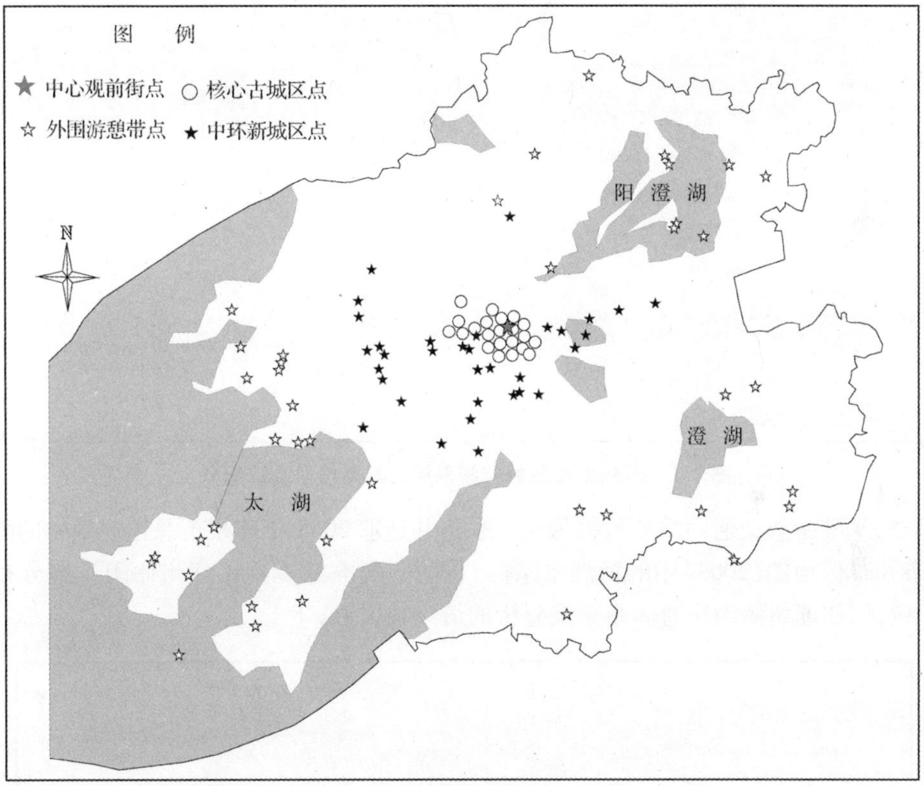

图2-1 苏州城市游憩空间系统及其空间子系统细分

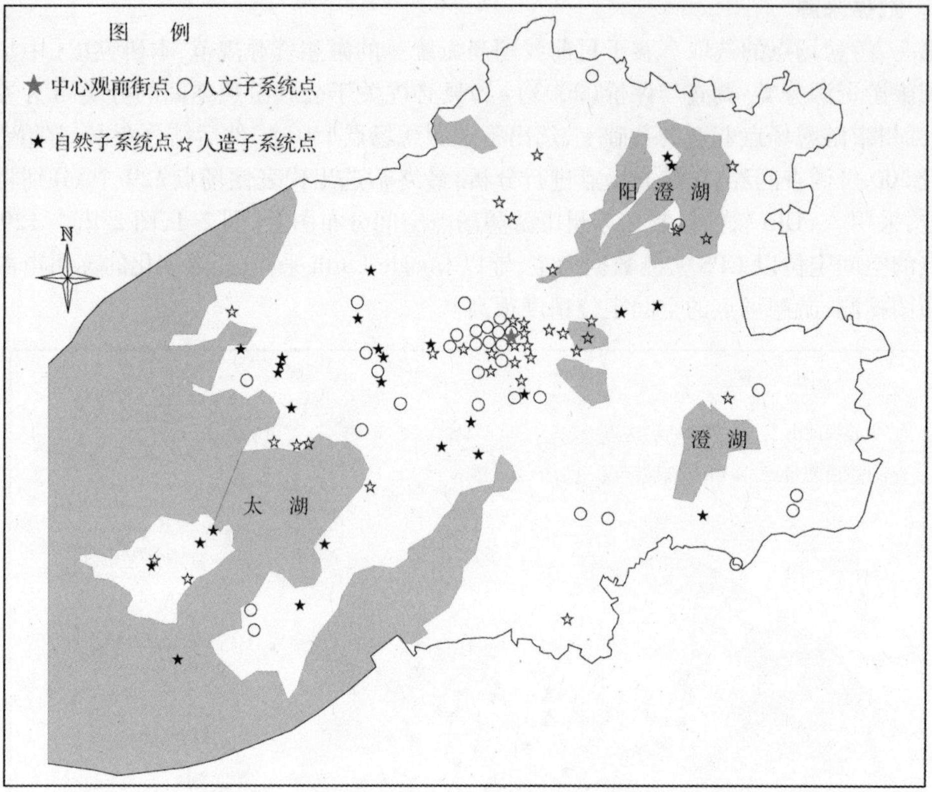

图 2-2 苏州城市游憩空间系统及其属性子系统细分

第二,水陆游憩交通网络的数据依据。采集并选取 2008 年苏州市总体规划中的陆路交通网、苏州市区地图(2008)中的河湖水系网,将两图配准并叠置在苏州休闲设施分布图上(图 2-3),用作苏州休闲交通体系集聚分析的最终数据源。

图 2-3 城市交通框架下的苏州休闲设施系统空间细分

第三，等级数据的调查与搜集。为考察游憩场点的等级结构，必须选择一定的等级划分标准或指标。本研究选取游憩场点的偏好评价分值和实际游憩流量两项指标，分别对129个游憩场点进行等级划分与评价，通过比较分析游憩偏好与实际游憩行为之间的等级结构相似性及差异性，深入揭示苏州游憩场点系统的等级秩序及其内隐规律。第一项指标，游憩场点评价分值的获取，是在前期200份预调查的基础上，继续分别向本地市民、中短途游客发放问卷500份，以评价分值满分500计，这与资源引力通常呈等比或指数分布规律的经验以及评价场点的总个数是相符的。两个阶段的调查共回收有效问卷1 002份，以评价分值的算术平均数为指标，最终得到一个由129个游憩场点评价分值组成的离散集合，作为等级结构划分的基本判据之一。第二项指标，129个游憩场点的实际到访游憩客流量的获取，主要来自2008年苏州市旅游局旅游客流量统计数据，对少数缺失数据的景区则通过采取实地咨询及观察调查相结合，以确保游憩场点游憩客流量的精确性。

第四，子系统的划分依据与子系统数据库的建立。根据空间分布区位及本质属性特征细分出两类子系统。其一，空间类子系统的划分。根据2008年苏州城市总体规划中的城市规划区、中心城市、古城地区三级地域结构，将市区内部的129个游憩场点划归核心古城区54个、中环新城区33个、外围环城游憩带（ReBAM）42个，形成三个游憩场点子系统，并分别建立对应的空间数据库、等级数据库。其二，属性类子系统的划分。采取自然、人文两分法，同时考虑人文大类的历史与现代特征差异，将苏州游憩空间细分出自然观光类、人文观光类、人造娱乐休闲类三种属性子系统（图2-2），并建立对应的子系统结构数据库。

最后，是映象空间形态调查数据的获取。主要来自苏州本市居民游憩映象调查问卷（详见附录）及深度访谈。问卷内容包括“游憩者社会经济状况调查”“游憩者出游行为偏好调查”“游憩者的感知印象调查”三个部分。以苏州游憩认知地图、游憩感知距离为调查重点。

第二节 主要研究方法

1 分形几何理论和方法

分形几何理论的产生始于法裔美国学者曼德布罗特（B. B. Mandelbort）1967年在美国《科学》杂志上发表的著名论文《英国海岸线有多长统计自相似性与分数维数》。在这篇论文的理论基础上发展了一套非欧几何——分形几何学[269]。所谓分形（Fractal），原意为破碎和不规则，用来指那些与整体以某种方式相似的部分构成的一类形体，其基本特征是自相似性（Self-similarity）或称无标度性（Non-scaling）。一般认为分形是具有如下性质的集[270]：

① 具有精细结构，即在任意小的比例尺下，都可显出更加精致的细节（无限可分性）；

② 其不规则性在整体和局部均不能用传统的几何语言加以描述；

③ 具有某种自相似的形式，但不是完全数学意义上的自相似性，而是统计的自相似性，或是近似的自相似性；

④ 分形集合的分形维数一般不是整数，而是分数，且一般大于它的拓扑维数，即Hausdorff维数严格大于拓扑维数（$D_f > D_t$）；

⑤ 在大多数情况下，分形集合可以以非常简单的方法来定义，可能由迭代产生。

由于没有特征尺度，分形体不能用一般测度（如长、宽、高等）进行度量，描述分形的特征参数是分形维数(fractal dimension,简称“分维”)。现在有不少维数的定义,其中最容易理解的且与分形维数有密切关系的是相似维数。一般来说,如果某图形是由把全体缩小为 $1/a$ 的 a^D 个相似图形构成的,那么此指数 D 就具有维数的意义,此维数被称为相似维数。相似维数只对具有严格自相似性的有规分形才适用,使用范围相对有限。所以定义对所有集都适用的维数是很有必要的。Hausdorff 维数就是这样一个最有代表性的维数,它适用于包括随机图形在内的任意图形。如测定某集的测度的单位半径为 r,则测定的结果 $N(r)$ 将满足下式:

$$N(r) = Cr^{D_H} \propto r^{D_H}$$

$$D_H = \lim_{r \to 0} \frac{\ln N(r)}{\ln\left(\frac{1}{r}\right)}$$

式中的 C 为常数,则该集的维数为 D_H,该维数称为 Hausdorff 维数(即拓扑维数)。

不过,Hausdorff 维数在许多情况下难以用数学方法来计算或估计。因此,在实际应用中较少采用 Hausdorff 维数,而采用便于计算的相似维数等。此外,还有一些其他类型的分形维数,如盒子维数、信息维数和关联维数等。

盒子维数是最常用的分形维数。它的定义是:用边长为 r 的盒子去覆盖一个分形集合,所需要的最少盒子数为 $N(r)$,显然 $N(r)$ 与 r 成反比,$N(r)$ 随着 r 的缩小不断增加,它们之间的关系为:

$$N(r) \propto r^{-D_B}$$

在该算式中,D_B 即盒子维数。

信息维数则为在求盒子维数时,给每一个小盒子赋上一个编号 $i(i=1,2,\cdots)$,则集合中分形对象落入第 i 个盒子的概率为 P_i,那么用尺度为 r 的小盒子所容纳的平均信息量可以用下式表示:

$$I = -\sum_{i=1}^{N(r)} P_i \ln P_i$$

用信息量 I 代替盒子总数 $N(r)$,就可以定义信息维数 D_I:

$$D_I = \lim_{r \to 0} \frac{-\sum_{i=1}^{N(r)} P_i \ln P_i}{\ln\left(\frac{1}{r}\right)}$$

信息维数 D_I 实际上是 Hausdorff 维数的推广[271],对均匀分布的分形集合则很容易推回到 Hausdorff 维数。

关联维数的基本思路是:分形集合中每一个状态变量随时间的变化都是由与之相互作用、相互联系的其他状态变量共同作用而产生的[272],为重构一个等价的状态空间,只要考虑其中一个状态变量的时间演化序列,然后按某种方法构建新维。如果有一等间隔的时间序列:$\{x_1, x_2, \cdots, x_i, \cdots\}$,就可以用这个时间序列重构一个 k 维相空间。方法是:首先取 X_i $(i=1,2,\cdots,k)$ 确定 k 维相空间中第一个点 X_1,然后取 $X_{i+1}(i=1,2,\cdots,k)$ 构造第二个点 X_2……依此类推,就可以构造出 k 维相空间中的 N 个点:

$$\begin{cases} X_1(x_1, x_2, \cdots, x_k) \\ X_2(x_2, x_3, \cdots, x_{k+1}) \\ \vdots \\ X_N(x_N, x_{N+1}, \cdots, x_{k+N-1}) \end{cases}$$

因为点与点之间的距离越近，其关联程度越高。若给定一个值 r，对于 k 维空间中的 N 个点，检查有多少个点对 (X_i, X_j) 之间的距离 $|X_i - X_j|$ 小于 r，把距离小于 r 的点对数占总点对数 N^2 的比例，记作 $C(r)$。则

$$C(r) = \frac{1}{N^2}\sum_{i,j=1}^{N} H(r - |X_i - X_j|)$$

此算式中，$H(x)$ 为 Heaviside 跃阶函数，即 $H(x) = \begin{cases} 1, & x > 0 \\ 0, & x < 0 \end{cases}$

这样，用关联函数 $C(r)$ 代替盒子总数 $N(r)$，定义关联维数 $D_g = \lim\limits_{r \to 0} \dfrac{\ln(r)}{\ln\left(\dfrac{1}{r}\right)}$

复杂系统科学及分形理论研究表明，城市与区域、自然与人文等复杂地理系统大多具有分形性质。作为城市复杂系统的子系统，城市游憩空间系统是由不同层次游憩场所与游憩活动构成的一个多层次的复杂系统，其发展受到多种自然及人文因素的影响和制约，遵循从无序到有序、从一种有序到另一种有序、从有序到混沌的进化过程，最终趋向某种奇异吸引子；奇异吸引子的非整数维数和无穷嵌套的自相似结构的特性，从根本上决定分形理论和方法是研究城市游憩场点系统结构的最佳选择。近年来，与游憩相关的旅游分形研究刚刚兴起，相关文献主要涉及旅游景区景点系统结构分形与演化、旅游客流等级结构分形、旅游交通网络结构等方面，这些研究成果初步揭示了旅游系统的分形特性。本研究拟选取随机集聚维数、空间关联维数、网格维数分析城市游憩场点系统空间结构，选择系统有序度、等级信息维数、Zipf 分维数分析城市游憩空间的等级秩序，选取交通网络的长度——半径维数刻画城市水陆游憩交通网的集聚结构。最终实现对城市游憩空间系统结构复杂性与分形特性的系统描述与全面刻画。

2 城市意象理论和方法

1960 年，凯文·林奇（Kevin Lynch）撰写了《城市意象》一书，被学术界公认为是城市意象研究的开山之作。意象理论是一种借助于认知心理学和格式塔心理学方法的城市分析理论，其分析结果直接建立在居民对城市空间形态和认知图式综合的基础上。林奇的主要贡献在于将认知地图和意象概念运用于城市形态分析，并且认识到，城市空间结构不只是凭客观物质形象和标准，而且要凭人的主观感受来判定。林奇概括城市意象五要素：路径、边界、区域、节点、标志物[273]得到学者们的广泛认可，而意境地图更是成为城市意象研究以及环境感知研究的最基本方法之一。本研究拟采用意境地图方法介绍城市游憩空间系统的映象结构特征。

关于旅游目的地映象测量的理论主要有映象结构理论和映象三维连续体理论[235]。映象结构理论认为映象是一种由信念、情感和整体印象构成的态度结构，即映象包括认知映象（Cognitive Image）、情感映象（Evaluation Image）和整体映象（Total Image）三部分[274]。认知映象是对目的地各种属性的信念和知识，情感映象是对目的地各种属性的感情，情感映象建立在认知映象的基础上，情感映象和认知映象共同影响着整体映象。映象三维连续体理论[275]实质上是由 Echtnerh 和 Ritchie 创立的一个旅游目的地映象的概念框架，这个框架是由属性—整体维、功能—心理维、普遍性—独特性维等 3 个维度构成。

在游憩映象形成过程方面，1972 年 Gunn 提出了旅游体验的 7 个阶段理论[276]，并首次明确地将旅游目的地映象分为原生映象（Organic Image）和引致映象（Induced Image）两类。

基于Gunn的阶段理论，Fakeye和Crompton进一步将映象分为3大类[237]：一是原生映象，二是引致映象，三是复合映象（Complex Image）（图2-4）。原生映象是旅游者头脑中已有的由经验和教育形成的目的地形象，引致映象是由广告宣传推动产生的形象，复合映象是旅游者实地旅行后形成的更综合的形象。这三种映象的形成过程解释了整个目的地映象的形成过程。

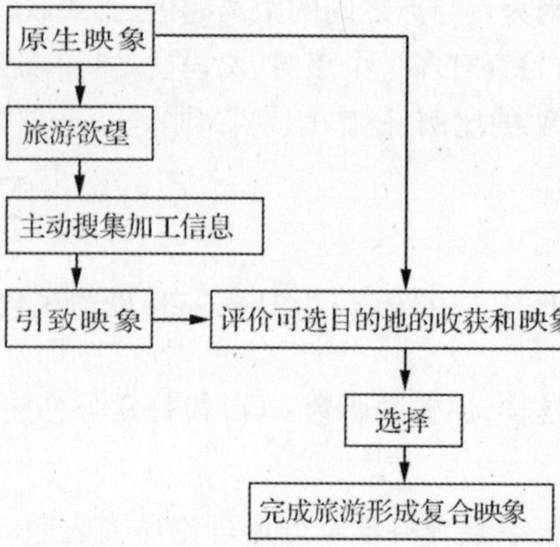

图2-4　Fakeye的旅游目的地映象形成过程

从心理过程来看，游憩映象的形成是一种比较典型的刺激—反应类型，我国学者陆林将旅游地映象形映成的心理过程划分为三个阶段[277]：旅游地映象的客观刺激过程、旅游者对映象刺激物的信息加工过程、旅游地映象心理强化过程。作者对其概念模式做了一些修正，将反馈理念考虑在内，绘制出旅游目的地映象形成的心理过程图（图2-5）。反馈循环客观反映了旅游目的地映象形成是一种动态的不断发展变化的持续过程。

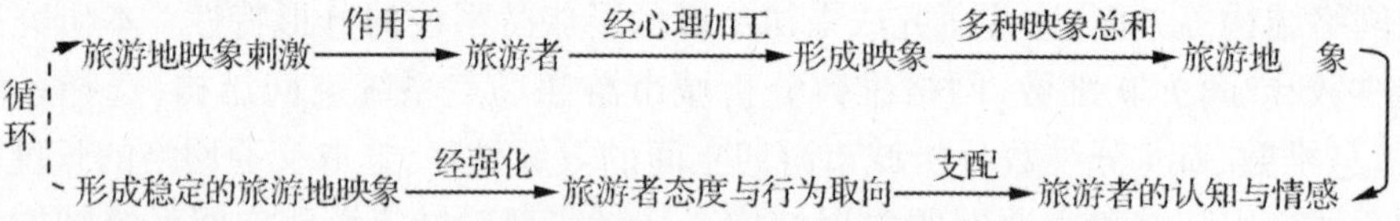

图2-5　游游目的地映象形成的心理过程

综合前面的模型可以看出，旅游目的地映象的形成受到两方面因素的影响（图2-6）：第一是个人因素，包括心理因素（如价值、动机、个性）和社会因素（如年龄、教育水平、婚姻状况等）；第二是刺激因素，包括信息源的数量和类型、先前的经历和分销渠道。在这两方面因素影响下，具有主观能动性的人脑对环境认知感应、心理加工，最终形成了人脑对目的地认知的映象，这种目的地映象的概念在映象结构理论中被看作是态度的结构，包括认知映象、情感映象和整体映象三个方面。

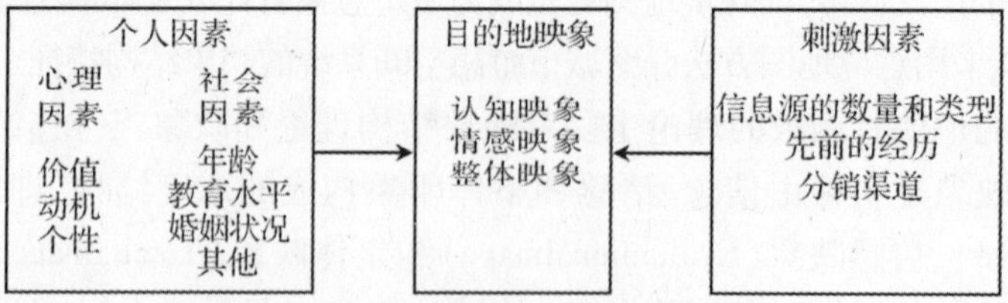

图2-6　游游目的地形象形成模型

根据前述城市意象及游憩映象理论，综合行为心理学理论、认知地图理论，本研究归纳提炼出城市游憩映象空间研究的概念性框图——“映象之睛”（图2-7），其具有如下几个特征：第一，“映象之睛”综合考察了城市游憩实体空间、城市游憩映象空间、城市游憩者三者之间的互动关系，是对城市游憩空间系统的全面透视；第二，与以往结构功能主义方法思维不同，“映象之睛”强调从映象空间透视和分析城市游憩空间复杂系统及现象，符合以人为本的学术思潮走向；第三，“映象之睛”形似人之眼睛，故以“睛”命名。总体来看，此概念框图简洁而有效地体现了本研究的研究视野和结构体系。

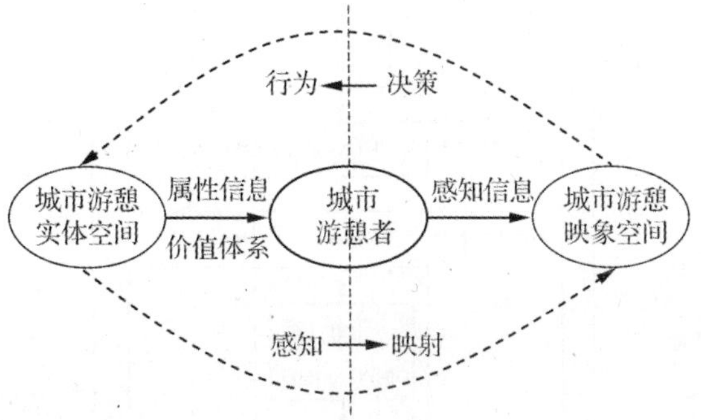

图 2-7 “映象之睛”——城市游憩映象空间研究的概念性框图

3 行为心理学理论

(1) Lewin 行为模型

美国 Kurt Lewin 提出了著名的“Lewin 行为模型”(又译作卢因行为模型)[278]：

$$B = F(P, E)$$

在上述公式中，B(Behavior)表示个人的行为；P(Personal)表示个人的内在条件和内在特征，包括个体的各种生理和心理因素，如生理需要、生理特征、能力、气质、性格和态度；E(Environment)表示个人所处的外部环境，包括自然环境和社会环境等。该模型在研究旅游者的消费行为等方面的研究中，有着很大的应用价值，已经为旅游学研究者所关注和应用[279]。Lewin 行为模型为本研究解释映象形态生成机制提供了逻辑框架和科学依据。

另外，感知距离与认知变形是本研究关注的另一个理论焦点。感知距离是地理空间与认知心理因素结合的产物。因为它拥有比纯地理学空间距离更丰富的意义和更强的实用价值，目前已在学术界得到广泛关注和应用。游憩既可以用时间来计算，又可以用距离来计算[279]。距离知觉对游憩的作用表现在两个方面：一方面，要克服游憩空间距离，必然要付出一定的经济代价、时间代价、机会代价、体力代价以及精神上的代价，当然，这些代价都是阻碍游憩的。所以，游憩空间距离的增加，会导致游憩代价的增加，游憩的可能性就有可能较少。另一方面，由于城市地域尺度范围不大，距离因素对城市游憩行为的影响是否显著？小尺度范围内游憩感知距离及行为差异主要受哪些因素影响？不同社会经济特征人群的感知距离差异如何，特别是拥有私家车者的游憩距离感知特征如何？这些都是新时期中国城市游憩空间开发中需要特别关注的和亟待探索的问题。而感知距离则成为解决这些问题、解释游憩行为规律和优化游憩空间布局的科学切入点，也成为本书映象形态分析的重点及切入点。

(2) Gnoth 动机和期望形成过程模型

Gnoth 提出了动机和期望形成过程模型：首先是游憩需要被激活并表现为冲动，诱发特定的行为倾向即动机，这种倾向促使个体在周围环境中寻找能使之满足的对象，动机过程在此时涉及情境参数和价值结构。价值观对动机的调节和控制有直接影响，决定着动机的性质、方向和强度。动机、价值和情境的各种组合解释了游憩者动机和感知的多样性(图 2-8)。

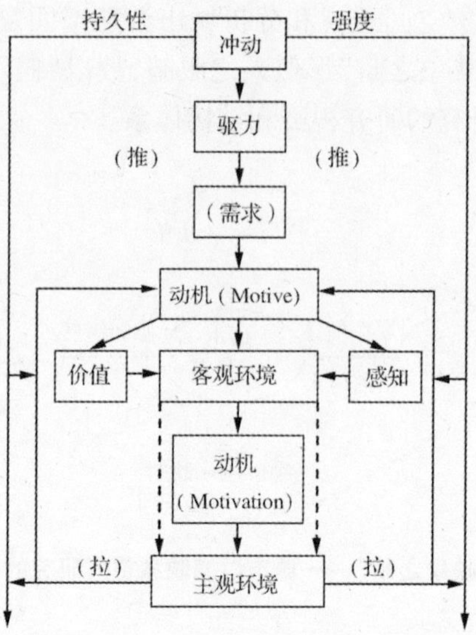

图 2-8　Gnoth 动机和期望形成过程模型

(3) Um 和 Crompton 的娱乐旅游目的地选择模型

从 Um 和 Crompton 提出的娱乐旅游目的地选择模型(图 2-9)也可以看出,意识及其唤醒是行为产生的触发器,人的游憩行为受到个人特征和外部环境两个方面的影响。

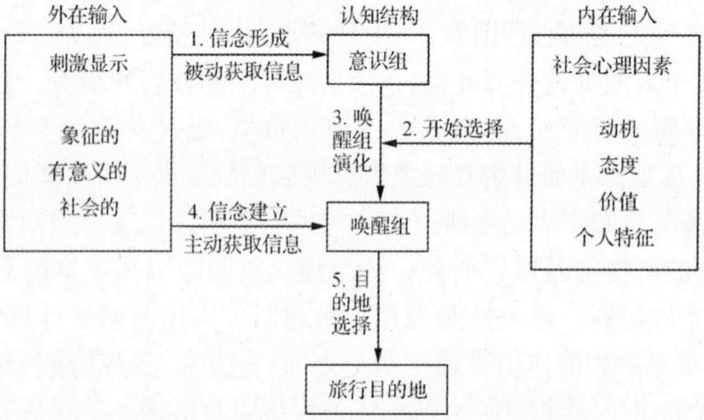

图 2-9　Um 和 Crompton 的娱乐旅游目的地选择模型

(4) Woodside 和 Lysonski 的休闲目的地意识和选择模型

Woodside 和 Lysonski 提出了休闲目的地意识和选择模型。该模型认为,营销变量和旅行者变量同时作用于旅游者,使旅游者在目的地选择过程中,首先将所有的目的地分为四组:①考虑组,表示该组内目的地将被纳入下一步的选择过程;②推迟组,表示该类目的地由于缺乏信息而暂不考虑;③没被意识组,包括根本没被旅游者意识到的目的地;④拒绝组,表示旅游者对该类目的地形象评估较差,不愿选择此类目的地。旅游者对目的地的最终选择还取决于与其情感因素相联系的旅游偏好,情感因素会影响实际旅游行为的发生。

从上述四个经典游憩行为理论模型可以看出,游憩映象空间是透视游憩物质实体空间和游憩行为空间现象的基本着眼点,游憩物质空间的优化与行为空间规律的揭示和解释,都离不开对映象空间的解读。本研究选择“映象空间形态”这一侧重点和分析视角,对整体游憩空间复杂系统进行分析,是有游憩行为心理学的支持依据的。

4　ArcGIS 空间分析工具

GIS 是当前最先进的空间分析技术手段之一。其空间分析模块、地理统计分析模块、空间决策模块的功能非常强大，是进行地理空间量化描述、时空反演及动态模拟预测的重要工具。本研究在以下过程中利用了 ArcGIS 工具：首先，根据搜集扫描过的苏州行政区地图进行配准和矢量化；其次，将苏州市域内部的主要游憩空间资源进行空间定位数字化，测算游憩场点之间距离矩阵，为分形维数测算提供基础数据资料；再次，利用 ArcGIS 的空间分析功能，进行区域网格细分，开展空间信息分形维数的测算和分析；最后，对苏州水陆交通网络进行矢量数字化，测算并分析游憩交通网络长度—半径分维结构。

5　社会统计调查方法

调查方法包括问卷调查和访谈调查。主要用于游憩者景源偏好、行为倾向、意象地图等。例如，对游憩者进行城市映象方面的相关调查、访谈，并将其结果进行综合，为城市游憩空间规划服务，而这被视为体现公众参与城市规划的有效手段。具体数据资料的统计分析主要采用了 SPSS 17.0 和 Excel 工具。

第三节　研究框架与内容体系

本研究沿着“游憩现象描述→研究文献分析→核心问题提炼→技术手段与操作程序→结论和效果评价”的逻辑思路，创新应用分形理论、城市意象理论、行为心理学理论，利用分形维数、意境地图、ArcGIS、问卷调查与 SPSS 等方法手段，拟从城市游憩空间复杂性及其映象形态两个方面，虚、实相结合，客观物质世界与主观行为心理世界相结合，对苏州城市游憩空间系统进行了全面透视，以期为新时期中国城市游憩空间开发与优化提炼出一类典型模式，并探索一套可操作性的分析框架。全书具体的逻辑框架与技术程序详见图 2-10。

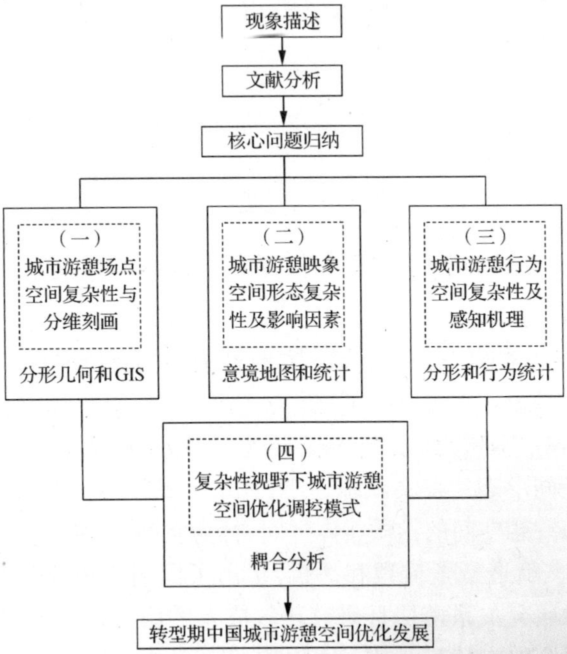

图 2-10　本研究的逻辑框架与技术线路

基于以上逻辑框架与技术程序，本研究的内容框架与篇章设计如下（图 2-11）。

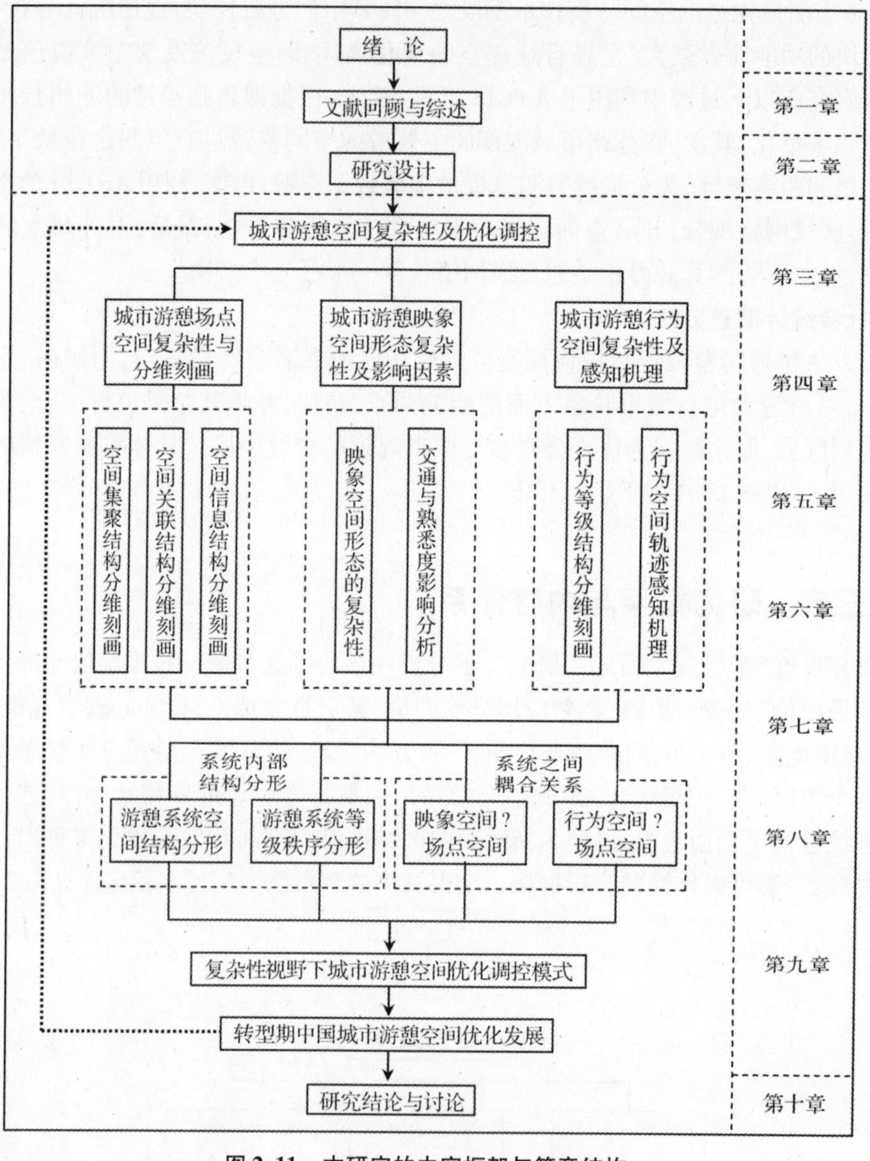

图 2-11　本研究的内容框架与篇章结构

全书共分为十个部分。

绪论部分指出本研究的科学问题、选题背景、研究目的及研究意义。

第一章，文献综述部分。首先辨析了“形象、意象、映象”和“旅游、休闲、游憩”两个概念组，并进一步界定、阐释了本研究的三个核心概念，即城市游憩空间系统、城市游憩空间复杂性、城市游憩映象空间形态。在文献综述中，详细回顾了国内外城市游憩空间复杂性的相关研究文献，从城市游憩空间的物质实体空间、行为空间、映象空间三个空间维度对国内外城市游憩空间研究文献进行了梳理和评析，指出了国内外研究的异同及前沿走向。另外，还对城市游憩映象研究关系密切且研究比较成熟的旅游感知研究进行了总结述评，进一步丰富、厘清了本研究的文献基础，指明了本研究的学术价值。

第二章，研究设计部分。简要分析了案例地苏州的社会经济文化背景及城市游憩空间发展状况，说明了案例研究的可行性和推广价值，并系统分析了全文数据的来源。简明扼要地介绍了应用涉及的分形学、城市意象、行为心理学理论和 ArcGIS、SPSS 技术手段，最后完成本研究的技术路线、内容体系及篇章设计。

第三章，城市游憩空间复杂性主要特征与判定方法。重点阐述了城市游憩空间系统的现象复杂性、非线性特征、自组织特征和自相似特征。介绍了复杂性科学理论的方法论体系，并重点分析了分形的方法论基础。

第四、五、六章，是对城市游憩空间复杂性的分形刻画研究：第四章综合运用随机集聚维数、空间关联维数、网格维数刻画了城市游憩场点系统的空间结构分形特征；第五章运用 Zipf 分维、等级信息分维、系统有序度刻画了城市游憩空间系统的等级秩序分形特征；第六章运用长度—半径维数刻画了苏州水陆游憩交通网络系统的集聚分维特征。根据所测算的分形结果指标阐释了苏州城市游憩场点系统空间结构、等级结构及交通网络结构的优化方向，并提出了基于分形指标的城市游憩空间系统的优化途径。研究发现，对城市游憩空间细分子系统的分析表明现有的城市地域结构划分和分形特性相一致，具有分形学的支持依据；属性子系统分形表明，自然游憩场点分形特征不明显；在等级秩序分形指标的选取上，采取了偏好评价分值和实际游憩客流量两个指标，结果显示二者存在比较显著的分形差异，说明偏好和行为之间存在不一致性。

第七章，城市游憩映象空间形态复杂性特征及影响要素分析。定性阐述了城市游憩映象空间形态的复杂性特征，运用图片识别、认知地图及 SPSS 统计手段分析了城市游憩映象空间形态模式，重点分析了人口社会学特征、交通方式、熟悉度对映象形态模式的影响。该部分重点探索非连续性网状城市游憩空间形态的映象结构形态与传统连续性面状城市空间感应映象空间形态的异同，并探索了私家车自驾游对城市游憩映象结构形态的影响，发现选择自驾游出游方式的游憩者的感知距离小于非自驾游者，也小于全市的感知距离平均水平，其感知偏差最小，此发现填补了我国自驾游群体感应心理研究的空白。

第八章，城市游憩行为空间轨迹复杂性及感知心理特征分析。采用问卷调查、SPSS 统计及距离累计曲线方法，描述刻画了城市游憩行为偏好及空间特征，揭示了游憩行为偏好与游憩客流迁移的空间耦合关系，揭示游憩偏好和实际行为之间的不一致性，并结合一些具体游憩场点的游憩客流时空变化规律，对苏州游憩者的游憩偏好心理特征和未来游憩行为发展态势进行探索分析。

第九章，城市游憩复合空间系统耦合关系复杂性及优化调控。在前文对城市游憩的映象空间、行为空间、实体空间关系分析的基础上，指出三者是具有差异性的有机统一体，这种差异性分析正是揭示城市游憩空间发展中所存在的问题，引导城市游憩空间和谐持续发展的关键所在。统计场点—映象—行为的多要素耦合相关性，提出了复杂性视野下城市游憩"场点、行为、映象"复合空间优化调控的三螺旋模型，探索了转型期中国城市游憩空间优化发展的方向和途径。

第十章，研究结论与讨论部分，总结本研究的主要成果，讨论成果发现的意义，并对后续研究进行展望。

第三章

城市游憩空间复杂性特征表现与判定方法

第一节 复杂性特征表现

1 现象复杂性

城市游憩空间是城市土地开发利用的一种基本方式或功能用地类型，也是一类多元复合、多层次、非线性的复杂系统。城市游憩空间的复杂性成因主要由以下几个方面形成。其一，城市游憩空间系统自身通常具有自然和人文双重属性，是一类自然—人文复合系统。自然主导型游憩空间主要分布在城市外围乡村地带，人文主导型城市游憩空间主要分布在城市建成区，通常情况下，从城市建成区中心往城乡结合部直至市辖乡村地带，人文主导类游憩空间呈现递减趋势，而自然主导类则呈现递增趋势。这种递增、递减的速度通常不一致，在空间上不连续，最终形成自然—人文复合的游憩复杂网络。其二，城市游憩空间内部及其与其他功能用地类型之间存在复杂的经济博弈、社会博弈过程，与相邻的其他用地类别关系存在复杂性。游憩空间作为人们休闲娱乐、调理身心的空间场所，其最突出的特点是公益性、福利性，其次是经济性。但在发展中国家，通常以经济发展为中心，在经济利益最大化的驱动下，游憩空间通常面临来自居住用地、工业用地、商业用地等多种强经济效益型土地利用方式的挤兑而被边缘化。可见，城市游憩空间与其他功能空间之间的相互作用过程是具有复杂性的。同样，公益性或免门票类游憩空间与收费门票类游憩空间之间也存在复杂的经济和社会博弈过程。其三，城市游憩空间看似简单，却蕴含着异常复杂的场所依赖或场所精神，具有客观的心理感应和行为空间轨迹，即它是一种物质空间—映象空间—行为空间复杂复合空间系统。在游憩物质实体空间基础上衍生出来的映象空间、行为空间，在丰富、充实城市游憩空间内涵的同时，更增强了城市游憩空间的复杂性。只有被利用的或具有潜在开发价值的游憩空间才是真正的游憩（功能）空间。前文已述，作为物质存在的实体游憩空间自身具有自然人文属性或空间形态的复杂性，而游憩者感知映象和游憩行为同样都是复杂的，这种三元复合的完整意义上的游憩空间系统是复杂的，也是本研究的核心内容。

通过对游憩空间复杂现象的分析解读，我们可以直观体会到游憩空间的“复杂性”。更进一步而言，复杂系统与复杂性是一门新兴的科学，被誉为21世纪的科学，这也集中体现了科学对自然界及人类社会诸多复杂未知世界的不懈追求。城市游憩空间是一类基本的城市地理空间类型，城市游憩空间复杂性也是城市空间复杂性及地理空间复杂性的一个重要领域。它应该具有城市空间及地理空间复杂性的一般特性,也具有自身的一些特色,研究城市游憩空间复杂性不但有利于揭示城市游憩空间的发展规律,也是对城市空间及地理空间复杂性规律的一种丰富、拓展与发展。概括起来,复杂系统都有一些共同的特点,就是在变化无常的活动背后,呈现出某种捉摸不定的秩序,其中非线性演化、涌现、自组织、自适应、自相似被认为是复杂系统的共同特征。下面从复杂性科学的视角探索城市游憩空间的主要复杂性特征。

2 非线性特征

非线性科学家郝柏林教授认为,复杂性的根源是非线性。研究复杂性的问题离不开非线性科学。多数非线性问题有其外在的几何表现或内在的几何表示:这里的几何学在理想情况下是具有非整数维数的分形几何学。城市游憩空间系统是一类典型的非线性系统,主要体现在如下几个方面:

首先,城市游憩空间是自然界随机演化与人类社会非线性行为共同作用的产物。任何游憩空间都是处于一定时代背景下和一定地理环境基础上的空间场所,其生成和发展过程都是非线性的。但其本身遵循着自然界的演化规律,也是人类社会性行为规律的一种结果或表现形式。揭示这种非线性对象背后隐含的发展规律,是非线性科学的主要使命。

其次,游憩行为空间是一种典型的非线性现象。行为是城市游憩空间的场所意义或使用效果的一种具体体现形式。人的游憩行为具有非线性特征。从游憩者个体来看,游憩行为受游憩者主体的性格、社会经济属性、游憩动机、休闲偏好及其他偶然性因素等多种因素的影响,游憩行为是非线性决策的结果,其本身也具有非线性特征。而游憩客流群体行为是个体行为的集群体现,是蕴含着一定规律性的非线性现象。游憩行为空间非线性的案例可以列举很多,例如,某些人筹划一次出行计划,可能在临近出发前不久更改游憩目的地。原因可能是朋友推荐其他游憩地,可能是朋友加入更改了出游方式或目的,也可能是身体有恙或地震等自然灾害等。

再次,游憩感知映象空间复杂性,它是现实的游憩实体空间在人脑中的投影,是非线性思维对非线性空间的感应结果,在本质上是非线性的。在对城市空间非线性的研究中,分形是一种相对成熟的方法。而对人脑认知的研究,认知神经科学及事件相关点位 EPR 则是一种最新的学术探索热点。但整体上来看,人类对映象空间的研究基本上还处于起步阶段,在方法论和技术手段上还有相当长,甚至是相对艰辛的路需要走。从本质上看,城市游憩映象空间是人类探索自身及外部世界的一个侧面,也是一面镜子,可以透视出人类认识世界、改造世界的能力。

3 自组织特征

协同学的创始人哈肯对自组织作过一个经典的定义,他说:"如果系统在获得空间的、时间的或功能的结构过程中,没有外界的特定干扰,系统的结构和功能并非外界强加给系统的,而是系统内外矛盾的结果,则系统是自组织的。"[280] 自组织是相对于他组织而言的,即自我、本身自主地组织化、有机化,意味着一种自动的、自发性的行为,一种自下而上、由内至外的发展方式。按照热力学第二定律,一个封闭系统会从初始结构退化到完全无序的状态,而开放系统则可能从无序状态中产生有序的结构和模式,系统与环境的物质、能量、信息交流是系统自组织的条件。自 1967 年普利高津提出耗散结构理论以来,经过二三十年的发展,逐渐形成了以耗散结构理论、协同学、超循环理论、突变理论、混沌理论等为主体的自组织理论群。这些自组织理论都是研究系统内部非线性作用和在一定条件下系统自行组织、达到能适应环境的新的有序状态的过程,其核心理念可概括为:在大多数情况下,作用于系统的外部力量并不能直接对系统的行为产生作用,而是作为一种诱因,即引入序参量引发系统内部发生相变,系统通过这一系列的变化自发地组织起来,最终大量微观个体的随机过程表现出宏观有序的现象。

城市游憩空间系统主要有游憩场点与设施系统、游憩交通系统、游憩者、游憩开发商或游憩管理服务部门等,系统环境包括游憩空间系统之外的所有支持要素。在不受外部环境特定干扰的情况下,在理想供求矛盾统一中发展的城市游憩空间系统具有自组织特征:城市游憩空间系统通过游憩流的输入与输出和外部环境进行物质和能量的交换,这里的游憩流包括游憩者流及其伴生的游憩信息流、资金流等。游憩者流会增加城市游憩空间系统的熵,导致系统不稳定而不断地发生演化;而游憩信息流、资金流又不断地增加游憩系统的负熵,促进游憩空间系统在新的阶段保持稳定性。就是在游憩流的这种不断破坏稳定和在新的水平上重建稳定的过程中,城市游憩空间系统不断地进化演变,最终趋向某种混沌吸引子,也就是系统最优化的目标。而探索这些混沌吸引子在相空间的形态则是对城市游憩空间系统结构进行优化调控的依据。不难看出,自组织是对供求规律的一种尊重,也是系统发展的一种最佳或理想模式。受各种利益因素的影响,人类行为往往会给系统自组织发展造成一定的干扰。学术研究的目的就是探索系统的自组织特征规律,为管理决策者提供参考。本研究的出发点在很大程度上也是着眼于对城市游憩空间系统自组织规律的科学探索,在尊重规律的前提下为城市管理者提供比较科学的城市游憩空间开发与优化模式。

4 自相似特征

科学研究表明,复杂系统与各层次子系统之间往往具有一定的自相似性,对自相似规律的探索有助于我们探索复杂系统内部隐含的结构模式和规律。复杂系统的自相似特征可以利用分形来加以描述。分形学本身也是源于对海岸线系统自相似性的发现及探索。从哲学的层面上讲,分形理论借助于事物内部的自相似性来洞察隐藏于混乱现象中的精细结构,为人们从局部认知整体、从有限认知无限提供了新的途径,也为游憩地理学的深入发展提供了新的思路和方法。值得强调的是,大多数人注意的是线性变换下的自相似性,而分形理论的创始人曼德布罗特认为:"分形是非线性变换下的不变性。"自 20 世纪 80 年代兴起的相似性研究热结果显示,自相似性是宇宙间的一种普遍现象,但自相似性又存在尺度范围,即自相似性只是在无标度区间①内适用,在此范围之外通常不再是分形。

城市游憩空间系统各种不同类型、不同层次的游憩场点以交通为连接,以游憩流为主体作用因子,所形成的具有自组织演化功能的复杂动态反馈系统。从不同空间尺度来看,游憩空间可以分为邻里级、社区级、辖区级、市级乃至更大区域级别;从游憩空间属性角度看,游憩空间可以细分出游憩景源级别、游憩场所单体、游憩场所片区等。根据分形自相似

---

① 无标度区间:自然界的分形往往具有一个最小标度和最大标度,在这个区间内才存在着标度不变性,即分形体没有特征尺度,却含有一切尺度的要素,在每个层次上都有复杂的细节,分形特征不受尺度因素影响,不随着尺度的变化而变化。我们称这个区间为无标度区间。

特征规律,在无标度区间内,不同层次的游憩空间具有自相似性。自相似特征告诉我们,社区级别的所有游憩场所构成的社区级游憩场点系统,虽然可能和城市级游憩场点系统存在数量上的差异性,但却具有分形演化的自相似性,具有相同或相似的演变规律或发展轨迹。反过来讲,如果二者存在自相似结构分异或不一致,则说明二者之间可能存在发展缺陷。针对此我们可以通过深入揭示结构差异根源,为不同层次城市游憩空间之间的协调发展指明方向并寻求科学的优化调控途径。

本研究将游憩空间细分出三重维度,即物质空间、映象空间、行为空间。笔者对城市游憩实体空间、行为(偏好)空间进行了研究[14,118],初步揭示了二者具有自相似分形特性。而对于游憩映象(抽象)空间的自相似特征分析则有待进一步考究和论证。迄今为止,国内外学者对映象空间结构形态的量化分析不多,这和映象空间自身的抽象性和难以客观度量的特征有关。

第二节　主要判定方法

1　空间复杂性的研究方法

地理学是研究地理空间系统的科学,探索地理空间复杂性现象及规律是地理学的学科使命,也是广大地理学者关注和研究的热点领域。什么样的空间是简单的,什么样的空间又是复杂的;用什么来区分和界定复杂和简单,也就是用什么指标来度量简单和复杂,这是地理空间复杂性研究的起点,但也是一个难点。因为复杂性度量常常面临着没有统一的度量量纲的问题。没有统一的量纲标尺,复杂性是很难被理解和量化的。复杂性的刻画已经走过很长的道路,却远远未臻完备,根本的原因在于不存在复杂性的绝对尺度;而不界定基本的框架,根本不能就复杂性问题对话,更无法进行科学分析。

长期以来,为揭示地理空间的复杂现象及其内在规律,地理学者通常从构建概念体系入手,努力深入细分地理空间的要素及层次,并借助时间地理学视野考察地理空间事象的演变规律,但这种概念体系构建或逻辑关系思辨并不能从根本上对地理空间的复杂性规律进行精确地刻画或深层次地揭示。任何一门学科只有与数学靠近融合,才可能成为真正的科学,地理学者在对空间复杂性探索中兴起了计量革命。20 世纪 50 年代左右的地理学计量革命在一定程度上促进了地理学者对地理空间复杂性的认识进程,但随着计量运动的深入,地理学者发现地理学在一定程度上陷进了计量陷阱,大量的传统数学公式、参数变量似乎并不能客观、科学、全面地描述无比复杂的地理空间现象。线性数理方法在对空间复杂性的揭示方面显得力不从心。

人们有条件研究空间复杂性现象的时间还不长,也就是说,真正的复杂性科学研究的历史并不久远。复杂性科学理论和方法是研究空间复杂性的必要手段。而复杂性科学是在 20 世纪 60 年代后才开始逐步兴起的。自 1967 年普利高津提出耗散结构理论以来,以非线性系统动力学、耗散结构论、协同学、混沌理论、分形理论以及最新发展的人工生命和复杂适应系统理论(CAS)等现代科学发展的最前沿理论,融合汇流而成的复杂性科学,为分析与刻画地理空间复杂性的研究提供了有力的工具。

理解空间复杂性需要从认识复杂空间系统开始,因此有必要了解一般复杂系统的概念。复杂系统涉及自组织、确定与随机分形、神经网络、人工生命、网络演化与结构突现、非线性动力学和控制系统等。可以认为,复杂性理论就是研究复杂系统的科学。复杂性是对一个系统的自组织水平的度量。

地理学研究的核心对象是人—地关系复杂系统。无论是人、地,还是其间关系,都存在着很多有待进一步解释或揭示的复杂性现象和规律。在对地理空间系统复杂性认识不断深化的基础上,越来越多的学者关注并认可复杂性科学理论是地理空间复杂性研究的不二选择。城市空间复杂性研究最早可追溯到20世纪70年代[2],正式起步于20世纪80年代,相关研究主要集中于城市结构的分形刻画和城市演变的细胞自动机模拟。1993年前后,分形城市与细胞自动机模拟趋于合流,与此同时,自组织理论、神经网络、遗传算法、混沌理论等多种复杂性理论也纷纷在城市地理研究中出现。越来越多的文献揭示了城市空间系统的复杂性特征。对于城市空间子系统复杂性的研究,现有成果主要集中于城市人口分布复杂性、城市交通网络复杂性、城市景观结构复杂性、土地利用结构复杂性、城市经济空间结构复杂性、城市边界复杂性、城市形态结构复杂性等方面,但对于城市四大基本功能子系统之一的游憩系统的复杂性的研究文献很少。伴随着游憩学者对复杂性科学的关注和重视,越来越多的游憩学者终将能够攻克复杂性科学研究的理论与技术门槛[3,4],熟练掌握后现代数学理论、模拟实验和GIS等必备的复杂性理论技术,并将之与城市游憩复杂系统相结合,开拓前景一片大好的城市游憩空间复杂性研究新领域。简言之,在复杂性科学的世纪,复杂性科学理论和方法已成为地理空间复杂性或城市空间复杂性研究的必要视野和手段。

需要强调的是,复杂性科学理论和方法并不是对传统概念模式、数理统计模型的全盘否认,而是补充、完善和发展。也就是说,对城市游憩空间同时采用传统方法和复杂性理论进行研究,并进行比较分析,有助于保证方法选择的科学性与可行性、研究结论的客观性与合理性。另外,空间复杂性研究的方法复杂多样,空间复杂性研究的对象和内容体系也是复杂甚至是零散的,因此我们有必要梳理和构建城市空间复杂性研究的一般模式。本研究认为空间复杂性研究的方法论模式应该是三元的:一是建立概念逻辑模型,这是空间复杂性研究的现象学和认识论基础,没有这个基础,空间复杂性研究将会失去存在的意义;二是构建数学模型,这里强调的是后现代数学(以分形为主),传统的数学模型构建可用作复杂性数学模型的有益参考,这是对空间复杂性现象的数理结构描述;三是计算机模拟实验,这是对空间复杂性现象及空间复杂性数学模型的模拟、调试、评价和修正,也是后现代科学发展的必然趋势。用钱学森[281]的观点来看,这种方法论是一种"定性与定量相结合的综合集成方法",是把还原论与整体论结合起来,既超越了还原论,也发展了整体论,是一种新的系统方法论。其理论基础是思维科学;方法基础是系统科学与数学;技术基础是以计算机为主的现代信息技术;哲学基础是马克思主义实践论与认识论;实践基础是系统工程的实际应用[282]。

2 空间复杂性的分维刻画

分形几何学和分形信息论是后现代数学的重要发展分支,也是描述非线性复杂系统及复杂性的锐利武器。为刻画具有自相似特征现象的复杂性本质,分形学发展构建了一系列的自相似特征判别参数指标,如Hausdorff维数、盒子维数、信息维数、关联维数、半径维数等,我们统称这些分形参数指标为分形维数(简称分维),它们都是描述刻画空间复杂系统及空间复杂性的有效工具。

前文第二章中已经介绍了 Hausdorff 维数、盒子维数、信息维数、关联维数的推导测算，下面进一步从分形信息论基础及分维刻画两个方面进一步阐释城市游憩空间复杂性研究的方法论基础。

(1) 分维复杂性刻画的信息论基础

分维与信息熵和复杂度(Degree of Complexity)有关，而信息熵和复杂度则是定义复杂性的两个重要概念。常用的信息熵有 Shannon 熵，常见的复杂度有 Kolmogorov 复杂度，信息熵直接启示了复杂性的某些定义方法[283]。例如，德国学者 Cramer 认为："复杂性可以定义为系统表明自身的方式数目的对数，或是系统可能状态数目的对数：$K = \log N$，式中 K 是复杂性，N 是不同的可能状态数。这个定义借自于信息论(Information Theory)。系统越复杂，它所携带的信息越多。如果两个系统各自有 M 和 N 个可能的状态，那么组合系统的状态数目是两者之积 $M \times N = \log M + \log N$。"[284]此处的复杂性定义其实就是信息熵，用信息描述系统复杂性的观点也已得到越来越多的学者的认可[285]。而信息熵又和 Hausdorff 维数等价[286]，可见，用分形维数刻画复杂性是有信息论的科学依据的。分维也已成为刻画空间复杂性的必备工具之一。

(2) 分维与空间复杂性的刻画

大型灾变事件、分形、$1/f$ 噪声和 Zipf 定律即位序—规模分布律是自然界复杂系统行为的四种主要标志，而这四种现象无一不与分形有着深刻的内在关系。城市游憩空间中的大型灾害事件的相关研究较少，在此不多论述，分形理论在城市空间复杂性研究中的应用最多，相关研究已经比较全面地揭示了城市空间复杂性特征。而 $1/f$ 噪声和 Zipf 定律则和分形有着深刻的内在联系。Peitgen 和 Saupe 将 $1/f$ 噪声定义为[287]：

$$D = \frac{5 - \beta}{2}$$

式中，β 为表征 $1/f$ 噪声的功率谱指数，D 为系统演化过程的分维。城市位序—规模分布一般服从 Zipf 定律，Zipf 模型的幂指数与城市规模分布的分维具有如下倒数关系：

$$D = \frac{1}{q}$$

式中，q 反映城市规模分别特征的参数，D 为城市规模分布的分维。由于二者的反比例关系，q 如今被称为 Zipf 维数[270]。研究发现，位序—规模分布具有分形性质，q 与分维 D 的关系一般表示为 $q = 1/D$。

陈彦光在进一步研究中指出[283]：Zipf 维数实际上是城市人口分布与城市体系空间结构的维数之比。反映城市地理系统空间复杂性的三个标志分形、$1/f$ 噪声和 Zipf 定律原本给出三种参数，但三种参数在分维这里得到了统一。这意味着，复杂性可以采用分维描述或者转换某种分维数值。当然，对于不同的复杂性我们可以使用不同的分形维数，而不同的分形维数之间也可以建立起一定的数理关系。通过分形维数方程，我们可以有效揭示城市游憩空间中隐含的结构信息和特征，从而认识更多的城市游憩空间复杂性规律。本研究拟在下一章中综合运用多种分形维数对城市游憩空间复杂性系统进行全面刻画。

第四章

城市游憩场点空间分布结构复杂性分形刻画

在城市地域范围内,各种不同类型、不同层次的游憩场点以交通为连接,以游憩流为主体作用因子,所形成的具有自组织演化功能的复杂动态反馈系统,即城市游憩场点系统。它是城市复杂系统的一类子系统,也是城市人文精神的重要载体,在很大程度上影响、规制着城市系统的性质及发展方向。从1933年的《雅典宪章》明确指出游憩是城市的四大功能之一,历经1977年的《马丘比丘宪章》、1999年的《北京宪章》,直至当前我国大规模快速城市化背景下和谐城市的发展方针,无不强调了城市发展的人文关怀与文明进步。精确刻画城市游憩场点系统的结构及其分异,是当前我国和谐城市理论探索及城市和谐空间营造的重要基础工作。空间结构是自然社会过程的运作及输出所隐含和组织的空间模式[288];等级结构是描述系统要素规模质量或吸引力分布状态的无向参量。二者结合可以更加全面地揭示游憩要素系统的空间秩序。有关城市游憩场点系统的空间结构或等级秩序虽有一些案例描述和阐释[39,54,94,140,289],然而关于城市游憩场点系统空间秩序的一些基本问题,诸如城乡二元游憩结构的分异规律、游憩场点复杂系统分形结构的精确刻画、不同结构模式的自组织效率差异及其对应的优化调控途径、游憩场点系统的交通通达性及运行效率等,仍然研究甚少。在方法上,以往研究也大多以描述性统计分析为主,难以精确刻画城市游憩场点复杂系统的结构及其演化。

复杂系统科学及分形理论研究表明,城市[290]与区域[291]、自然[292]与人文等复杂地理系统大多具有分形性质[16]。作为城市复杂系统的子系统,游憩场点系统是由不同层次游憩场点与活动构成的一个多层次的复杂系统,其发展受到多种自然及人文因素的影响和制约,遵循从无序到有序、从一种有序到另一种有序、从有序到混沌的进化过程,最终趋向某种奇异吸引子[17]。奇异吸引子的非整数维和无穷嵌套的自相似结构的特性[18],从根本上决定分形理论和方法是研究城市游憩场点系统结构的最佳选择。作为分析复杂性、非线性、自组织演化系统的理想工具,分形理论和方法对介于规则和混沌之中间状态的复杂系统的刻画,可以取得常规数理统计方法根本无法实现的精确效果。目前它已被广泛应用于城市结构与功能[293,294]、城市土地利用结构[295]、城乡聚落形态[296,297]、城市化[298]、点—轴系统[299]与中心地网络[300]、交通网络[301,302]、城市规模结构[303-305]、人地相关作用[306]以及城市系统演化模拟[307]等城市及区域系统研究领域。而与游憩相关的旅游分形研究在近年来刚刚兴起,相关研究主要涉及旅游景区景点系统结构分形[100-103]与演化[110]、旅游流等级结构分形[186]、旅游交通网络结构[112]等方面,这些研究成果初步揭示了旅游系统的分形特性。分析不难看出,以往的城市、区域或旅游等领域的分形研究,都对城市游憩场点子系统的关注不多。旅游分形研究大多是对城市(含所辖县市)及更大尺度区域范围内的旅游景区景点系统结构的分析,而对于更小尺度范围城市市区之内的内容更为复杂的城市游憩场点系统的结构分形研究仍是空白。在当前我国大规模快速城市化、城市更新建设日新月异的社会经济转型期,运用系统科学理论方法,加强城市市区内部城市游憩场点系统的结构分形研究,既是分形理论创新应用的新尝试,也迎合了当前我国和谐城市规划建设对理论支持依据的迫切需求。

第一节 空间集聚结构分维刻画

随机聚集维数、空间关联维数[308]、网格维数是点状系统空间结构分形研究的三种重要分维数。其中,聚集维数是从密度的一点相关出发,描述系统要素围绕核心游憩场点聚集的形态;关联维数则是从密度的多点相关出发,描述游憩场点系统要素的相对分布状态;网格维数是直接从游憩场点的分布出发,描述系统的空间构造特征。同样,三种分维指标也可用作评价系统结构是否优化的判据,为系统空间结构的优化指明方向或提供一些具体的优化方案。本研究结合城市游憩场点系统空间结构的基本特点,拟采用这三种分维,从三个不同的侧面,对城市游憩场点系统的空间结构进行全面透视。

1 空间集聚特征的初步判别

点状要素的空间分布通常是以聚集、随机(Poisson 分布型)、均匀或其组合的方式出现。早些时期人们曾简单地用密度指数描述聚集特征,但密度大小并不等同于空间分布模式,密度大的要素在空间分布上可能不是聚集的,而是均匀的或随机的;密度小的要素分布也可能是集聚的。聚集度指数(Conglomeration)旨在揭示城市游憩场点系统中的各游憩场点个体在空间分布上的聚集度。“一个能较为准确并客观地确定布点格局情况的方法就是最近邻分析法”①。将市区内部的游憩场点抽象为点状要素,游憩场点系统的集聚度指数可以借用最邻近点指数来度量:$R_i = \frac{\overline{r_1}}{\overline{r_e}} = 2\sqrt{n/A}\cdot\overline{r_1} = 2\sqrt{D_i}\cdot\overline{r_1}$,此算式中:$\overline{r_1}$ 为所有游憩场点的最邻近点距离的平均值,$\overline{r_e}$ 为理论最邻近距离,D_i 为游憩场点密度,n 为点数,A 为区域面积。当 R_i 为 1 时,说明点状分布为随机型;当 $R_i > 1$ 时,点状要素趋于均匀分布;当 $R_i < 1$时,点状要素趋于凝聚。但这种模型也存在一定的缺陷,有的学者将它称为理想的随机分布平均距离分析[309,310],也有学者认为它不能反映出各城市间在区域内的联系强度,认为它不能体现分析对象之间的规模差异[311]。笔者在认可将研究对象点状化之后,不再强调研究对象的规模差异,认为此方法存在空间差异性分析薄弱的严重缺陷,因为不同的空间聚集分布格局完全可能具有相同的聚集度指数值。

从最简单的个数分布来看(表 4-1),苏州城市游憩场点在核心古城区中的数量最多,达 54 个,接近全市游憩场点总量的一半;新城区的游憩场点数量最少,数量为 33 个;而环城游憩带的游憩场点数量则为 42 个,略高于新城区。将这种数量分布和三区均匀分布值比较,可以看出,环城游憩带的游憩场点数量接近全市的 1/3,古城区数量大大高于新城区,可以

---

① (英)史密斯. 旅游决策与分析方法[M]. 李天元,等,译. 北京:中国旅游出版社,1991:137.

得出新城区游憩场点数量比重偏低的结论。然而，这种简单的统计的实践意义并不大，因为在不考虑区域面积大小、不考虑游憩场点分布密度的情况下，这种简单的个数比较显得过于单薄而没有太多的可参考价值。进一步将面积因素纳入考虑范围，即将数量和面积结合起来考虑游憩场点的分布密度大小，测算游憩场点分布的规模密度指数值（表4-2），最突出的特点是核心古城区的游憩场点分布密度值最大，为2.386 2个/km^2，远远高于新城区、环城游憩带及全市平均密度的0.057 2个/km^2、0.021 0个/km^2、0.049 7个/km^2。新城区和全市平均密度值分别是环城游憩带的2.72倍和2.37倍。可以看出，从单一的密度规模大小来看，外围环城游憩场点的规模密度值远远低于内城建成区和全市平均水平。从数量分布来看，环城游憩带游憩场点的数量占到全市的近1/3，考虑面积因素，集聚结论发生了较大变化。集聚度指数进一步弥补了密度指数对场点之间距离因素的忽略。从苏州城市游憩场点的集聚度指数来看（表4-2），全市范围内的集聚度指数值0.790 0，最低，三个子系统的值都在1上下徘徊，说明全市范围内游憩场点分布具有一定的集聚特征，而三个子系统内部游憩场点的分布则具有一定的随机性。

表4-1　苏城市游憩场点在三个子系统空间区位上集中分布和均匀分布对比表

系统名称	游憩场点个数	占总场点之比/%	累积/%	集中分布	累积/%	均匀分布	累积/%
核心古城区子系统	54	41.86	41.86	100	100	33.33	33.33
中环新城区子系统	33	25.58	67.44	0	100	33.33	66.66
环城游憩带子系统	42	32.56	100	0	100	33.33	99.99
合计	129	100	209.3		300		199.98

表4-2　苏州城市游憩场点系统空间集聚指数与密度指数

系统名称	市区大系统	核心古城区子系统	中环新城区子系统	环城游憩带子系统
集聚度指数 R_i	0.790 0	1.045 3	0.943 4	1.125 5
密度规模指数 D_i	0.049 7	2.386 2	0.057 2	0.021 0

那么，城市游憩场点系统是否具有随机集聚特征？从上面的数量分布、密度规模指数、集聚度指数三个常规指标来看，我们初步揭示了苏州城市游憩场点分布具有一定的随机性和集聚特征，但这些指标对城市游憩场点空间集聚分布特征的刻画显得有些粗糙和乏力。为进一步判断苏州城市游憩场点的空间集聚特征，作者从概率分布的视角，进一步采用科尔摩哥洛夫—史密尔诺夫公式（Kolmogorov-Smirnov，即K-S公式）来检测苏州休闲设施的空间分布形态。首先，使用方格分析法构造实际频率数组，把苏州市辖区划分为256个小方格，统计每个方格包含的休闲场所数量，最终得到检测值D（K-S公式的理论期望值累积频率与观察值累积频率绝对值差的密度值）为0.047，小于在99%置信水平上的临界值0.074，说明苏州游憩场点在32×32细分网格中呈随机性分布。但值得说明的是，笔者在进行K-S公式中D值测算的过程中，对网格细分的程度进行了多次调试，发现在32×32细分网格的

背景下苏州城市游憩场点分布呈现出随机性分布特征，但是在 16×16 细分网格背景条件下，D 值为 0.185，大于 0.074（99% 置信水平临界值），这种情况下呈现出均匀分布的特征。这也说明，任何场点分布特征的判别都是在一定的空间尺度背景下开展的。比如，在极端情况下，如果将苏州市进行 1×1 网格细分考察游憩场点的分布特征，毫无疑问，这种情况下，游憩场点的分布是集聚的。在利用 K-S 公式测算点的分布特征时，有必要对背景区域的细分过程强调说明，我国一些学者在对城市分布特征描述的过程中，并没有对不同网格下的城市分布特征进行细化，得出的结论大多都是均匀分布。从实质上来看，K-S 公式中 D 值考察的是一种概率分布值，从集合离散分割熵的角度考察集合分布的均匀性程度，可见，网格分割是考察城市游憩场点不可忽视的一个关键因素。根据 K-S 公式中 D 值检测，笔者得出在 32×32 细分网格的背景下苏州城市游憩场点分布呈现出随机性分布特征的结论。这一结论为后文随机集聚分形维数测算提供一个简约的可行性依据，也可用作随机集聚分维分析的比较判据。

表 4-3　苏州城乡休闲场所空间分布的 K-S 公式 D 值检验表（32×32 网格细分）

一个方格含有点数（m）	观察值：含有 m 点方格数量（N_m）	观察值：N_m/N	期望值（泊松理论）：P_m	期望值（泊松理论）：$P_m \cdot N$	理论期望值累积频率（1）$C_u \cdot P_m \cdot N$	观察值累积频率（2）$C_u \cdot N_m$	（1）—（2）绝对值
0	951	0.928 7	0.881 636	902.794 8	902.794 8	951	48.205 2
1	55	0.053 7	0.111 065	113.731 0	1 016.525 7	1 006	10.525 7
2	11	0.010 7	0.006 996	7.163 7	1 023.689 5	1 017	6.689 5
3	1	0.001 0	0.000 294	0.300 8	1 023.990 3	1 018	5.990 3
4	1	0.001 0	9.25E-06	0.009 5	1 023.999 8	1 019	4.999 8
5	1	0.001 0	2.33E-07	0.000 2	1 024.000 0	1 020	4.000 0
8	1	0.001 0	1.39E-12	0.000 0	1 024.000 0	1 021	3.000 0
9	1	0.001 0	1.94E-14	0.000 0	1 024.000 0	1 022	2.000 0
10	1	0.001 0	2.45E-16	0.000 0	1 024.000 0	1 023	1.000 0
13	1	0.001 0	2.85E-22	0.000 0	1 024.000 0	1 024	0.000 0
$N=\sum N_m=1024$；$r=\sum m\cdot N_m=129$；$\lambda=r/N=0.126$；$p=1/N=0.000\,977$							

注：① N 为方格总数，r 为休闲场所总数，λ 为平均每个方格的休闲场所数，p 为方格总数的倒数。

② $D=\frac{\max|C_uP_mN-C_uN_m|}{N}=\frac{48.205\,2}{1\,024}=0.047<0.074$（99% 置信临界），其中，$P_m=P(X=m)=\frac{\lambda^m e^{-\lambda}}{m!}$。

③ 此方法使用条件：$N \geqslant 50$，$\lambda<5.0$，$p<0.1$。

表 4-4　苏州城乡休闲场所空间分布的 K-S 公式 D 值检验表(16×16 网格细分)

一个方格含有点数(m)	观察值		期望值(泊松理论)		理论期望值累积频率(1)	观察值累积频率(2)	(1)—(2)绝对值
	含有 m 点方格数量(N_m)	N_m/N	P_m	$P_m \cdot N$	$C_u \cdot P_m \cdot N$	$C_u \cdot N_m$	
0	202	0.789 1	0.604 1	154.652 0	154.652 0	202	47.348 0
1	34	0.132 8	0.304 5	77.944 6	232.596 6	236	3.403 4
2	11	0.043 0	0.076 7	19.642 0	252.238 7	247	5.238 7
3	4	0.015 6	0.012 9	3.299 9	255.538 5	251	4.538 5
4	2	0.007 8	0.001 6	0.415 8	255.954 3	253	2.954 3
7	1	0.003 9	1E-06	0.000 3	255.954 6	254	1.954 6
15	1	0.003 9	2E−17	4E−15	255.954 6	255	0.954 6
31	1	0.003 9	4E−44	1E−41	255.954 6	256	0.045 4
$N=\sum N_m=256;r=\sum m\cdot N_m=129;\lambda=r/N=0.504;p=1/N=0.004$							

注：① N 为方格总数，r 为休闲场所总数，λ 为平均每个方格的休闲场所数，p 为方格总数的倒数。

② $D=\frac{\max|C_uP_mN-C_uN_m|}{N}=\frac{47.3480}{256}=0.185<0.074$(99%置信临界)，其中，$P_m=P(X=m)=\frac{\lambda^m e^{-\lambda}}{m!}$。

③ 此方法使用条件：$N\geqslant 50,\lambda<5.0,p<0.1$。

2　空间集聚特征的分维刻画

(1) 随机集聚分维测算方法

假定城市游憩场点系统中的各游憩场点按照某种自相似规则围绕中心游憩场点(一般是等级系统中的首位场点)呈凝聚态分布，且分形体是各向均匀变化的，则可借助几何测度关系确定半径为 r 的圆周内的游憩场点("粒子")数目 $N(r)$ 与相应半径的关系，即有：

$$N(r)\propto r^{D_f}$$

类比于 Hausdorff 维数公式可知，式中 D_f 为分维。这表明，可以利用回转半径法测算游憩场点系统空间聚集的分维数。考虑到半径 r 的单位取值会影响分维值，故将其转化为平均半径[312]：

$$R_S=<\left(\frac{1}{S}\sum_{i=1}^{S}r_i^2\right)^{\frac{1}{2}}>$$

则一般有分维关系：

$$R_S\propto S^{\frac{1}{D}}$$

上述算式中 R_S 为平均半径，r_i 为第 i 个游憩场点到中心游憩场点的欧氏距离(称重心距)，S 为游憩场点个数，$<\cdots>$ 表示平均，D 为分维。对于聚集维数的计算，首先是在数字化的城市游憩场点系统分布图上，测出其他各游憩场点到中心游憩场点的重心距 r_i，再转化为平均半径 R_S，改变 S 得到一系列 R_S 值，把(R_S，S)绘成双对数坐标图，通过最小二乘法可求出分维值 D。

聚集维数 D 反映的是游憩场点围绕中心场点随机聚集的特征，即游憩场点分布从中心游憩场点向外围腹地的密度变化特征，反映了游憩场点系统空间结构的紧致性及扩散势。理论上，当 $D<2$ 时，游憩场点要素的空间分布从中心向周围是密度递减的；当 $D=2$ 时，游憩场点要素分布在半径方向上是均匀变化的；当 $D>2$ 时，则从中心向周围是密度递增的，这是一种非常规现象。

(2) 测算结果分析与发现

苏州游憩场点访谈和问卷调查的结果显示，金鸡湖、周庄古镇、观前街、苏州乐园、拙政园的偏好分值位列前五位，综合考虑游憩场点系统演化规律、几何中心原则及新旧城市中心对比的目的，本研究分别以古城区的观前街和新城区中心金鸡湖为集聚中心，测算得出聚集分维相关数据表（表 4-5，表 4-6）和双对数分布图（图 4-1），然后得出两个中心的聚集维数比较表（表 4-7）。

表 4-5　苏州游憩场点系统随机聚集维数测算数据表（以观前街为中心）

游憩场点	S/个	R_S/km	游憩场点	S/个	R_S/km	游憩场点	S/个	R_S/km
观前街	1	0	嘉应会馆	44	1.514 330	天池山	87	6.848 321
曲园	2	0.450 771	苏州丝绸博物馆	45	1.554 186	凤凰寺	88	7.047 278
听枫园	3	0.521 477	山塘街	46	1.592 392	中国珍珠宝石城	89	7.237 164
怡园	4	0.562 138	盘门景区	47	1.631 622	静思园	90	7.454 494
苏州公园	5	0.644 141	桂花公园	48	1.674754	伍子胥公园	91	7.678 039
平江历史街区	6	0.700 080	留园	49	1.725 188	同里古镇	92	7.919 961
北塔报恩寺	7	0.747 147	太平坊清真寺	50	1.791 375	阳澄农庄	93	8.166 311
工艺美术博物馆	8	0.784 249	西园	51	1.855 083	重元寺	94	8.412 354
中国苏绣博物馆	9	0.814 479	中央公园	52	1.924 087	未来农林大世界	95	8.654 291
环秀山庄	10	0.843 725	桐泾公园	53	1.995 160	安驿乡村俱乐部	96	8.934 683
苏州民俗博物馆	11	0.868 621	苏苑公园	54	2.072 035	相城区莲花岛	97	9.214 834
城隍庙	12	0.891 597	苏州革命博物馆	55	2.159 793	阳澄湖美人腿湿地	98	9.487 438
狮子林	13	0.910 630	唐寅园	56	2.254 285	三阳高尔夫俱乐部	99	9.751 286
中医药博物馆	14	0.929 803	运河公园	57	2.352 017	苏州太湖新天地	100	10.016 993
苏州佛教博物馆	15	0.950 533	左岸商业街	58	2.446 456	光福窑上村	101	10.282 579
苏州博物馆	16	0.970 771	虎丘	59	2.539 429	苏州太湖公园	102	10.537 158
章太炎故居	17	0.991 380	澹台湖	60	2.631 628	光福景区	103	10.787 767
况公祠	18	1.011 947	寒山寺	61	2.722 537	隆力奇工业园	104	11.033 771
苏州园林博物馆	19	1.032 260	金庭古村	62	2.810 620	茅蓬自然保护区	105	11.272 159
卫道观前潘宅	20	1.050 465	枫桥风景区	63	2.897 409	太湖高尔夫球场	106	11.503 237
艺圃	21	1.071 769	铁铃关	64	2.990 949	肖甸湖森林公园	107	11.737 038
双塔	22	1.091 865	宝带桥	65	3.083 537	角直古镇	108	11.977 678
北半园	23	1.110 260	李公堤	66	3.188 217	绿乐生态科技园	109	12.209 353
五峰园	24	1.127 602	中兴高尔夫球场	67	3.296 075	太湖度假区	110	12.451 505
凤凰街	25	1.143 531	范成大祠	68	3.406 238	菱湖渚风景区	111	12.698 155
苏州大学	26	1.158 389	金鸡湖	69	3.526 778	阳澄湖旅游度假区	112	12.941 151
吴作人艺术馆	27	1.172 855	国际博览中心	70	3.658 396	石嵝石壁	113	13.183 104
耦园	28	1.186 383	苏州乐园	71	3.783 291	太湖渔港村	114	13.422 126

续表

游憩场点	S/个	R_S/km	游憩场点	S/个	R_S/km	游憩场点	S/个	R_S/km
拙政园	29	1.199 265	何山公园	72	3.902 615	中国刺绣艺术馆	115	13.669 909
苏州戏曲博物馆	30	1.211 820	石湖景区	73	4.037 130	巴城古镇	116	13.937 355
全晋会馆	31	1.223 597	荷塘月色湿地公园	74	4.201 438	周庄古镇	117	14.197 280
苏州警察博物馆	32	1.240 504	旺山生态园	75	4.401 836	锦溪古镇	118	14.487 289
苏州动物园	33	1.257 886	白塘生态植物园	76	4.592 465	昆山联湖村	119	14.772 280
巡抚衙门旧址	34	1.276 119	阿庆嫂生态美食园	77	4.773 821	东山景区	120	15.056 624
东园	35	1.295 004	旺山生态农庄	78	4.979 630	西山农业示范园	121	15.394 011
十全街	36	1.319 185	木渎古镇	79	5.194 834	东山陆巷古村	122	15.742 341
沧浪亭	37	1.344 031	天平山	80	5.402 316	西山景区	123	16.091 711
可园	38	1.367 939	龙池风景区	81	5.610 733	轩辕宫	124	16.434 517
文庙	39	1.392 322	灵岩山	82	5.819 962	牛仔乡村俱乐部	125	16.819 246
苏州碑刻博物馆	40	1.417 789	范文正公忠烈庙	83	6.020 091	消夏湾垂钓休闲中心	126	17.236 135
石路步行街	41	1.442 011	寂鉴寺	84	6.236 581	西山国家森林公园	127	17.648 960
网师园	42	1.464 732	沙湖生态公园	85	6.445 956	昆山丹桂园	128	18.072 895
苏州规划展示馆	43	1.487 375	树山生态村	86	6.644 185	三山岛	129	18.507 058

表 4-6　苏州游憩场点系统随机聚集维数测算数据表(以金鸡湖为中心)

游憩场点	S/个	R_S/km	游憩场点	S/个	R_S/km	游憩场点	S/个	R_S/km
金鸡湖	1	0	北塔报恩寺	44	7.239 687	角直古镇	87	10.711 894
国际博览中心	2	1.171 183	况公祠	45	7.276 049	旺山生态农庄	88	10.847 584
李公堤	3	1.388 800	曲园	46	7.312 034	阳澄湖美人腿湿地	89	10.980 924
左岸商业街	4	1.808 001	澹台湖	47	7.358 733	肖甸湖森林公园	90	11.134 803
中央公园	5	2.498 500	中国苏绣博物馆	48	7.403 607	木渎古镇	91	11.302 348
白塘生态植物园	6	2.918 440	城隍庙	49	7.447 591	天平山	92	11.481 676
桂花公园	7	3.670 600	环秀山庄	50	7.490 093	龙池风景区	93	11.664 502
全晋会馆	8	4.189 014	中医药博物馆	51	7.531 993	灵岩山	94	11.843 299
苏州戏曲博物馆	9	4.552 522	苏州警察博物馆	52	7.573 560	阳澄湖旅游度假区	95	12.015 819
苏州大学	10	4.831 665	盘门景区	53	7.6198 52	范文正公忠烈庙	96	12.186 673
东园	11	5.059 525	五峰园	54	7.664 286	树山生态村	97	12.372 834
耦园	12	5.244 312	艺圃	55	7.707 348	寂鉴寺	98	12.552 625
卫道观前潘宅	13	5.396 943	苏州规划展示馆	56	7.749 178	隆力奇工业园	99	12.732 114
双塔	14	5.530 883	嘉应会馆	57	7.791 567	天池山	100	12.915 852
吴作人艺术馆	15	5.644 557	金庭古村	58	7.834 029	凤凰寺	101	13.096 442
北半园	16	5.743 489	石路步行街	59	7.887 132	巴城古镇	102	13.273 288
苏州动物园	17	5.830 353	山塘街	60	7.950 601	周庄古镇	103	13.463 580
网师园	18	5.910 877	桐泾公园	61	8.013 007	伍子胥公园	104	13.648 173
凤凰街	19	5.987 509	留园	62	8.085 126	绿乐生态科技园	105	13.830 020
中兴高尔夫球场	20	6.062 507	太平坊清真寺	63	8.164 253	锦溪古镇	106	14.011 295
十全街	21	6.129 889	西园	64	8.242 578	昆山联湖村	107	14.195 144

续表

游憩场点	S	R_S	游憩场点	S	R_S	游憩场点	S	R_S
平江历史街区	22	6.193 266	唐寅园	65	8.324 578	未来农林大世界	108	14.383 704
狮子林	23	6.259 845	苏州革命博物馆	66	8.415 127	苏州太湖新天地	109	14.651 953
拙政园	24	6.322 533	运河公园	67	8.517 698	苏州太湖公园	110	14.928 588
苏州园林博物馆	25	6.379 869	范成大祠	68	8.616 729	光福窑上村	111	15.200 495
苏州民俗博物馆	26	6.433 712	虎丘	69	8.713 153	太湖高尔夫球场	112	15.465 803
苏州博物馆	27	6.487 652	荷塘月色湿地公园	70	8.806 300	光福景区	113	15.724 911
宝带桥	28	6.538 532	阳澄农庄	71	8.906 933	茅蓬自然保护区	114	15.981 525
工艺美术博物馆	29	6.598 032	寒山寺	72	9.005 260	菱湖渚风景区	115	16.248 746
章太炎故居	30	6.653 495	枫桥风景区	73	9.104 368	太湖度假区	116	16.522 702
沧浪亭	31	6.706 246	重元寺	74	9.204 808	石嵝石壁	117	16.820 477
苏州公园	32	6.756 961	铁铃关	75	9.304 234	太湖渔港村	118	17.115 455
苏州佛教博物馆	33	6.805 373	石湖景区	76	9.407 322	昆山丹桂园	119	17.417 339
可园	34	6.851 189	阿庆嫂生态美食园	77	9.517 003	中国刺绣艺术馆	120	17.709 529
沙湖生态公园	35	6.897 566	三阳高尔夫俱乐部	78	9.633 485	东山景区	121	18.025 831
观前街	36	6.941 102	安驿乡村俱乐部	79	9.746 530	西山农业示范园	122	18.420 283
苏州碑刻博物馆	37	6.982 254	旺山生态园	80	9.859 261	东山陆巷古村	123	18.804 295
苏州丝绸博物馆	38	7.022 309	静思园	81	9.971 043	轩辕宫	124	19.190 167
怡园	39	7.060 178	苏州乐园	82	10.087 711	西山景区	125	19.578 143
苏苑公园	40	7.097 372	同里古镇	83	10.201 273	牛仔乡村俱乐部	126	20.007 308
文庙	41	7.132 999	何山公园	84	10.312 978	消夏湾垂钓休闲中心	127	20.471 899
巡抚衙门旧址	42	7.167 736	中国珍珠宝石城	85	10.434 575	西山国家森林公园	128	20.930 413
听枫园	43	7.203 833	相城区莲花岛	86	10.571 994	三山岛	129	21.407 737

就聚集趋势变化来看,从观前街向外古城边界,其聚集维数 2.644 9 >2,游憩场点分布非但没有减少,反而呈现略有所增加的非常规现象,这和古城区的旅游景点特别是私家园林在古城边缘密布是密切相关的;从古城边缘向外,分维值仅为 0.397 6,相对古城区而言,其分布递减趋势显著。从金鸡湖中心向外,至距离较近的古城区东部苏州大学,此段分维值为 0.913 8,呈递减趋势;从东园至虎丘距离中心 6.8 ~13.8km 的半径范围内,分维值最大为 3.820 2,场点密度呈快速增长趋势,这说明金鸡湖中心附近的游憩场点密度相对古城区差距依然较大;而虎丘以外,是中间新城区及外围环城游憩带,其分维值为 0.684 1,同以观前街为中心的外围段相同,呈现出较强的衰减趋势。

从图 4-1 可以看出,苏州游憩场点系统的空间结构具有很好的多分形结构(Multi-fractals),以古城中心观前街为随机聚集中心是比较成熟的双分形结构;以新城区中心金鸡湖为中心时呈现比较成熟的三分形结构。这说明苏州游憩场点分布具有随机分布的向心性,其空间集聚模式及自组织演化呈现多元化。结合表 4-1、4-2、4-3 进一步深入分析,观前街的双分形分界点位于距离聚集中心点 2.8km 的 45 号苏州丝绸博物馆和 46 号山塘街之间,基本处于古城区和新城区分界线上;金鸡湖的三分形的两处分界点分别为距离聚集中心 6.8km处的 10 号苏州大学和 11 号东园之间,13.8km 处的 69 号虎丘和 70 号的苏州荷塘月色公园之间,两处分别处于古城区与新城区的东、西两侧分界处附近。可见,观前街和金鸡湖的两中心聚集分形特性在本质上是完全一致的，即都体现为古城区和外围地区之间存在比较显著的分形差异，"古城—外围"二元分异的结构特征比较突出。

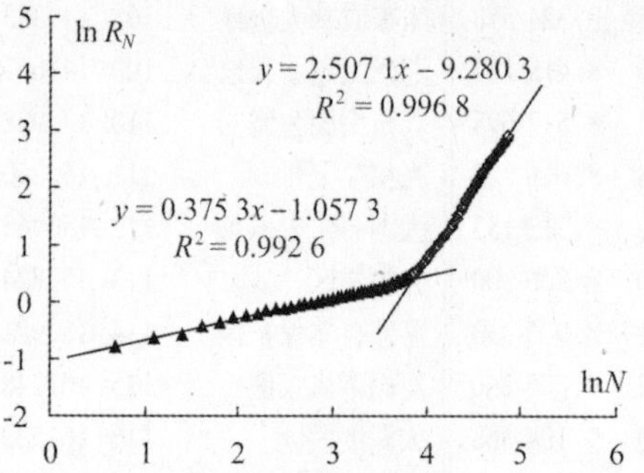

a. 以观前街为随机聚集中心

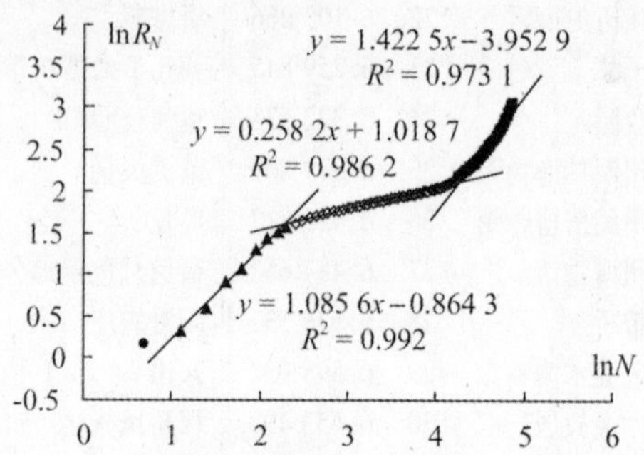

b. 以金鸡湖为随机聚集中心

图 4-1　苏州游憩场点系统随机聚集分形维数双对数图

总体来看，聚集维数深入刻画了城市游憩场点的随机聚集规律，其理论分析结果和实际情况相吻合，也启示我们应以双分形二元空间集聚结构为依据，认真区别对待古城区和周围新城及市辖乡村地带的游憩场点开发，同时应有针对性地进一步加强以金鸡湖为新城区中心的周边游憩场点的开发力度，以增强规模效应及系统的自组织能力，满足苏州市民及游客不断发展的多元化游憩需求。

表 4-7　基于比较中心的苏州城市游憩场点系统空间结构随机聚集维数值

聚集中心	观前街		金鸡湖		
r/km	<2.8	2.8~48.8	<6.8	6.8~13.8	13.8~55.2
R_N/km	<1.55	1.55~18.51	<4.83	4.83~8.71	8.71~21.41
D	2.644 9	0.397 6	0.913 8	3.820 2	0.684 1
R^2	0.992 6	0.996 8	0.992	0.986 2	0.973 1

前面分析表明苏州游憩场点在全市范围内的分布具有随机集聚分形特征。为进一步考察不同性质游憩场点的分形差异，笔者在综合分析苏州游憩场点属性特征的基础上，进一步将苏州游憩场点按属性细分出自然观光类游憩场点子系统、人文观光类游憩场点子系统、人造娱乐休闲类游憩场点子系统三类。需要说明的是，目前我国并没有统一的游憩资源分类标准，学者们对游憩场点细分也没有形成统一的标准，本研究主要是参考国内学者对中国特色游憩资源的理解以及旅游资源国家标准的基础上，并结合苏州游憩资源自身的特点，作出以上细分的。细分的出发点是尊重自然和人文的经典二分法，在此基础上，笔者进一步将历史人文和当代人文进行了细分，同时考察了游憩资源使用活动的性质。

根据前述属性细分思路或标准，苏州游憩场点细分出自然观光类游憩场点 26 个、人文观光类游憩场点 52 个、人造娱乐休闲类游憩场点 51 个。鉴于观前街是苏州城市的地域中心，是苏州历史文化、休闲经济的集聚中心，也是全市游憩场点的品牌和形象，在苏州城市游憩场点系统中占有无可比拟的重要位置，因此，无论是自然类还是人文类游憩场点的随机集聚测算，本研究都选择观前街为集聚中心。根据前文的随机集聚分形测算公式，测算得出聚集分维相关数据表(表4-8,表4-9,表4-10)和双对数分布图(图4-2),然后得出两个中心的聚集维数比较表(表4-11)。

表4-8 自然观光类游憩场点子系统随机聚集维数测算数据表

游憩场点	S/个	R_S/km	游憩场点	S/个	R_S/km	游憩场点	S/个	R_S/km
观前街	1	0	木渎古镇	10	4.447 185	光福窑上村	19	5.825 800
听枫园	2	0.954 965	天平山	11	4.294 642	光福景区	20	5.751 022
石湖景区	3	1.627 426	龙池风景区	12	4.233 842	肖甸湖森林公园	21	5.829 815
天池山	4	1.911 401	灵岩山	13	4.184 163	菱湖渚风景区	22	6.192 346
澹台湖	5	2.647 821	树山生态村	14	4.348 295	石嵝石壁	23	6.191 614
铁铃关	6	2.697 089	相城区莲花岛	15	6.180 805	东山景区	24	7.176 412
何山公园	7	3.387 902	阳澄湖美人腿湿地	16	6.044 350	西山农业示范园	25	7.667 626
旺山生态园	8	4.285 991	三阳高尔夫乡村俱乐部	17	5.903 866	西山景区	26	7.883 313
白塘生态植物园	9	4.078 182	苏州太湖新天地	18	5.870 572	西山国家森林公园	27	8.873 737

表4-9 人文观光类游憩场点子系统随机聚集维数测算数据表

游憩场点	S/个	R_S/km	游憩场点	S/个	R_S/km	游憩场点	S/个	R_S/km
观前街	1	0	十全街	19	0.456 108	范文正公忠烈庙	37	2.496 180
曲园	2	0.450 771	沧浪亭	20	0.457 633	寂鉴寺	38	2.611 365
卫道观前潘宅	3	0.369 426	可园	21	0.450 941	太平坊清真寺	39	2.697 435
怡园	4	0.334 731	文庙	22	0.452 068	凤凰寺	40	2.693 446
平江历史街区	5	0.416 193	石路步行街	23	0.459 215	静思园	41	2.878 607
北塔报恩寺	6	0.401 441	盘门景区	24	0.594 425	伍子胥公园	42	2.941 508
环秀山庄	7	0.405 030	留园	25	0.669 533	同里古镇	43	3.073 195
城隍庙	8	0.393 670	西园	26	0.760 992	重元寺	44	3.198 438
章太炎故居	9	0.425 550	桐泾公园	27	0.826 987	隆力奇工业园	45	3.872 035
况公祠	10	0.415 269	苏苑公园	28	0.863 226	角直古镇	46	4.048 835
艺圃	11	0.432 007	唐寅园	29	0.982 997	绿乐生态科技园	47	4.005 980
北半园	12	0.420 702	虎丘	30	1.054 115	巴城古镇	48	4.662 228
五峰园	13	0.408 004	寒山寺	31	1.086 820	周庄景区	49	4.628 787
耦园	14	0.402 598	金庭古村	32	1.084 402	锦溪古镇	50	4.864 525
拙政园	15	0.391 468	枫桥风景区	33	1.088 641	昆山联湖村	51	4.855 132
全晋会馆	16	0.383 861	宝带桥	34	1.156 867	东山陆巷古村	52	5.477 497
苏州动物园	17	0.418 110	范成大祠	35	1.320 949	轩辕宫	53	5.565 334
巡抚衙门旧址	18	0.418 544	旺山生态农庄	36	2.232 103			

表 4-10 人造娱乐休闲类游憩场点子系统随机聚集维数测算数据表

游憩场点	S	R_S	游憩场点	S	R_S	游憩场点	S	R_S
观前街	1	0	苏州碑刻博物馆	18	0.516 460	阿庆嫂生态美食园	35	2.083 167
苏州公园	2	0.636 630	网师园	19	0.505 403	沙湖生态公园	36	2.711 111
工艺美术博物馆	3	0.581 026	苏州规划展示馆	20	0.500 986	中国珍珠宝石城	37	2.804 771
中国苏绣博物馆	4	0.512 350	嘉应会馆	21	0.524 289	阳澄农庄	38	3.368 862
苏州民俗博物馆	5	0.485 965	苏州丝绸博物馆	22	0.595 306	未来农林大世界	39	3.445 651
狮子林	6	0.454 766	桂花公园	23	0.642 941	安驿乡村俱乐部	40	3.702 538
苏州中医药博物馆	7	0.434 785	中央公园	24	0.841 669	苏州太湖公园	41	3.970 498
苏州佛教博物馆	8	0.425 620	苏州革命博物馆	25	0.994 365	茅蓬自然保护区	42	4.023 966
苏州博物馆	9	0.411 723	运河公园	26	1.087 380	太湖高尔夫球场	43	3.991 058
苏州园林博物馆	10	0.425 791	左岸商业街	27	1.085 516	太湖度假区	44	4.279 848
双塔	11	0.437 474	李公堤	28	1.373 721	阳澄湖度假区	45	4.369 156
凤凰街	12	0.425 828	中兴高尔夫球场	29	1.402 256	太湖渔港村	46	4.420 174
苏州大学	13	0.411 087	金鸡湖	30	1.519 494	中国刺绣艺术馆	47	4.500 933
吴作人艺术馆	14	0.401 108	苏州国际博览中心	31	1.592 698	牛仔乡村俱乐部	48	6.240 502
苏州戏曲博物馆	15	0.395 510	苏州乐园	32	1.574 933	消夏湾垂钓休闲中心	49	6.502 348
苏州警察博物馆	16	0.420 594	山塘街	33	1.680 508	昆山丹桂园	50	6.708 035
东园	17	0.442 449	荷塘月色湿地公园	34	1.850 832	三山岛	51	6.824 646

从图 4-2 可以看出，尽管苏州城市游憩场点游憩大系统的分形特征比较显著，但相对大系统而言，其细分属性子系统的分形特征分形发育较差。这说明，苏州游憩场点属性细分系统的个体特色已经在大系统中逐步蜕化，苏州城市游憩空间系统的整体效应已经凸显出来。就三个属性子系统而言，自然观光类子系统的分形特征较差，可能处于分形蜕化或分形发育不成熟的阶段。进一步从无标度区间来看，所谓的无标度区间处于 <14.1km 的区段内，而该区段并非自然观光类游憩场点子系统的集中地段。在自然观光类游憩场点分布较多的城市外围区段上，并没有显著无标度区间，基本不具备分形特征。因此，不难判断，苏州城市游憩场点系统中的自然属性子系统在整体上没有明显的无标度区间，分形特征不显著。人文观光类游憩场点和人造类游憩场点的分形趋势比较接近，无标度区间范围较宽，说明它们具有分形特性。

进一步考察人文观光类和人造娱乐休闲类游憩场点分形的无标度区间（表 4-11），可以看出，苏州人文类游憩场地在 2.0 ～40.5km 区间内具有无标度特征，随机集聚分维值为 0.332 4，说明从古城向外围，人文观光类游憩场点呈现出快速递减趋势；人造娱乐休闲类游憩场点在 1.6 ～48.8km 区间内分形，分形的无标度区间覆盖范围比人文观光类更广，其集聚分形维数值为 0.376 4，从中心向外围也具有很快的递减性，递减速度略小于人文观光类游憩场点。

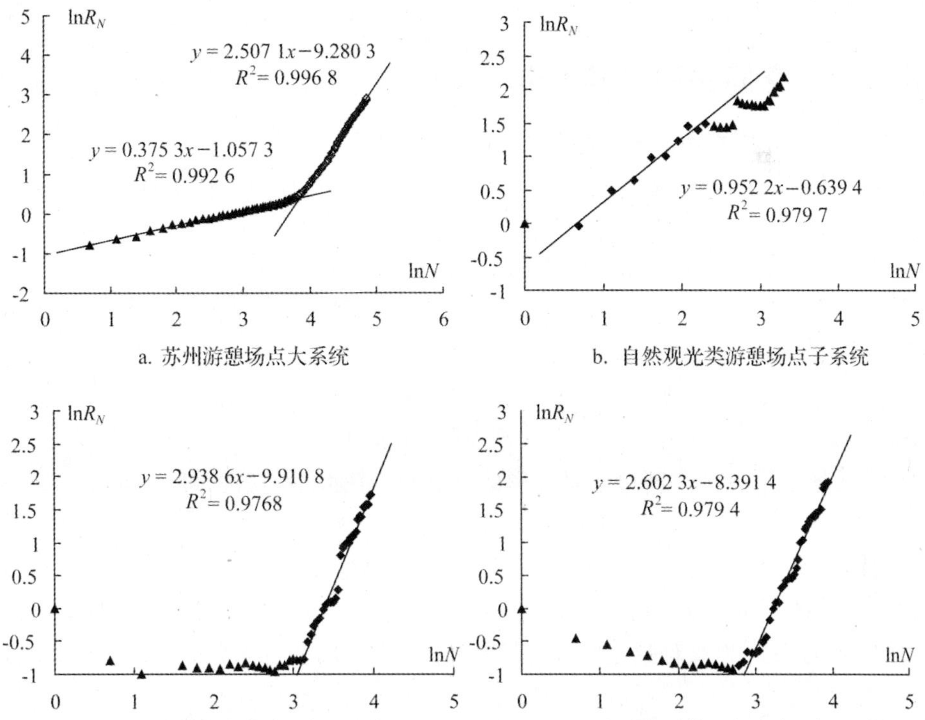

a. 苏州游憩场点大系统　b. 自然观光类游憩场点子系统

c. 人文观光类游憩场点子系统　d. 人造娱乐休闲类游憩场点子系统

图 4-2　苏州游憩场点属性子系统随机集聚分形维数双对数图

总体而言,将苏州游憩场点细分出三大属性类别,并分别考察其相应的分形特性,发现了城市游憩场点大系统的整体性大于其子系统之和的现象。游憩场点属性子系统分形特征弱化的原因可能有多种,除了整体大于部分之和的综合效应凸显之外,也有可能是受所研究区域的尺度效应影响,如果将自然观光类游憩场点放在更大的地域尺度上,即将城市市区内自然游憩场点与其他城市区域自然游憩场点联合考察、对比,所得出的结论将有助于解释市区范围内自然类游憩场点分布特征。另外,就是属性子系统细分本身也可能存在不完善之处,毕竟在社会化背景下区分自然和人文,其本身就是个难题,自然和人文之间存在千丝万缕的联系,很多游憩场点都是兼有自然和人文属性的。但整体上来看,分形分析的结论证明本研究对游憩场点进行属性划分是有一定的科学意义的,所得出的分形结论能够解释和揭示游憩场点系统的结构分形规律。

表 4-11　苏州城市游憩场点大系统及其所属子系统随机集聚分维值

系统类别	苏州游憩场点大系统		自然观光类子系统	人文观光类子系统	人造娱乐休闲类子系统
r/km	<2.8	2.8~48.8	<14.1	2.0~40.5	1.6~48.8
R_N/km	<1.55	1.55~18.51	<4.45	0.45~5.57	0.42~6.83
D	2.644 9	0.397 6	1.028 9	0.332 4	0.376 4
R^2	0.992 6	0.996 8	0.979 7	0.976 8	0.979 4

第二节　空间关联结构分维刻画

1　空间关联维数的测算方法与意义

由于游憩场点系统空间研究通常是在二维空间上的，故将其空间关联函数定义为：

$$C(r)=\frac{1}{N^2}\sum_{i,j=1}^{N}H(r-d_{ij})$$

上式中 r 为码尺(Yardstick)，d_{ij} 为 i、j 两游憩场点的欧氏距离，即乌鸦距离(Crow Distance)[313]，其中，$H(x)$ 为 Heaviside 跃阶函数，即：

$$H(x)=\begin{cases}1, & x\geqslant 0\\ 0, & x<0\end{cases}$$

如果游憩场点系统的空间分布是分形的，则应具有标度不变性，即：

$$C(\lambda r)\propto\lambda^{\alpha}C(r)\ ,\ C(r)\propto r^{\alpha}$$

这里 $\alpha=D$ 即分维，被称为空间关联维数。其测算是在游憩场点分布图上，首先计算出各游憩场点之间的距离，得出乌鸦距离矩阵，然后算出 $C(r)$，改变 r，得出一系列 $C(r)$ 值，绘成 $(r, C(r))$ 点对系列的双对数坐标图，观测无标度区间，进行回归推算，即可得到关联维 D 值。

空间关联维数反映了游憩场点系统要素空间分布的均衡性。一般情况下，其数值变化于 0 ~ 2 之间。当 $D\to 0$ 时，表明游憩场点分布高度集中于一点；当 $D\to 2$ 时，表明游憩场点在空间上趋向均匀分布。空间关联维数的独特作用在于可以反映游憩场点系统各要素之间交通网络的通达性，从而指示游憩场点之间的关联性。

2　测算结果分析与发现

根据上述关联维数的实际测算公式，利用 ArcGIS 及 SPSS 软件分别测算出苏州市区游憩场点大系统 129 个点位之间的欧氏距离，并绘制出相应的乌鸦矩阵，然后根据最大和最小距离差，选取码尺系列，对应得出一系列 $C(r)$ 值(表 4-12 至表 4-15)，然后把码尺和对应的关联函数值 $C(r)$ 绘成双对数坐标图(图 4-3)，观测无标度区间并进行回归检验，最终求得市区游憩场点大系统的空间关联维数值(表 4-16)。同理，对大系统内部的三个子系统的 54 个点位、33 个点位和 42 个点位，分别测算出乌鸦距离并绘制乌鸦矩阵，确定相应码尺系列，测算空间关联维数值，通过绘制双对数图(图 4-3)，最终得到对应的空间关联维数值(表 4-16)。

表 4-12　苏州市区游憩场点大系统空间结构关联维数测算数据

r/km	68	64	60	56	52	48	44	40	36	32	28	24	20
$N(r)$	16 527	16 471	16 357	16 253	16 117	15 811	15 233	14 713	13 985	13 085	11 925	10 187	9 033
$C(r)$	0.993	0.990	0.983	0.977	0.969	0.950	0.915	0.884	0.840	0.786	0.717	0.612	0.543
r/km	16	12	8	7	6	5	4	3.5	3	2.5	2	1.5	1
$N(r)$	7 629	6 253	4 911	4 425	3 891	3 409	2 877	2 593	2 267	1 835	1 363	885	533
$C(r)$	0.458	0.376	0.295	0.266	0.234	0.205	0.173	0.156	0.136	0.110	0.082	0.053	0.032
r/km	0.9	0.8	0.7	0.6	0.5	0.45	0.4	0.35	0.3	0.25	0.2	0.15	0.1
$N(r)$	459	413	363	285	237	223	213	207	195	187	171	161	141
$C(r)$	0.028	0.025	0.022	0.017	0.014	0.013	0.013	0.012	0.012	0.011	0.010	0.010	0.008

表 4-13　苏州核心古城区游憩场点子系统空间结构关联维数测算数据

r/km	8.5	8	7.5	7	6.5	6	5.5	5	4.5	4	3.5	3	2.5	2	1.75	1.5	1.3
$N(r)$	2 694	2 678	2 620	2 546	2 486	2 439	2 396	2 330	2 258	2 164	2 017	1 796	1 466	1 060	907	688	576
$C(r)$	0.924	0.918	0.898	0.873	0.853	0.836	0.822	0.799	0.774	0.742	0.692	0.616	0.503	0.364	0.311	0.236	0.198
r/km	1.1	1	0.9	0.8	0.7	0.6	0.5	0.45	0.4	0.35	0.3	0.25	0.2	0.15	0.1	0.075	0.05
$N(r)$	451	396	334	294	254	192	150	139	129	123	112	104	92	82	62	52	52
$C(r)$	0.155	0.136	0.115	0.101	0.087	0.066	0.051	0.048	0.044	0.042	0.038	0.036	0.032	0.028	0.021	0.018	0.018

表 4-14　苏州中环新城区游憩场点子系统空间结构关联维数测算数据

r/km	32	30	28	26	24	22	20	18	16	14	12	10	8	6	4	2
$N(r)$	1 085	1 075	1 069	1 057	1 031	995	913	841	769	667	549	435	327	209	133	69
$C(r)$	0.996	0.987	0.982	0.971	0.947	0.914	0.838	0.772	0.706	0.612	0.504	0.399	0.3	0.192	0.122	0.063

表 4-15　苏州环城游憩带游憩场点子系统空间结构关联维数测算数据

r/km	88	84	80	76	72	68	64	60	56	52	48
$N(r)$	1 760	1 756	1 750	1 734	1 706	1 650	1 596	1 496	1 414	1 326	1 188
$C(r)$	0.998	0.995	0.992	0.983	0.967	0.935	0.905	0.848	0.802	0.752	0.673
r/km	44	40	36	32	28	24	20	16	12	8	4
$N(r)$	1064	978	894	796	718	638	526	398	308	186	90
$C(r)$	0.603	0.554	0.507	0.451	0.407	0.362	0.298	0.226	0.175	0.105	0.051

表 4-16　苏州游憩场点系统空间结构关联维数值

	市区大系统			核心古城区子系统			中环新城区子系统	环城游憩带子系统
r/km	0.1～0.5	0.5～3.5	3.5～44	0.075～0.5	0.5～3.5	3.5～8.5	2～22	4～68
D	0.310 5	1.266 6	0.707 8	0.539	1.371	0.311 6	1.168	1.020 8
R^2	0.993 8	0.998 4	0.998 7	0.995 5	0.997 8	0.987 3	0.994 9	0.997 9

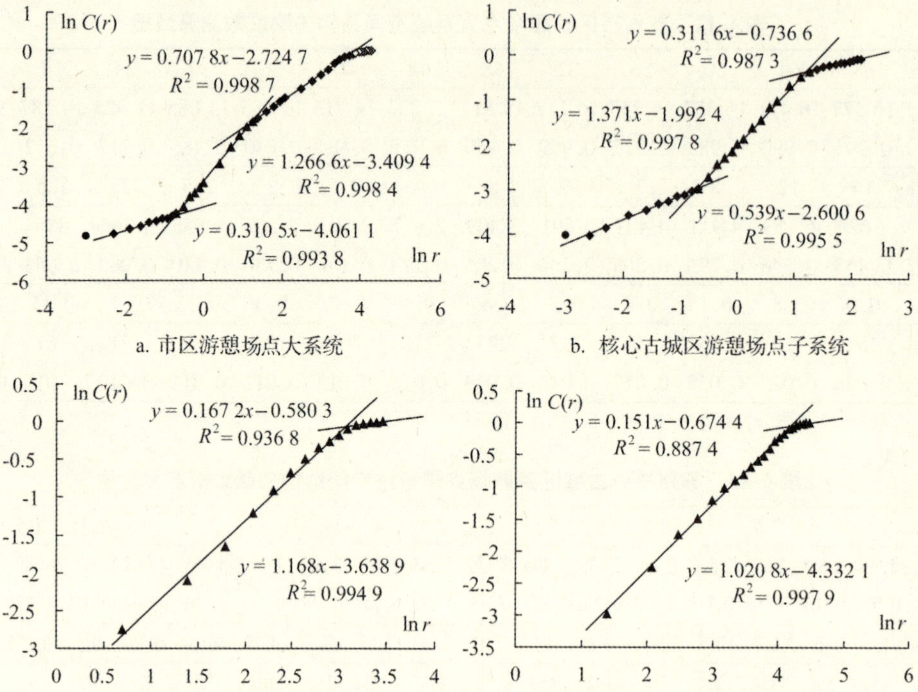

a. 市区游憩场点大系统　b. 核心古城区游憩场点子系统　c. 中环新城区游憩场点子系统　d. 外围环城游憩带游憩场点子系统

图 4-3　苏州游憩场点系统空间关联分形维数双对数图

从图 4-3 可以看出,苏州游憩场点大系统及其子系统均在一定码尺分割区间内具有比较清晰的无标度区间,其空间结构是分形的。比较来看,苏州古城区游憩场点子系统与市区大系统的分形结构非常相似,二者都出现了比较明显的三个无标度区间,且分形切割码尺范围、均衡刻画分维值的范围也基本一致。可见,古城区子系统是影响苏州游憩大系统分形结构的重要力量,也揭示了古城游憩在苏州游憩格局依然处于主导地位。相对古城区子系统的三分形结构而言,新城区子系统和环城游憩带子系统的分形阶段层次较低,呈现出比较明显的单分形或局部分形结构。进一步结合表 4-16 来看,市区大系统和古城区子系统都以码尺 0.5km 和 3.5km 为分形拐点,在 0.5 ～3.5(km)之间的分维值很接近,分别为 1.266 6 和 1.371,是所有系统分维中最大的两个值,其空间分布模式相对分散,自组织能力相对弱化;而在小于 0.5(km)和大于 3.5(km)的区段的分维值均小于 1,空间结构非常紧致,自组织能力强。新城区子系统和环城游憩带子系统的简单分形的分维值均稍大于 1,均优于古城区的相对松散区段,而新城区分维值 1.168 又稍大于环城游憩带的 1.020 8,说明其分布比环城游憩带更均衡,自组织能力较弱。另外,环城游憩带的分维值则基本接近于 1,这表明其线形分布几何结构模式比较显著。

可见,苏州城市游憩场点空间分布结构呈现出一种核心松散—外围紧致的结构递变趋势,自组织能力的离心化现象比较突出。越是城市内部建成区,游憩场点系统空间结构越松散,自组织能力较差;而从城市中心向外围新城及市辖乡村游憩带,空间结构逐渐加强,自组织能力也相应增强。这种有趣的现象准确地刻画了苏州城市游憩场点系统自身的结构特征:苏州古城区游憩场点众多,人为开发几近成熟,形成了一种多中心、高密度、均衡化的松散结构,这种结构恰恰有利于平衡苏州市民及外来中短途游憩者大量游憩需求的压力,从而满足多层次的游憩需求结构。而让所有市民在较短距离范围内拥有高质量的游憩场点,这也正是新时期和谐城市游憩空间开发的高级目标。针对古城区的双分形结构及比较有限的开发空间,古城区游憩空间优化应以进一步提高低等级游憩场点质量为重点,加强游憩客流、旅游客流的合理分流,缓解部分游憩场点的压力。而新城区及环城游憩带,则应以其分维为依据,遵循聚集规模效益、发挥自组织能力的同时,进一步打造新的高质量的游憩中心,提高游憩通达性,从而营造高效运营的城市游憩场点系统,促进城市和谐发展。

第三节 空间网格信息结构分维刻画

1 网络维数的测算方法与意义

对背景区域进行网格化分割,考察被游憩场点占据的网格数 $N(\varepsilon)$,显然 $N(\varepsilon)$ 的值随网格尺寸 ε 的变化而变化。若游憩场点的分布具有无标度性,则应有:

$$N(\lambda\varepsilon) \propto \lambda^{-\alpha}N(\varepsilon)\ ,\ N(\varepsilon) \propto \varepsilon^{-\alpha}$$

类比 Hausdorff 维数公式可知,$\alpha = D_0$ 为分维(称容量维)。进一步观察行号为 i 、列号为 j 的网格。设其中"游憩场点"数目为 N_{ij} ,整个城市区域的"游憩场点"总数为 N ,可近似地定义概率为 $P_{ij} = \frac{N_{ij}}{N}$,于是有信息量:

$$I(\varepsilon) = -\sum_{i}^{K}\sum_{j}^{K}P_{ij}(\varepsilon)\ln P_{ij}(\varepsilon)$$

上式中 $K = \frac{1}{\varepsilon}$ 为区域各边的分段数目,如果游憩场点系统是分形的,则应有:

$$I(\varepsilon) = I_0 - D_I\ln\varepsilon$$ [308]

上式中 I_0 为常数,D_I 为分维(称信息维)。容量维和信息维均系借助网格化测得,故可统称为网格维数。其测算是通过对背景区域进行不同尺度 ε 的网格细分,得到不同的 $N(\varepsilon)$ 和 $I(\varepsilon)$。作双对数坐标图 $\ln N(\varepsilon) \sim \ln\varepsilon$ 及 $I(\varepsilon) \sim \ln\varepsilon$,观察无标度区,对点列($\ln\varepsilon$,$\ln N(\varepsilon)$)和($\ln\varepsilon$,$I(\varepsilon)$)的直线部分分别进行回归,即可计算出容量维 D_0 和信息维 D_I。

网格维数反映了市区游憩场点分布的均衡性。理论上,其值 D 变化于 0 ~2 之间(小于 2 或在 2 附近才有意义)。当 D =0 时,表明所有游憩场点集中于一点。当 $D = d = 2$ 时,表明游憩场点均匀分布,标准的中心地模型即属于这种情况。正常情况下,$1 < D < 2$, D 越大表明游憩场点系统各要素的空间分布越均衡,反之则越集中,当 $D \to 1$ 时,表明各游憩场点均匀地集中到一条线上(如公路、河流等)。容量维 D_0 与信息维 D_I 一般不相等,它们之间的关系是:$D_I < D_0 < d$ 。当游憩场点系统是简单的分形时,$D_0 = D_I$ 。

2 测算结果与分析发现

根据网格维数的测算公式,对苏州市区范围内的城市游憩场点分布图进行网格分割,编程测算出 $N(\varepsilon)$ 和 $I(\varepsilon)$ (表 4-17),作双对数坐标图,进行回归推算,最终得到苏州城市游憩场点系统的容量维数 D_0 和信息维数 D_I (图 4-4)。

表 4-17　苏州游憩场点系统网格维数测算数据

K	2	3	4	5	6	8	10	16	20	30	40	50
$N(\varepsilon)$	4	8	12	19	22	31	37	54	62	74	82	87
$I(\varepsilon)$	1.125 2	1.377 4	1.773 6	1.965 1	1.981 4	2.440 4	2.662 4	3.307 7	3.547 7	3.883 5	4.119 3	4.158 9
K	60	70	80	90	100	120	140	160	180	200	220	240
$N(\varepsilon)$	92	96	100	102	108	110	110	116	115	122	119	120
$I(\varepsilon)$	4.301 8	4.401 0	4.474 2	4.495 1	4.585 7	4.615 3	4.636 8	4.712 0	4.694 6	4.780 5	4.740 2	4.755 0

从图 4-4 可以看出，苏州游憩场点大系统及子系统在一定的测算尺度内都明显表现出分形结构特性，也就是说从数理意义上讲，市区游憩场点大系统及其子系统的空间结构是分形的。各系统所测算游憩场点的数量均大于 30，网格分维值都比较稳定，空间结构刻画的效果也比较突出。容量维数值是 1.170 5，而信息维数值为 0.909 4，二者相差较大，说明游憩场点数目在区域分割中的分布概率的变化较大，游憩场点在空间分布上不均匀，分形也比较复杂。D_I 值显示，在市区大系统范围内，游憩场点分布频率的偏倚性比较明显（图 4-4 a），说明市区范围内游憩场点大系统蕴含着复杂分形；而子系统的偏倚性不大（图 4-4 b），说明各游憩场点子系统内部的分形结构相对单一。不难推知，各子系统之间所存在的分形差异是致使市区大系统分形复杂性的关键原因所在，也说明古城区、新城区及环城游憩带三个地域范围的游憩场点的划分是具有分形学依据的。另外，从无标度区间来看（图 4-4 b），三个子系统在分形尺度上存在差异，核心古城区在 1/10～1/180 的较小尺度区段具有分形特性，而中环新城区处、环城游憩带则分别在 1/3～1/30、1/2～1/20 相对大尺度区段上分形。这主要是由于古城区面积小、游憩场点分布密度较大，而新城区与环城游憩带面积较大、游憩场点分布密度较小造成的。

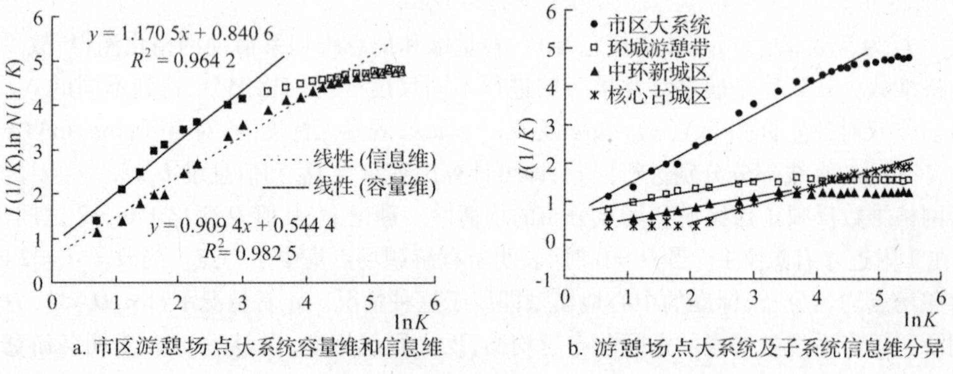

a. 市区游憩场点大系统容量维和信息维　　b. 游憩场点大系统及子系统信息维分异

图 4-4　苏州游憩场点系统网格分形维数双对数图

从表 4-18 可知，苏州游憩场点系统的网格信息维数值都小于 1，市区大系统信息分维值 0.909 4，大于三个子系统的 0.483、0.301 5、0.308 7。这说明苏州游憩场点的空间分布无论在整体上还是在局部上，都具有比较明显的集聚特征，且相对整个市区而言，其子系统内部的集聚特征更突出。在子系统中，古城区内游憩场点的分布相对均匀，而环城游憩带和新城区游憩场点则相对分散，且后两者差别不明显。总体来看，苏州游憩场点系统目前具有较强的自组织优化能力，古城区、新城区及环城游憩带三个子系统均在各自相对独立的区域内向自我优化结构逼近。游憩场点在空间分布上从市中心向外围沿着同心环半径方向发生分形递变,这说明环城游憩带理论是具有分形学基础的。

表4-18 苏州游憩场点系统网格信息维数值

	市区大系统	核心古城区子系统	中环新城区子系统	环城游憩带子系统
D	0.909 4	0.483	0.301 5	0.308 7
R^2	0.982 5	0.980 5	0.985 4	0.956 3

第四节 本章基本结论

首先,采用分形方法研究城市游憩系统的空间结构,测算获取了比较有意义的分形维数,这说明,作为具有城乡二元复杂结构、融自然和人文于一体、较旅游资源系统范畴更宽泛的城市游憩场点系统,其空间结构是具有分形特性的。分形论可以为我国城市和谐空间营造及和谐城市规划建设提供科学的评价标准及理论依据。

其次,三个空间结构分维指标均具有较强的结构解析能力,它们可以从不同侧面准确地刻画城市游憩场点系统的空间结构及其分异,且得出的分形结论基本趋于一致,即核心古城区与外围环城游憩带存在比较明显的分形差异,中环新城区的分形特征与外围环城游憩带接近,而与古城区差别较大。这也为统计描述性的环城游憩带理论找到了分形几何学基础。

再次,苏州城市游憩场点的空间结构呈现出一种核心松散—外围紧致的结构递变趋势,自组织能力的离心化现象比较突出。这种结构分布模式与游憩需求结构基本一致,准确反映了成熟型游憩场点系统应该具有的自组织结构分形特征,也说明成熟型游憩场点系统通常具有较大的自组织能力提升压力。

最后,与以往研究[100,101,103]对比发现,苏州市区游憩场点系统和南京市域旅游景点系统在空间结构分形上存在较大差异,南京市域景点系统的空间结构递变趋势为核心紧致—外围松散。这种分形差异的出现可能与城市形态、地域范畴有关,但根本上是由于旅游与游憩在本质、范畴上的不同造成的。具体来看,本研究的城市游憩空间在内容范畴上包括了收费旅游景区和公共游憩场所的全部。旅游景区开发强调了经济区位最优,而公共游憩场所开发则需重视休闲机会均等,二者在区位特征、活动谱系等方面不尽相同。整体而言,城市游憩空间系统除了强调旅游景区的经济效益外,更强调了休闲发展的社会意义,它比旅游景区系统有着更宽泛的内容范畴和更重要的发展意义,这应是造成苏州游憩空间系统和南京旅游景区系统二者存在结构分形差异的根本所在。

鉴于苏州城市游憩场点古城区子系统及市区大系统均已经出现多分形趋势,利用多分维谱及质量指数 $\tau(q)$、奇异性指数 $\alpha(q)$、奇异谱 $f(q)$ 等参量[314]追踪研究其多分形特性,并借助 Multi-agent 或元胞自动机对苏州游憩系统空间结构演变进行计算机模拟刻画,是后续研究的重要内容之一。另外,研究苏州水陆交通体系分形特征,探索水陆体系与城市游憩场点系统空间关系,寻求苏州游憩系统结构优化的具体途径,也是一项比较有理论及实践意义的后续课题。

第五章

城市游憩行为空间等级秩序复杂性分形刻画

第一节　等级划分依据与数据处理

前文已经说明,本研究对129个代表性游憩场点的选择主要是通过问卷调查方式、依据民众对游憩场点的偏好评价分值确定的。鉴于目前我国尚无统一的游憩资源规范,笔者在对苏州市游憩场点开展普查的基础上,首先选出备选游憩场点150个,然后结合专家、游憩者深度访谈及200份调查问卷,对游憩场点进行评价,最终筛选出代表性场点129个。为进一步对129个游憩场点的等级分布模式或结构秩序进行分析,笔者决定采取两个等级划分指标进行比较分析:首先是根据各游憩场点实际到访的年游憩者人数进行游憩场点的等级划分。用人数进行等级划分的方法在城市规模分布、旅游地规模分布中已经得到比较广泛的认可和应用,因此笔者也将到访游憩者人数作为游憩场点等级分析的基本判断依据之一。另外,鉴于现有游憩者规模数量只能表示游憩场点发现的现时态,并不能揭示和解释其需求心理意愿及态势变化,本研究进一步将游憩者对游憩场点的偏好评价分值作为苏州游憩场点等级划分的又一判断依据,以期能够更好地反映游憩者的需求心理变化,揭示游憩现实需求和偏好意愿之间的异同,更客观、更真实地揭示游憩者需求倾向或态势,最终为城市游憩空间规划提供更有实践意义和参考价值的辅助决策信息。为得到更准确的游憩者偏好评价分值,作者在前期200份预调查的基础上,继续分别向游憩者发放问卷1 000份,以评价分值满分500计,这种500分制评价标准是在综合考虑资源引力分布通常呈等比或指数分布规律的经验以及评价场点的总个数的基础上确定的。两个阶段的调查共回收有效问卷1 002份,以评价分值的算术平均数为指标,最终得到一个由129个游憩场点评价分值组成的离散集合,作为等级结构划分的另一基本判断依据。最后,根据2008年苏州城市总体规划中的城市规划区、中心城市、古城地区三级地域结构,将129个代表性游憩场点构成的苏州游憩场点系统细分出三个游憩场点子系统(图2-1):核心古城区游憩场点子系统(54个)、中环新城区游憩场点子系统(33个)和外围环城游憩带(ReBAM)游憩场点子系统(42个);根据苏州游憩场点的自然、人文属性及适合开展的游憩活动性质,细分出三个属性细分子系统(图2-2):自然观光类游憩场点子系统(26个)、人文观光类游憩场点子系统(52个)、人造娱乐休闲类游憩场点子系统(51个)。并进一步根据其对应的游憩场点评价分值和游憩者流量分别建立对应子系统的等级判断依据集合,作为下一步等级结构分维刻画的基本数据源(表5-1)。文中所涉及的数据存储、分析、处理,包括等级判断依据基础数据库建立、分维测算等,主要采用SPSS 17.0软件和Excel软件。

表 5-1　苏州城市游憩场点系统及子系统基本数据表

游憩场点	空间位置	属性类别	游憩人数/万人	排序	偏好评分	排序
观前街	核心古城区	人造娱乐休闲	412.4	1	492.7	3
曲园	核心古城区	人文观光	1.1	111	19.5	98
听枫园	核心古城区	人文观光	1.5	105	20.4	93
怡园	核心古城区	人文观光	10.5	52	32.5	82
苏州公园	核心古城区	人造娱乐休闲	15.0	45	73.4	61
平江历史街区	核心古城区	人文观光	10.8	50	270.5	25
北塔报恩寺	核心古城区	人文观光	36.7	28	145.1	43
工艺美术博物馆	核心古城区	人造娱乐休闲	1.1	113	41.2	71
中国苏绣博物馆	核心古城区	人造娱乐休闲	1.9	98	100.8	55
环秀山庄	核心古城区	人文观光	2.2	89	203.5	36
苏州民俗博物馆	核心古城区	人造娱乐休闲	3.0	81	276.5	22
城隍庙	核心古城区	人文观光	5.0	70	50.3	68
狮子林	核心古城区	人文观光	73.2	15	421.4	7
苏州中医药博物馆	核心古城区	人造娱乐休闲	0.7	124	19.2	104
苏州佛教博物馆	核心古城区	人造娱乐休闲	0.8	121	19.4	99
苏州博物馆	核心古城区	人造娱乐休闲	5.0	71	74.7	60
章太炎故居	核心古城区	人文观光	0.5	127	9.6	129
况公祠	核心古城区	人文观光	0.5	126	10.6	125
苏州园林博物馆	核心古城区	人造娱乐休闲	1.0	114	80.9	56
卫道观前潘宅	核心古城区	人文观光	20.0	36	20.5	90
艺圃	核心古城区	人文观光	2.5	88	32.6	81
双塔	核心古城区	人文观光	0.8	119	165.0	39
北半园	核心古城区	人文观光	2.0	91	80.7	57
五峰园	核心古城区	人文观光	2.6	87	33.5	79
凤凰街	核心古城区	人造娱乐休闲	40.0	25	251.7	33
苏州大学	核心古城区	人文观光	9.2	58	330.3	20
吴作人艺术馆	核心古城区	人造娱乐休闲	0.9	117	20.0	96
耦园	核心古城区	人文观光	15.0	43	206.7	35
拙政园	核心古城区	人文观光	132.4	9	435.9	5
苏州戏曲博物馆	核心古城区	人造娱乐休闲	8.0	60	68.6	62
全晋会馆	核心古城区	人造娱乐休闲	1.0	116	10.2	128
苏州警察博物馆	核心古城区	人造娱乐休闲	0.8	122	10.4	127
苏州动物园	核心古城区	人造娱乐休闲	39.4	26	147.3	41

续表

游憩场点	空间位置	属性类别	游憩人数/万人	排序	偏好评分	排序
巡抚衙门旧址	核心古城区	人文观光	0.5	129	11.2	123
东园	核心古城区	人造娱乐休闲	39.4	27	124.8	50
十全街	核心古城区	人造娱乐休闲	57.7	19	335.4	19
沧浪亭	核心古城区	人文观光	6.1	63	153.5	40
可园	核心古城区	人文观光	2.0	96	29.9	85
文庙	核心古城区	人文观光	1.1	110	133.0	45
苏州碑刻博物馆	核心古城区	人造娱乐休闲	4.0	76	30.4	83
石路步行街	核心古城区	人造娱乐休闲	232.6	4	379.1	15
网师园	核心古城区	人文观光	22.8	33	405.5	12
苏州规划展示馆	核心古城区	人造娱乐休闲	3.8	78	35.8	74
嘉应会馆	核心古城区	人造娱乐休闲	0.7	125	10.5	126
苏州丝绸博物馆	核心古城区	人造娱乐休闲	0.7	123	45.3	69
山塘街	核心古城区	人造娱乐休闲	16.7	40	410.9	10
盘门景区	核心古城区	人文观光	49.6	23	404.0	13
桂花公园	核心古城区	人造娱乐休闲	1.3	109	170.4	38
留园	核心古城区	人文观光	60.1	18	408.6	11
太平坊清真寺	中环新城区	人文观光	2.7	86	18.0	110
西园	核心古城区	人文观光	51.0	21	233.4	34
中央公园	中环新城区	人造娱乐休闲	4.0	75	75.7	59
桐径公园	中环新城区	人造娱乐休闲	3.0	82	33.4	80
苏苑公园	中环新城区	人造娱乐休闲	1.6	103	21.7	87
苏州革命博物馆	中环新城区	人造娱乐休闲	1.8	100	18.2	109
唐寅园	中环新城区	人文观光	1.7	102	20.1	95
运河公园	中环新城区	人造娱乐休闲	12.0	49	124.8	51
左岸商业街	中环新城区	人造娱乐休闲	25.9	31	270.9	24
虎丘	核心古城区	人文观光	147.0	8	414.2	9
澹台湖	中环新城区	自然观光	2.2	90	30.3	84
寒山寺	核心古城区	人文观光	123.5	10	418.3	8
金庭古村	中环新城区	人文观光	6.0	64	20.7	89
枫桥风景区	核心古城区	人文观光	100.3	11	346.4	17
铁铃关	核心古城区	人文观光	1.9	97	40.2	72
宝带桥	中环新城区	人文观光	3.0	80	101.8	54
李公堤	中环新城区	人造娱乐休闲	19.5	37	263.4	27

续表

游憩场点	空间位置	属性类别	游憩人数/万人	排序	偏好评分	排序
中兴高尔夫球场	中环新城区	人造娱乐休闲	0.9	118	19.3	102
范成大祠	中环新城区	人文观光	0.8	120	15.5	117
金鸡湖	中环新城区	人造娱乐休闲	204.0	6	495.7	1
苏州国际博览中心	中环新城区	人造娱乐休闲	3.9	77	266.5	26
苏州乐园	中环新城区	人造娱乐休闲	180.3	7	460.2	4
何山公园	中环新城区	自然观光	20.3	35	36.0	73
石湖景区	中环新城区	自然观光	27.5	30	259.6	30
荷塘月色湿地公园	中环新城区	人造娱乐休闲	9.6	56	252.9	32
旺山生态园	中环新城区	自然观光	9.6	57	125.1	49
白塘生态植物园	中环新城区	自然观光	5.0	72	110.8	53
阿庆嫂生态美食园	中环新城区	人造娱乐休闲	4.8	74	33.5	78
旺山生态农庄	中环新城区	自然观光	6.0	65	57.4	66
木渎古镇	中环新城区	人文观光	91.2	13	260.3	28
天平山	中环新城区	自然观光	21.9	34	259.0	31
龙池风景区	中环新城区	自然观光	2.0	95	175.4	37
灵岩山	中环新城区	自然观光	10.8	51	140.1	44
范文正公忠烈庙	中环新城区	人文观光	1.1	112	19.0	105
寂鉴寺	中环新城区	人文观光	2.0	93	19.2	103
沙湖生态公园	中环新城区	自然观光	6.9	62	33.8	76
树山生态村	中环新城区	自然观光	3.0	83	20.4	92
天池山	中环新城区	自然观光	15.0	46	20.9	88
凤凰寺	外围 ReBAM	人文观光	8.1	59	16.7	116
中国珍珠宝石城	外围 ReBAM	人造娱乐休闲	16.0	42	17.0	115
静思园	外围 ReBAM	人文观光	47.2	24	60.4	65
伍子胥公园	外围 ReBAM	人文观光	5.6	67	17.7	113
同里古镇	外围 ReBAM	人文观光	220.1	5	376.8	16
阳澄农庄	外围 ReBAM	人造娱乐休闲	3.3	79	18.2	108
重元寺	外围 ReBAM	人文观光	2.0	92	19.8	97
未来农林大世界	外围 ReBAM	人造娱乐休闲	13.4	48	260.1	29
安驿乡村俱乐部	外围 ReBAM	人造娱乐休闲	1.4	108	14.0	122
相城区莲花岛	外围 ReBAM	自然观光	15.0	47	17.7	112
阳澄湖美人腿湿地	外围 ReBAM	自然观光	10.0	54	20.2	94
三阳高尔夫俱乐部	外围 ReBAM	人造娱乐休闲	1.0	115	14.4	120

续表

游憩场点	空间位置	属性类别	游憩人数/万人	排序	偏好评分	排序
苏州太湖新天地	外围 ReBAM	人造娱乐休闲	5.7	66	34.9	75
光福窑上村	外围 ReBAM	自然观光	3.0	84	19.4	100
苏州太湖公园	外围 ReBAM	自然观光	30.0	29	42.0	70
光福景区	外围 ReBAM	自然观光	84.5	14	67.9	63
隆力奇工业园	外围 ReBAM	人文观光	10.0	53	15.3	118
茅蓬自然保护区	外围 ReBAM	自然观光	2.8	85	19.4	101
太湖高尔夫球场	外围 ReBAM	人造娱乐休闲	1.4	107	21.9	86
肖甸湖森林公园	外围 ReBAM	自然观光	0.5	128	33.7	77
角直古镇	外围 ReBAM	人文观光	91.4	12	345.6	18
绿乐生态科技园	外围 ReBAM	人造娱乐休闲	16.7	41	17.4	114
太湖度假区	外围 ReBAM	人造娱乐休闲	254.5	3	146.2	42
菱湖渚风景区	外围 ReBAM	自然观光	1.6	104	18.5	107
阳澄湖度假区	外围 ReBAM	人造娱乐休闲	25.0	32	53.3	67
石嵝石壁	外围 ReBAM	人文观光	2.0	94	17.7	111
太湖渔港村	外围 ReBAM	自然观光	5.0	73	20.5	91
中国刺绣艺术馆	外围 ReBAM	人造娱乐休闲	1.9	99	76.8	58
巴城古镇	外围 ReBAM	人文观光	15.0	44	11.1	124
周庄古镇	外围 ReBAM	人文观光	350.7	2	493.5	2
锦溪古镇	外围 ReBAM	人文观光	51.1	20	131.8	46
昆山联湖村	外围 ReBAM	人文观光	1.5	106	15.1	119
东山景区	外围 ReBAM	自然观光	60.5	17	429.2	6
西山农业示范园	外围 ReBAM	自然观光	18.8	39	271.5	23
东山陆巷古村	外围 ReBAM	人文观光	5.4	68	127.9	47
西山景区	外围 ReBAM	自然观光	67.4	16	401.0	14
轩辕宫	外围 ReBAM	人文观光	7.0	61	63.0	64
牛仔乡村俱乐部	外围 ReBAM	人造娱乐休闲	9.8	55	115.9	52
消夏湾垂钓中心	外围 ReBAM	人造娱乐休闲	1.8	101	14.4	121
西山国家森林公园	外围 ReBAM	自然观光	50.0	22	127.0	48
昆山丹桂园	外围 ReBAM	人造娱乐休闲	19.0	38	18.9	106
三山岛	外围 ReBAM	自然观光	5.3	69	298.9	21

第二节 等级结构分形维数指标体系

1 等级有序度的测算方法与意义

用归一化熵差 $d(X)$ 来反映系统等级结构的有序性程度，把系统中各要素的分值当作一个离散型集合 X，根据分形信息理论分别算出其归一化熵差 $d(X)$，然后根据它们的归一化熵差来看它们的差异性特征[315]，其计算公式如下：

$$d(X)=1-\frac{H_D(X)}{\log N}$$

$$H_D(X)=-\sum_{i=1}^{n}P_i\log P_i,P_i=\frac{U_i}{U.},\ U.=\sum_{i=1}^{n}U_i$$

其中，$H_D(X)$ 表示集合的分割熵，反映系统中各要素等级规模分布的均匀性程度，$\log N$ 为对集合进行均匀分割的分割熵，此时 N 即为所选要素单体个数，P_i 为要素单体分值的概率分布，U_i 为要素单体的分值。很明显 $d(X)$ 的值在 0～1 之间，$d(X)$ 为 0 时说明集合中所有数值都相等，此时为完全均匀分布，$d(X)$ 为 1 时说明集合中只有一个数值。

不难看出，公式中的 $d(X)$ 和系统理论中的有序度公式完全一样[316]，$H_D(X)$ 就是信息熵，而信息熵又和 Hausdorff 维数等价，因此有序度可以用来辅助各游憩要素系统的等级结构的分形分析[294]。根据分形信息论和一般系统论的观点，归一化熵差越高就是系统的有序度越高，系统的自组织化程度越好，从结构上面讲，就是系统的结构越紧致，整体性和协同性越好，作为一个整体对外的吸引力越强[317]。

2 等级信息维数的测算方法与意义

用信息分维值 D_I 来反映游憩场点系统等级结构分布的变化性，其计算方法是将游憩场点的游憩吸引力评分值按大小顺序排列形成一个集合，用尺度为 r 的小盒子来覆盖这个分形集合，给每一个小盒子赋上一个编号 $i(i=1,2,\cdots)$，则集合中分形对象落入第 i 个盒子的概率为 P_i。那么用尺度为 r 的小盒子所容纳的平均信息量可以用下式表示：

$$I(r)=-\sum_{i=1}^{N(r)}P_i\ln P_i$$

则集合的信息维数 $D_I=\lim\limits_{r\to0}\frac{-\sum_{i=1}^{N(r)}P_i\ln P_i}{\ln(1/r)}$。改变尺度 r，可得到一系列的 $I(r)$ 值。对 D_I 的实际计算[318]，由于当 $r\to0$ 时，$\log N(r)\sim-d\log r+\log c$，本研究采用针对方程 $I(r)=d\log r+b$，$r=1,\cdots,k$，用最小二乘法计算出 d 和 b，其中 d 就是 D_I。

信息维数 D_I 可以用来反映区域内游憩场点吸引力规模分布的均衡性和偏倚性，并从非均衡集聚效应的层面上反映区域对外整体游憩吸引力的增长潜质，具体表现为各游憩场点在区域内对游憩流的分配比例关系和整个区域吸引游憩流总量的大小。当 $D_I=0$ 时，表明区域中只有一个游憩场点或只有一个游憩场点有吸引力，集聚效应体现为单极；当 $D_I=1$ 时，表明区域中所有的游憩场点的吸引力大小相等，游憩客流平均分配，但区域整体的集聚效应弱化，不利于区域整体游憩吸引力的提升。一般来说，D_I 值越大，区域内各游憩场点的吸引力规模分布越平均，游憩客流分配也越平均，这在一定程度上有利于降低热点游憩场点的压力，但在极化效应弱化的同时，系统整体吸引力和集聚自组织能力同样会被弱化。

3 等级 Zipf 维数的测算方法与意义

把游憩场点单体的吸引力评分值按由大到小的顺序排列，并给其确定一个序号 K（$K=1, 2, \cdots, N$），用系统等级规模分布的 Pareto 形式，经变换可以得到 Zipf 维数公式[318]：

$$P_k = P_1 K^{-q}$$

上式中，K 为游憩场点的序号（$K=1,2,\cdots,N$，N 为系统中游憩场点的个数），P_k 为序号是 K 的游憩场点吸引力的评价分值，P_1 为首位游憩场点的评价分值，q 为 Zipf 维数。类比 Hausdorff 维数的定义 $N(r) \propto r^{-D}$，可知 $q=1/D$，D 就是游憩场点等级规模分布的分维值。对于 q 的计算，对式 $P_k = P_1 K^{-q}$ 取对数得 $\ln P_k = \ln P_1 - q\ln K$。运用上式求得一系列数据对（$\ln P_k$，$\ln K$），对其进行回归计算，求出 q，然后可得 D。

Zipf 维数 q 和分维 D 也反映出区域内游憩场点的吸引力等级结构的规模分布模式，表现为各游憩场点对游憩客流的分配模式和在整体上集聚效应即首位游憩场点的中心性作用的强弱，但不能判别整体的游憩客流总量的大小。一般而言，分维数 D 在 1.0 左右为 Pareto 分布模式；当 D 不断变小趋向于 0 时，等级结构分布模式由规则 Pareto 向不规则 Pareto 模式转化，等级结构越来越紧致；而当 D 不断增大，2.0 时为对数正态分布，$D \leqslant 3.33$ 时为对数分布模式，整个过程系统结构逐渐松散化，但整体性依然是增强的，$D>3.33$ 时预示着系统整体性开始变弱，游憩场点的中心性作用离散、弱化，系统等级结构也显著松散。

系统有序度 $d(X)$、信息维数 D_I 和 Zipf 维数是分析系统等级结构的三个重要指标。有序度值能够辅助游憩场点系统的等级结构的分形分析，从归一化熵差 $d(X)$ 值可以考察系统的组织化程度，揭示系统整体结构的紧致性或松散性，也是衡量一个系统等级结构是否优化的基本依据。信息维数 D_I 和 Zipf 维数都可以用来分析系统等级结构的分布模式，反映游憩场点规模分布的均衡性及系统的紧致性特点，表现游憩客流的分配特性和整体性集聚效应的增强程度。三种方法应用于游憩场点系统等级结构的分形研究，其结论应该是一致的。后两种方法也存在一些区别，Zipf 维数强调游憩场点系统等级结构的分布模式，具有明显的几何结构特性，如对数分布等，同时可以体现中心游憩场点的中心性作用的强度；信息维数不仅具有更为精细的几何结构特性，还具备一定的代数结构特性，在一定程度上反映区域整体性增强或减弱的趋势。

第三节 基于偏好评分的等级结构分维刻画与分析

1 等级有序度的测算结果与分析

根据系统有序度的计算公式，以 129 个代表性游憩场点为计算样本，按上述划分条件，分别得出苏州游憩场点系统的有序度 $d(X)$ 的值（表 5-2）。

表 5-2 苏州城市游憩场点系统等级结构有序度

系统名称	市区大系统	核心古城区子系统	中环新城区子系统	外围 ReBAM 子系统	人文观光子系统	人造娱乐休闲子系统	自然观光子系统
$d(X)$	0.110 8	0.114 0	0.141 9	0.180 0	0.137 3	0.138 3	0.150 7

从表5-2可知，在苏州城市游憩场点系统中，市区大系统的有序度最低为0.110 756（计作0.110 8）。三个空间子系统呈现出从核心向外围逐级递增趋势，处于核心的古城区子系统最低为0.113 961（计作0.114 0），中环新城区子系统居中为0.141 925（计作0.141 9），而外围环城游憩带子系统 $d(X)$ 值最大，其值为0.179 977（计作0.180 0）。根据分形信息论和一般系统论的观点，归一化熵差越高就是系统的有序度越高，系统的自组织化程度越好，从结构上面讲就是系统的结构越紧致，整体性和协同性越好[317]，在非均衡理论和极化效应下，有利于系统整体对外吸引力的提升。由此可知，市区游憩场点大系统的有序度最低，虽然和古城区子系统相差不大，整体上低于三个子系统，也就是说三个子系统的组合后的大系统有序度反而降低，结构更加松散化；三个子系统的有序度更是呈现出一种核心松散—外围紧致的结构递变趋势，自组织能力的离心化现象比较突出，即呈现出由中心古城区经中环新城区向外围环城游憩带逐级递增的特征，古城区子系统有序度最低，结构最松散，而环城游憩带等级结构有序度最高，结构最紧致。这种等级结构特征准确地反映了城市游憩场点系统的结构特性。游憩场点需要面向全体市民及大量的中短途游客，那种传统的单极式、高度集中化的旅游式游憩地模式基本无法承担如此强大的游憩需求压力。相反，分散化、多中心型的游憩系统组织模式恰恰有利于满足和迎合游憩者多样化的需求结构。当然，这并非说明我们不必追求高有序度、结构紧致、极化效应显著的有利于系统整体引力提升的系统结构，我们恰恰需要充分重视优化调控系统结构、增强系统的自组织能力，以促进城市游憩场点系统在更高的层次上进一步向纵深发展。

同样原理，在三个属性子系统的有序度值中，自然观光子系统的有序度 $d(X)$ 值最大，为0.150 7，人文观光子系统和人造娱乐休闲子系统的有序度值非常接近，分别为0.137 3和0.138 3。由此可知，外围自然观光游憩场点的等级分布差别大，结构紧致，而人文观光类子系统和人造娱乐休闲类子系统的等级分布偏于均匀，游憩场点之间的等级差别不大，系统有序度较低，系统等级结构的自组织能力相对较差。三个属性子系统的有序度值均大于全市游憩场点大系统的有序度值0.110 8，说明三个属性子系统的结构优于大系统。从表5-2和图2-2可知，三类游憩场点就地域分布上表现为人文和人造类向城市中心集聚，从城市中心向外围呈现衰减趋势，而自然类游憩场点主要分布于城市外围乡野地带。因此属性子系统地域分布上的有序度表现和前面空间子系统所得出的结论是一致的，即均呈现出从城市中心向外围结构趋于紧致的变化趋势，核心松散—外围紧致的逆城市化特征相对突出。

有序度值显示苏州城市游憩系统的发展水平相对较高。这与实际情况是相符的。苏州古城区的游憩场点质量普遍较高，核心场点数量较多，且与其他层次场点的结构均衡程度较高，这种游憩场点系统等级结构分布模式与游憩者需求结构的层次多元且比例相对均衡的基本特征是一致的，说明古城区游憩系统的发展相对成熟。而从古城区向外，游憩场点密度相对降低，且受出行距离增长影响，游憩场点感应谱系变得简化、等级分布均衡度降低，从而使得等级结构趋于紧致。具体的优化途径可以在增加游憩场点数量的同时，在新城区和环城游憩带打造一些高级别品牌游憩地，提高系统自组织优化能力，促进游憩场点系统的进一步提升和发展。

2 等级信息维数的测算结果与分析

根据上述信息维数的测算公式，对苏州市区大系统、三个空间子系统以及三个属性子系统的游憩场点评价分值进行计算，得出系统等级结构的信息维数计算数据（表 5-3 至表 5-9）。

表 5-3　苏州游憩场点大系统信息维数计算数据

r	2	3	4	5	6	7	8	9	10	11
ln$r$	0.693 1	1.098 6	1.386 3	1.609 4	1.791 8	1.945 9	2.079 4	2.197 2	2.302 6	2.397 9
$I(r)$	0.568 6	0.810 4	1.081 1	1.243 5	1.335 2	1.496 3	1.581 9	1.667 5	1.740 3	1.818 7
r	12	13	14	15	16	17	18	20	25	30
ln$r$	2.484 9	2.564 949	2.639 1	2.708 050 2	2.772 6	2.833 213 3	2.890 4	2.995 7	3.218 9	3.401 2
$I(r)$	1.866 8	1.954 468	2.010 7	2.128 333	2.156 1	2.259 505 4	2.252 3	2.292 3	2.520 7	2.612 3
r	35	40	45	50	60	70	80	90	100	200
ln$r$	3.555 3	3.688 9	3.806 7	3.912 0	4.094 3	4.248 5	4.382 0	4.499 8	4.605 2	5.298 3
$I(r)$	2.703 7	2.788 6	2.836 0	2.947 4	3.042 8	3.088 6	3.310 2	3.268 7	3.443 3	3.744 4

表 5-4　核心古城区游憩场点子系统信息维数计算数据

r	2	3	4	5	6	7	8	9	10	11	12	14	16
ln$r$	0.693 1	1.098 6	1.386 3	1.609 4	1.791 8	1.945 9	2.079 4	2.197 2	2.302 6	2.397 9	2.484 9	2.639 1	2.772 6
$I(r)$	0.607 7	0.908 4	1.188 9	1.365 0	1.401 2	1.651 5	1.729 0	1.798 7	1.904 7	1.996 4	2.044 7	2.174 3	2.321 2
r	18	20	25	30	35	40	45	50	60	70	80	90	100
ln$r$	2.890 4	2.995 7	3.218 9	3.401 2	3.555 3	3.688 9	3.806 7	3.912 0	4.094 3	4.248 5	4.382 0	4.499 8	4.605 2
$I(r)$	2.410 6	2.429 9	2.653 0	2.736 7	2.841 6	2.977 6	2.968 2	3.092 1	3.061 1	3.114 3	3.282 7	3.234 6	3.461 2

表 5-5　中环新城区游憩场点子系统信息维数计算数据

r	2	3	4	5	6	7	8	9	10	11	12	14	16
ln$r$	0.693 1	1.098 6	1.386 3	1.609 4	1.791 8	1.945 9	2.079 4	2.197 2	2.302 6	2.397 9	2.484 9	2.639 1	2.772 6
$I(r)$	0.586 0	0.765 0	1.004 4	1.139 4	1.221 3	1.256 4	1.314 3	1.429 5	1.411 6	1.445 4	1.411 6	1.600 8	1.794 4
r	18	20	25	30	35	40	45	50	60	70	80	90	100
ln$r$	2.890 4	2.995 7	3.218 9	3.401 2	3.555 3	3.688 9	3.806 7	3.912 0	4.094 3	4.248 5	4.382 0	4.499 8	4.605 2
$I(r)$	1.914 6	1.898 7	2.121 1	2.119 4	2.043 6	2.143 4	2.201 3	2.441 3	2.386 9	2.378 7	2.387 3	2.446 8	2.674 8

表 5-6　外围环城游憩带游憩场点子系统信息维数计算数据

r	2	3	4	5	6	7	8	9	10	11	12	14	16
ln$r$	0.693 1	1.098 6	1.386 3	1.609 4	1.791 8	1.945 9	2.079 4	2.197 2	2.302 6	2.397 9	2.484 9	2.639 1	2.772 6
$I(r)$	0.486 9	0.612 9	0.912 2	1.031 1	1.031 1	1.192 6	1.299 8	1.399 0	1.427 0	1.532 0	1.566 6	1.575 0	1.658 3
r	18	20	25	30	35	40	45	50	60	70	80	90	100
ln$r$	2.890 4	2.995 7	3.218 9	3.401 2	3.555 3	3.688 9	3.806 7	3.912 0	4.094 3	4.248 5	4.382 0	4.499 8	4.605 2
$I(r)$	1.786 3	1.839 9	2.030 8	2.246 1	2.048 2	2.133 6	1.943 2	2.276 0	2.370 1	2.366 9	2.520 4	2.512 9	2.548 5

表 5-7 人文观光类憩场点子系统信息维数计算数据

r	2	3	4	5	6	7	8	9	10	11	12	14	16
ln$r$	0.693 1	1.098 6	1.386 3	1.609 4	1.791 8	1.945 9	2.079 4	2.197 2	2.302 6	2.397 9	2.484 9	2.639 1	2.772 6
$I(r)$	0.582 5	0.844 2	1.158 0	1.313 7	1.399 7	1.515 1	1.578 7	1.675 0	1.781 0	1.841 1	1.873 0	1.980 9	2.112 8
r	18	20	25	30	35	40	45	50	60	70	80	90	100
ln$r$	2.890 4	2.995 7	3.218 9	3.401 2	3.555 3	3.688 9	3.806 7	3.912 0	4.094 3	4.248 5	4.382 0	4.499 8	4.605 2
$I(r)$	2.228 5	2.200 5	2.445 4	2.541 4	2.615 4	2.686 7	2.574 8	2.825 9	2.802 5	2.770 2	3.092 7	3.001 0	3.104 0

表 5-8 人造娱乐休闲类游憩场点子系统信息维数计算数据

r	2	3	4	5	6	7	8	9	10	11	12	14	16
ln$r$	0.693 1	1.098 6	1.386 3	1.609 4	1.791 8	1.945 9	2.079 4	2.197 2	2.302 6	2.397 9	2.484 9	2.639 1	2.772 6
$I(r)$	0.567 7	0.775 2	0.943 3	1.174 4	1.237 4	1.459 6	1.478 9	1.570 2	1.626 7	1.720 4	1.696 8	1.886 1	2.003 6
r	18	20	25	30	35	40	45	50	60	70	80	90	100
ln$r$	2.890 4	2.995 7	3.218 9	3.401 2	3.555 3	3.688 9	3.806 7	3.912 0	4.094 3	4.248 5	4.382 0	4.499 8	4.605 2
$I(r)$	2.064 4	2.173 1	2.365 1	2.421 1	2.518 6	2.580 3	2.599 5	2.648 5	2.743 4	2.898 2	3.023 8	2.959 2	3.058 4

表 5-9 自然观光类游憩场点子系统信息维数计算数据

r	2	3	4	5	6	7	8	9	10	11	12	14	16
ln$r$	0.693 1	1.098 6	1.386 3	1.609 4	1.791 8	1.945 9	2.079 4	2.197 2	2.302 6	2.397 9	2.484 9	2.639 1	2.772 6
$I(r)$	0.715 5	0.722 5	0.890 0	0.914 3	0.990 5	1.034 6	1.008 2	1.129 6	1.078 8	1.167 0	1.225 9	1.332 2	1.329 7
r	18	20	25	30	35	40	45	50	60	70	80	90	100
ln$r$	2.890 4	2.995 7	3.218 9	3.401 2	3.555 3	3.688 9	3.806 7	3.912 0	4.094 3	4.248 5	4.382 0	4.499 8	4.605 2
$I(r)$	1.401 5	1.364 1	1.488 0	1.453 6	1.438 9	1.515 2	1.515 2	1.623 9	1.559 3	1.532 1	1.647 5	1.559 3	1.668 0

然后根据信息维数测算数据，绘制散点图，并进行线性回归拟合（图 5-1，图 5-2），运用最小二乘法原理测算出苏州大系统及其各类子系统的信息维数值 D_I（表 5-10）。

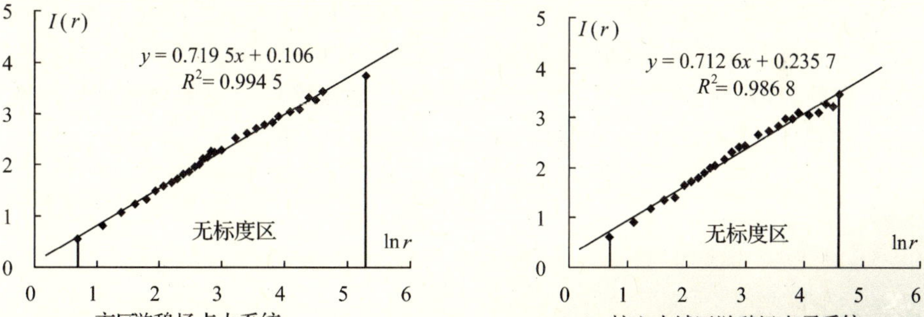

a. 市区游憩场点大系统　　b. 核心古城区游憩场点子系统

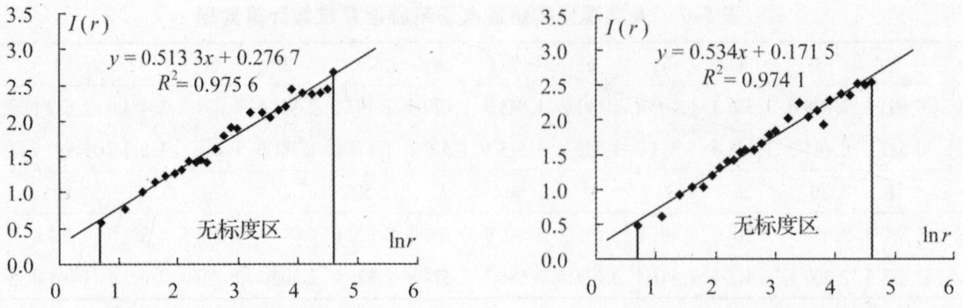

c. 中环新城区游憩场点子系统　　d. 外围环城游憩带游憩场点子系统

图 5-1　基于偏好评价的苏州游憩场点大系统及其空间子系统等级结构信息维数

从图 5-1 可以看出，苏州城市游憩场点系统，无论是市区游憩场点大系统，还是其内部子系统，都具有很好的分形特性，它们的无标度区间都明显覆盖全域。相对古城区而言，新城区，特别是环城游憩带具有较大的发展空间，其信息维数仅略高于 0.5，结构相对紧致，原因是高级别的游憩场点的中心性作用非常强，极化效应明显，有利于系统整体吸引力的提升，但同时由于其阴影效应的影响也很强[319]，所以不利于新游憩场点的开发和提升。总体而言，对于多元化的游憩需求而言，新城区和环城游憩带发展高层次新游憩场点的潜力依然巨大。同样，从图 5-1 可以看出苏州游憩场点的三类属性子系统的等级分形特征。三类属性子系统的无标度区间覆盖全域，说明三类属性子系统内部的游憩场点在等级秩序上存在比较显著的分形特征。

另外，D_I 值还反映了各游憩场点系统的等级结构规模分布的偏倚性[194]（图 5-1，图 5-2）。从频率偏倚性来看，市区大系统结构偏倚性总体上相对较小，而三个空间子系统的偏倚性均比大系统显著。根据直接经验推断，相对成熟的苏州游憩场点系统的分形发育比较成熟，可能已经经历过简单分形阶段，而处于由单分形向双分形甚至多分形演进的新阶段，但整体上来看，大系统分形在不断向结构优化方向逼近。同样笔者在信息维数测算过程中发现，随着 r 值增大，信息维数的变化速率远远小于容量值的变化，说明苏州游憩场点系统的等级结构可能已经演变分化为不同层次的两个结构子系统。从三个属性子系统来看，自然观光类子系统的偏倚性相对较大，这与其对应的空间子系统（中环子系统或外围环城游憩带）的偏倚性保持一致。可见，无论是空间子系统，还是属性子系统，均表明外围自然观光类子系统的分形发育相对复杂，可能是分形发育不完全，也可能是经过良好分形发育之后出现的分形碎化比较突出。但整体上来看，笔者比较倾向于自然观光游憩地分形发育不完全的观点，这和苏州市外围游憩场点开发相对滞后的实际是相符合的。

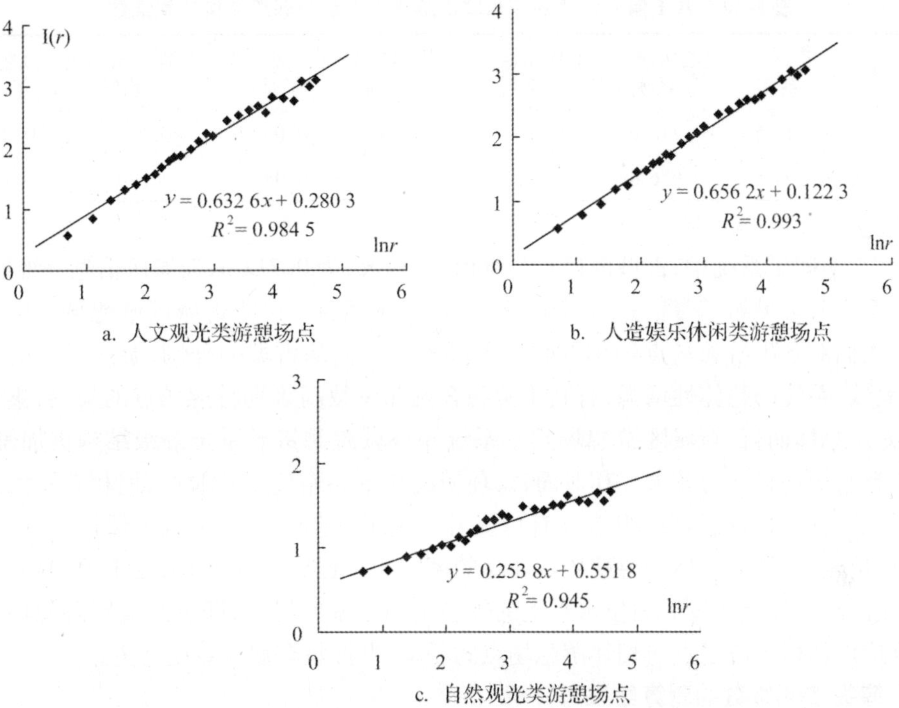

a. 人文观光类游憩场点

b. 人造娱乐休闲类游憩场点

c. 自然观光类游憩场点

图 5-2　基于偏好评价的属性子系统等级结构信息维数

从表 5-10 可以看出，市区大系统的信息分维值 D_I 比其他各类子系统信息维值都要大。这说明苏州市区游憩场点整体的等级规模分布最集中，均衡性最强，等级规模差异性最小，系统结构最松散，自组织化程度最低，游憩场点的整体吸引力提升的潜能相对薄弱。从本质上来讲，这种等级差异不大的等级分布模式存在多种优劣可能性：其一，如果全市游憩场点发展的整体水平较高，高等级游憩场点占绝对主导地位，这种情况下游憩场点系统的等级信息分维值 D_I 是偏小的，等级结构效率低，整体性、集聚性潜力弱，但这是一种高位上的均匀化，并不能说明游憩场点系统等级结构低，只能说是高位水平上向更高层次发展面临着等级结构效率弱化的瓶颈或困难，在高层次上打造更高水平的顶级游憩场点，以带动全市游憩场点向更高层次发展，是这种等级结构模式下需要努力的方向。另外一种情况，便是地位层次上的结构均匀化、结构松散化，这种情况是指在游憩场点发展整体水平不高的情况下，还面临着没有高级别游憩场点带动的等级结构松散化，这种等级结构的信息分维值 D_I 也是偏小的，但这种低位发展水平下的小值 D_I 和前述高位发展水平下的小值 D_I，虽然都表示等级结构的均匀、松散、整体性弱，但却存在发展基础的根本差异。这种低位发展水平下的等级松散结构，一方面要克服无拳头或品牌游憩场点带动的困难，同时更要面对整体发展水平低，发展基础薄弱的现状。从苏州游憩场点发展水平来看，苏州全市游憩场点的发展水平普遍较高，其相应的发展策略应该是一种高位发展水平上的提升模式。

表 5-10 基于偏好评价的苏州城市游憩场点系统等级结构信息维数

系统名称	市区大系统	核心古城区子系统	中环新城区子系统	外围 ReBAM 子系统	人文观光子系统	人造娱乐休闲子系统	自然观光子系统
D_I	0.719 5	0.712 6	0.513 3	0.534	0.632 6	0.656 2	0.253 8
R^2	0.994 5	0.986 8	0.975 6	0.974 1	0.984 5	0.993	0.945

在三个空间子系统中，古城区信息分维值 D_I 最大，为 0.712 6，新城区信息分维值 D_I 最小，为 0.513 3，环城游憩带信息分维值 D_I 居中，为 0.534。说明古城区游憩场点的等级差别不大，人们对各类游憩场点的偏好程度差异不大。而从古城向外围，游憩场点的等级分布趋于紧致，系统的整体性增强，有利于游憩客流在少数高级别游憩场点的集聚，集聚带动效果较好。总体而言，新城区游憩场点子系统和环城游憩带子系统等级结构更加鲜明，结构紧致，自组织优化潜力较大。相对而言，环城游憩带的略优于新城区，但相差不大。古城区子系统结构相对松散，自组织能力有待提升。鉴于苏州古城区是城市保护重点区域，土地开发已经相当成熟，可用于游憩场点新建的闲置土地已经非常稀缺，在土地制约影响下，苏州古城区游憩场点在发展高位水平上的等级结构效率的提升，即更高级别游憩场点的营造，通常应以加强核心场点与相邻游憩场点的联动，发挥集聚规模效应为主。

3 等级 Zipf 维数的测算结果与分析

根据上述 Zipf 维数的测算公式，对苏州市区游憩场点大系统和三个子系统内部的游憩场点评价分值进行排序、计算，绘制出系统等级结构位序—分值的双对数图（图 5-3，图 5-4），最终获取游憩场点系统的等级分维值 D（表 5-11）。

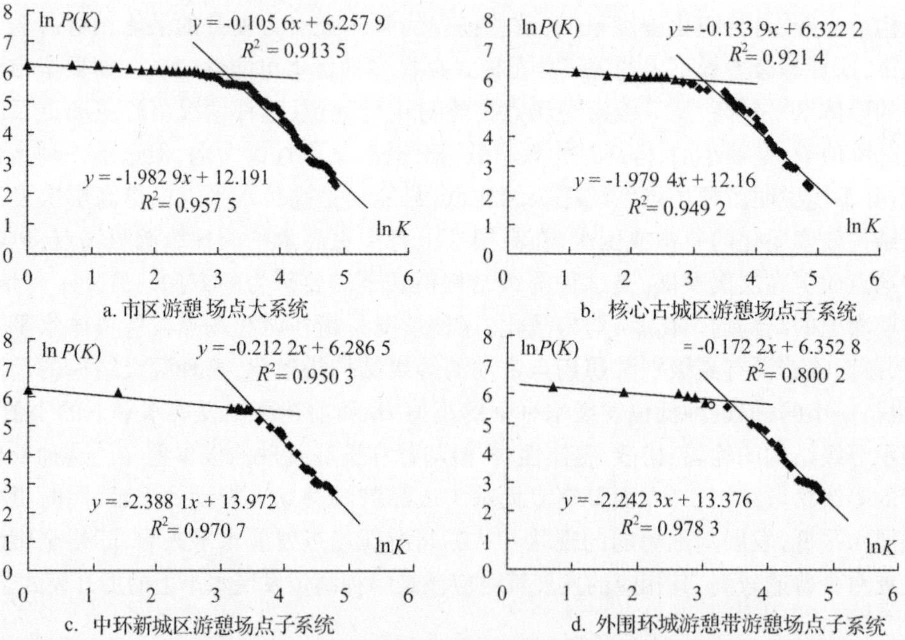

图 5-3 基于偏好评价的苏州游憩场点大系统及空间子系统 Zipf 分维对数图

从图 5-3 可以看出，苏州游憩场点系统的双对数拟合图出现两个无标度区，具有比较明显的双分形特性。这和前文信息维数偏倚性所预示的多分形趋势是一致的。相关研究结果表明,对于具有分形性质的地理现象,如果点列在双对数坐标图上为直线分布,则是单分形;如果形成两个直线段,则被视为双分形(Bi-fractals)[320,321]。复杂系统往往经历着局部分形—单分形—局部分形的循环蜕变,继而向双分形甚至更复杂的多分形不断发展演进的过程。多分维谱是刻画多分形结构的有效工具[314],而对于双分形而言,其实质相当于多分维谱的简化二维谱系,结构相对简单,和单分形结构一样可以在Zipf双对数图上展开分析。图5-3显示,市区游憩场点大系统的双分形等级结构最清晰,古城区子系统和大系统非常接近,结构分化也十分清晰,而其他2个子系统则相对较差,新城区最不清晰,但依然可以勾画出其态势线。从三个属性子系统的Zipf双对数图来看(图5-4),人文观光类子系统的等级双分形区段比较清晰,自然观光子系统和人造类子系统的双分形特征不如人文类子系统显著,但依然可以比较清晰地拟合描绘出其双分形趋势线。从属性子系统的空间区位对应来看,属性子系统和空间子系统的Zipf双对数图反映的结论是趋于一致的。总体来看,苏州游憩场点大系统及其空间子系统、属性子系统的双分形态势存在明显的趋同性,说明苏州游憩场点系统的双分形结构正在不断趋向成熟。

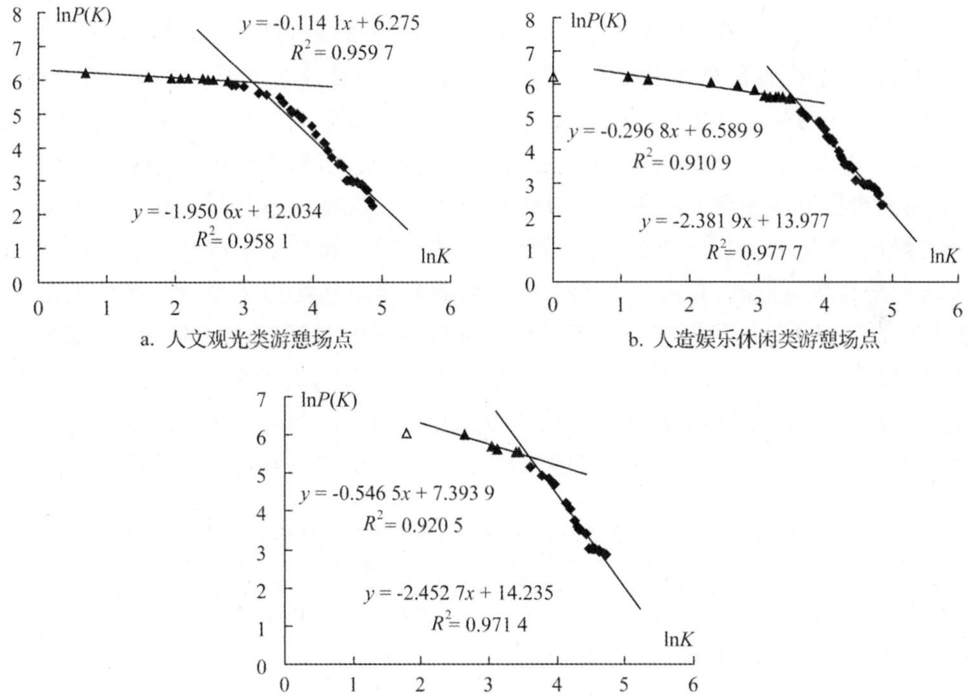

图5-4 基于偏好评价的属性子系统等级结构Zipf维数

双分形现象的出现说明苏州游憩场点系统正逐步发展蜕变为两个等级结构子系统。鉴于此,本研究利用分维值 D 对两个等级结构子系统的发育状况分别进行刻画,把高评价分值、高等级游憩场点子系统界定为Line1系,低评价分值、低等级游憩场点子系统视为Line2系。从表5-11可以看出,高等级Line1系中,游憩场点大系统的 D 值比其他三个空间子系统和三个属性子系统都要大,即子系统在有机整合之后的等级规模分布更松散,各子系统内部的结构紧致性高于系统整体平均。对子系统之间的结构进行分析，首先，是就空间子系统来看，核心古城区游憩场点子系统的 D 值最大，结构最松散。其他两个子系统的分维值远小于古城区子系统的，但两者本身之间相差不大，相对于古城区子系统而言，两者结构还是紧致的。其次，就属性子系统来看，人文观光类游憩场点子系统的 Zipf 分维值最高（和全市大系统接近），远远大于人造娱乐休闲类游憩场点子系统和自然观光类游憩场点子系统，人造娱乐休闲类游憩场点子系统 Zipf 分维值 3.068 9 大于自然观光类游憩场点子系统的 1.684 4，可见自然类子系统的等级结构最紧致。属性子系统的 Line1 系 Zipf 分维值所反映的等级结构规律和空间子系统反映的结论是一致的。在低等级 Line2 系中，游憩场点系统分维数都处于 0.4～0.5 之间，结构均很紧致，且差距不明显。其中，大系统分维数值0.482 9最大，大于其中的任何一个子系统的分维数值 D，整合后的松散化趋势和高级别 Line1 系相似，这一点可以清晰地从各类系统在 Line1 系和 Line2 系中的 Zipf 分维数值的大小顺序完全一致的趋势看出。三个空间子系统中，古城区游憩场点子系统最大，为 0.479 6；其次为环城游憩带游憩场点子系统，为 0.436 3；最小为新城区游憩场点子系统，为 0.406 5。与 Line1 系中的 6.882 1、4.479 2、4.646 1 的大小次序一致。同样，三个属性子系统的大小次序也是如此。这种等级结构分形趋势与前文各分维的结论是一致的。为进一步考察各系统总体的分维趋势，笔者采取加权求和的处理方法，即将高、低两个等级结构模式的分维数值分别乘以它们在各自系统中比重 f_1、f_2，得出各系统的总分维数值 $D_{总}$：在三个空间子系统中，环城游憩带游憩场点子系统总分维数值最小，为 1.027 3，结构最紧致，呈比较典型的 Pareto 分布模式，古城区游憩场点子系统总分维数值最大，结构最松散，新城区游憩场点子系统居中；而市区游憩场点大系统的总分维数值依然和古城区游憩场点子系统相差不大，略小于古城区，但远大于其他两个游憩场点子系统。三个属性子系统中，人文观光游憩场点子系统的分维数值最高，其值为 1.862 1，自然观光类游憩场点子系统分维数值最低，为 0.653 7，而人造娱乐休闲类游憩场点子系统分维数值居中，其值为 1.048 5。不难看出，空间子系统、属性子系统各自的等级分维数值变化趋势，以及两类子系统关联趋势，都有着比较惊人的一致性。而且，Zipf 分维数值所反映的等级分形次序，与前一部分信息分维所反映的结构次序非常一致。说明本研究所刻画的苏州城市游憩场点等级秩序分形特征是客观的。

表 5-11　基于偏好评价的苏州城市游憩场点系统等级结构 Zipf 分维数值

系统名称		市区大系统	核心古城区子系统	中环新城区子系统	外围 ReBAM 子系统	人文观光子系统	人造娱乐休闲子系统	自然观光子系统
Line1	D_1	8.647 9	6.882 1	4.479 2	4.646 1	8.411 9	3.068 9	1.684 4
	R_1^2	0.913 5	0.921 4	0.950 3	0.800 2	0.959 7	0.910 9	0.920 5
Line2	D_2	0.482 9	0.479 6	0.406 5	0.436 3	0.491 2	0.410 5	0.396
	R_2^2	0.957 5	0.949 2	0.970 7	0.978 3	0.958 1	0.977 7	0.971 4
$D_{总}=f_1D_1+f_2D_2$		1.495 6	1.665 2	1.393 8	1.027 3	1.862 1	1.048 5	0.653 7

这种分形特征主要是由游憩者行为偏好与城市游憩场点开发共同作用的结果。游憩行为和旅游行为并不完全相同，游憩者行为动机除了有一定的猎奇寻异心理外，还有更宽

的行为动机谱系，如精神、体力放松、结交朋友、联系感情等，其行为自身在很大程度上也会演变成一种生活方式。除需求量大、交通通达性要求高等特征外，游憩需求的层次结构鲜明，且在每个层次上都有比较稳定的需求，比如，日常的文体娱乐通常会选择小区内部或附近的场点，在一般情况下不会因为居住地附近的场点规模小、距离 CBD 远的场点规模大而选择后者。这种结构显明且均衡较高的游憩需求结构特征，在很大程度上导致了游憩场点等级结构的均衡性，即形成了等级分布比较集中和均衡、场点差异性相对较小、系统自组织能力较弱的松散化分形结构特征。国家5A级景区拙政园的评价分值低于金鸡湖景区，也是一个突出的证明。越是靠近核心城区，游憩场点的开发程度、生活化程度越高，其等级结构性差异较小；而随着距离增加，通达性降低，游憩者对游憩场点的感知差异增大，从而导致游憩场点等级差异较大，结构逐渐紧致。针对此分形特性，苏州游憩场点系统等级结构优化的途径应是在古城区的有限空间内以雕凿顶级精品、提高系统自组织能力为主；而对于新城区游憩场点，特别是环城游憩带游憩场点，应进一步加强开发力度，一方面充分利用现有高级别游憩场点的自组织凝聚力，在近距离范围内加大开发力度，另一方面应在其他合适方向和区位上，建设高级别游憩场点，点轴联动、以线带面，最终带动新城区游憩场点系统及环城游憩带游憩场点系统不断发展。

表 5-12　基于偏好评价的苏州游憩场点系统等级秩序分形维数

等级指数	市区大系统	空间子系统			属性子系统		
		核心古城区	中环新城区	外围 ReBAM	人文观光	人造娱乐休闲	自然观光
有序度	0.110 8	0.114 0	0.141 9	0.180 0	0.137 3	0.138 3	0.150 7
信息分维	0.719 5	0.712 6	0.513 3	0.534	0.611 3	0.636 1	0.240 3
Zipf 分维	1.495 6	1.665 2	1.393 8	1.027 3	1.862 1	1.048 5	0.653 7

前文分别运用系统有序度、等级结构信息分维和 Zipf 分维三项指标对苏州游憩场点系统及其空间细分子系统、属性细分子系统进行了全面刻画。从表 5-12 可以看出，首先是苏州城市游憩场点系统及其子系统在等级结构上存在比较显著的分形特性，三项等级判别指标所反映出来的等级次序分形特征的结论是非常一致的。这说明，三项指标均可用来辅助描述与刻画城市游憩场点系统等级结构分形，也为城市游憩场点系统的等级结构优化提供了标准或调控依据。

第四节　基于客流量的等级结构分维刻画与分析

1　等级有序度测算结果与分析

上一部分以游憩场点的偏好评价分值作为等级划分的基本判据，运用系统有序度、信息分维和 Zipf 分维对苏州游憩场点系统的等级结构分形特性进行了比较系统的描述和刻画，得出了比较一致的且与苏州游憩场点发展实际相吻合的结论。游憩偏好反映了游憩者的需求倾向，但现实的游憩场点客流量如何？这是一个需要进一步刻画的问题。将游憩偏好和实际需求结合起来进行比较分析，可以得出更具有实践指导意义的结论。为此，本研究进一步将游憩场点实际拥有的游憩者客流量作为对游憩场点进行等级细分的依据，对苏州游憩场点的游憩客流等级秩序进行分析和刻画。

根据表5-1中129个游憩场点的游憩人数及系统有序度的计算公式，分别得出苏州游憩场点系统、空间子系统及属性子系统的有序度 $d(X)$ 的值（表5-13）。

表5-13 苏州城市游憩场点系统等级结构有序度

系统名称	市区大系统	核心古城区子系统	中环新城区子系统	外围 ReBAM 子系统	人文观光子系统	人造娱乐休闲子系统	自然观光子系统
基于的客流 $d(X)$	0.239 4	0.298 8	0.337 2	0.287 1	0.267 3	0.353 1	0.174 7
基于的偏好 $d(X)$	0.110 8	0.114 0	0.141 9	0.180 0	0.137 3	0.138 3	0.150 7
客流 $d(X)$ - 偏好 $d(X)$	0.128 6	0.184 8	0.195 3	0.107 1	0.13	0.214 8	0.024

从表5-13可知，在苏州城市游憩场点系统中，市区大系统的游憩客流有序度值为0.239 4，仅大于自然观光子系统的0.174 7，小于其他子系统，而人造娱乐子系统游憩客流有序度值最高为0.353 1。由有序度公式意义可知，有序度值越高，系统等级结构越紧致，游憩客流越是趋于集中。可见，从全市游憩场点大系统来看，其游憩客流有序度较低，说明游憩客流量分布相对均匀、分散，这种分散结构说明苏州不少游憩场点均有游憩者到访，可见苏州游憩场点的游憩者使用效率较高，游憩场点发展也相对成熟。从子系统细分来看，在空间子系统中，中环新城区游憩场点子系统的游憩客流等级结构有序度最高，其值为0.337 2，其次为古城区游憩场点子系统，为0.298 8，最低的为外围环城游憩带游憩场点子系统，其值为0.287 1，核心古城区游憩场点子系统和外围环城游憩带游憩场点的客流有序度比较接近。可见，新城区游憩客流等级结构比较紧致，游憩者分布相对集中于少数高等级游憩场点，等级结构的整体性效应相对突出，这也说明新城区高等级游憩场点有待进一步开发，全民游憩的活动氛围有待增强。同样，在属性子系统中，人造娱乐休闲游憩场点的游憩客流等级结构有序度最高，其值为0.353 1，人文观光类游憩场点子系统和外围环城游憩带游憩场点子系统分别为0.267 3和0.174 7。不难看出，人造娱乐休闲类游憩场点的客流分布趋于集中，自然观光类游憩场点的客流趋于分散。这在一定程度上可能是由于人造主题公园的客流集聚效应，或者游憩者的游憩习惯比较集中于某些高等级游憩场点所决定的。比如苏州乐园、摩天轮公园等主题乐园就呈现出客流的巨大集聚力。当然，这种紧致的客流系统结构，整体性和协同性较好，在非均衡理论和极化效应下，有利于系统整体对外吸引力的提升。

总体来看，苏州市区游憩场点大系统的客流等级有序度较低，游憩者分布趋于分散。从三个空间子系统比较来看，新城区游憩场点游憩客流分布相对集聚，客流等级结构紧致；外围游憩带游憩场点客流分布最分散；古城区游憩场点游憩客流分布居中。和前文基于偏好评价的等级结构分异特征相比，不难看出，新城区游憩场点的游憩客流等级结构的变化，是偏好评价和游憩流量两项等级标准刻画中出现的最大区别。可见，尽管民众对新城区游憩场点的多数评价不低，但实际出游却相对集中于少数顶级游憩场点。从属性子系统来看，人造娱乐休闲游憩场点子系统的客流等级结构紧致性最高，其次为人文观光类游憩场点子系统，而自然观光类游憩场点子系统客流等级结构最松散。

为进一步考察基于游憩流量和基于场点偏好的等级结构差异性，笔者进一步算出“客流 $d(X)$—偏好 $d(X)$”的有序度差值（表 5-13），结果发现，差值全部为正，由此可以得出民众对游憩场点的偏好趋于多元分散，而实际的出游选择却是相对集中的。分析这种偏好和实际出行之间的差异，将有助于更科学、更客观地揭示游憩行为规律，也可以为城市的游憩空间开发及优化提供有益参考。这种差异性的分析，笔者将在后文的游憩映象及行为分析中给予揭示，这里先找出差异性。根据有序度差值进行排序，可以得出：空间子系统中“中环新城区游憩场点子系统 > 核心古城区游憩场点子系统 > 外围 ReBAM 游憩场点子系统”，属性子系统中“人造娱乐休闲游憩场点子系统 > 人文观光游憩场点子系统 > 自然观光游憩场点子系统”。这种差异反映了对应系统的偏好和行为差异的程度。可见，新城区游憩场点子系统和人造娱乐休闲游憩场点子系统的偏差程度较大，这和前面的分析是一致的。可见，进一步加强新城区游憩空间建设，整体提升新城区游憩场点的影响力，是苏州城市游憩空间发展中必须特别关注的问题。事实上，这个问题已经在苏州城市发展中得到了较好的验证，目前，苏州城市发展的重点主要集中于东面的工业园区，相关的城市商业、CBD 规划也向东西新城中心倾斜，目的就是要提升新城区的人气和整体吸引力。从游憩空间发展的角度来看，这种城市发展政策是有利于促进新城区游憩空间发展的，而本研究的发现为苏州城市发展提供了更具体的依据和方向。

2　等级信息维数测算结果与分析

根据上述信息维数的测算公式，以游憩流量为测算数据，对苏州市区大系统、三个空间子系统、三个属性子系统的游憩流量进行信息分维测算，得出系统等级结构的信息维数计算数据（表 5-14—表 5-20）。

表 5-14　苏州游憩场点大系统信息维数计算数据

r	2	3	4	5	6	7	8	9	10	11	12	14	16
$\ln r$	0.693 1	1.098 6	1.386 3	1.609 4	1.791 8	1.945 9	2.079 4	2.197 2	2.302 6	2.397 9	2.484 9	2.639 1	2.772 6
$I(r)$	0.164 0	0.267 4	0.352 5	0.470 5	0.506 9	0.609 9	0.636 5	0.751 4	0.798 6	0.854 3	0.893 3	0.950 5	1.002 0
r	18	20	25	30	35	40	45	50	60	70	80	90	100
$\ln r$	2.890 4	2.995 7	3.218 9	3.401 2	3.555 3	3.688 9	3.806 7	3.912 0	4.094 3	4.248 5	4.382 0	4.499 8	4.605 2
$I(r)$	1.073 2	1.145 0	1.272 7	1.462 0	1.550 1	1.601 6	1.730 5	1.784 4	1.568 5	1.687 8	2.126 1	2.215 1	2.293 6

表 5-15　核心古城区游憩场点子系统信息维数计算数据

r	2	3	4	5	6	7	8	9	10	11	12	14	16
$\ln r$	0.693 1	1.098 6	1.386 3	1.609 4	1.791 8	1.945 9	2.079 4	2.197 2	2.302 6	2.397 9	2.484 9	2.639 1	2.772 6
$I(r)$	0.158 4	0.249 9	0.396 5	0.445 2	0.535 2	0.605 5	0.653 0	0.783 9	0.793 6	0.887 4	0.983 7	1.004 1	1.057 3
r	18	20	25	30	35	40	45	50	60	70	80	90	100
$\ln r$	2.890 4	2.995 7	3.218 9	3.401 2	3.555 3	3.688 9	3.806 7	3.912 0	4.094 3	4.248 5	4.382 0	4.499 8	4.605 2
$I(r)$	1.112 0	1.177 5	1.253 4	1.465 6	1.455 9	1.549 2	1.648 1	1.664 5	1.413 5	1.482 7	1.904 5	1.967 3	2.055 3

表 5-16 中环新城区游憩场点子系统信息维数计算数据

r	2	3	4	5	6	7	8	9	10	11	12	14	16
ln$r$	0.693 1	1.098 6	1.386 3	1.609 4	1.791 8	1.945 9	2.079 4	2.197 2	2.302 6	2.397 9	2.484 9	2.639 1	2.772 6
$I(r)$	0.000 0	0.228 6	0.228 6	0.362 5	0.362 5	0.362 5	0.362 5	0.404 5	0.362 5	0.404 5	0.362 5	0.362 5	0.537 4
r	18	20	25	30	35	40	45	50	60	70	80	90	100
ln$r$	2.890 4	2.995 7	3.218 9	3.401 2	3.555 3	3.688 9	3.806 7	3.912 0	4.094 3	4.248 5	4.382 0	4.499 8	4.605 2
$I(r)$	0.627 2	0.700 0	0.814 1	0.859 4	1.025 3	1.092 1	1.193 2	1.295 2	1.009 6	1.185 6	1.609 2	1.711 8	1.769 7

表 5-17 外围环城游憩带游憩场点子系统信息维数计算数据

r	2	3	4	5	6	7	8	9	10	11	12	14	16
ln$r$	0.693 1	1.098 6	1.386 3	1.609 4	1.791 8	1.945 9	2.079 4	2.197 2	2.302 6	2.397 9	2.484 9	2.639 1	2.772 6
$I(r)$	0.257 3	0.302 8	0.302 8	0.523 6	0.490 6	0.642 9	0.609 8	0.772 8	0.872 5	0.872 5	0.872 5	0.992 6	1.005 0
r	18	20	25	30	35	40	45	50	60	70	80	90	100
ln$r$	2.890 4	2.995 7	3.218 9	3.401 2	3.555 3	3.688 9	3.806 7	3.912 0	4.094 3	4.248 5	4.382 0	4.499 8	4.605 2
$I(r)$	1.050 6	1.110 2	1.285 2	1.452 8	1.564 3	1.551 8	1.725 1	1.770 6	1.590 9	1.686 6	2.143 6	2.243 9	2.283 4

表 5-18 人文观光类游憩场点子系统信息维数计算数据

r	2	3	4	5	6	7	8	9	10	11	12	14	16
ln$r$	0.693 1	1.098 6	1.386 3	1.609 4	1.791 8	1.945 9	2.079 4	2.197 2	2.302 6	2.397 9	2.484 9	2.639 1	2.772 6
$I(r)$	0.163 0	0.257 3	0.407 9	0.542 5	0.634 3	0.790 2	0.714 2	0.909 7	0.953 0	0.959 5	1.041 9	1.073 8	1.110 5
r	18	20	25	30	35	40	45	50	60	70	80	90	100
ln$r$	2.890 4	2.995 7	3.218 9	3.401 2	3.555 3	3.688 9	3.806 7	3.912 0	4.094 3	4.248 5	4.382 0	4.499 8	4.605 2
$I(r)$	1.137 1	1.225 6	1.314 8	1.492 4	1.509 0	1.578 5	1.674 3	1.759 9	1.539 5	1.588 3	2.030 7	2.073 6	2.168 3

表 5-19 人造娱乐休闲类游憩场点子系统信息维数计算数据

r	2	3	4	5	6	7	8	9	10	11	12	14	16
ln$r$	0.693 1	1.098 6	1.386 3	1.609 4	1.791 8	1.945 9	2.079 4	2.197 2	2.302 6	2.397 9	2.484 9	2.639 1	2.772 6
$I(r)$	0.223 7	0.369 8	0.424 2	0.413 9	0.424 2	0.413 9	0.518 6	0.545 8	0.545 8	0.717 8	0.717 8	0.717 8	0.789 1
r	18	20	25	30	35	40	45	50	60	70	80	90	100
ln$r$	2.890 4	2.995 7	3.218 9	3.401 2	3.555 3	3.688 9	3.806 7	3.912 0	4.094 3	4.248 5	4.382 0	4.499 8	4.605 2
$I(r)$	0.880 8	0.880 8	1.048 1	1.190 1	1.339 3	1.339 3	1.431 6	1.475 7	1.235 7	1.301 7	1.679 4	1.825 7	1.847 9

表 5-20 自然观光类游憩场点子系统信息维数计算数据

r	2	3	4	5	6	7	8	9	10	11	12	14	16
$\ln r$	0.693 1	1.098 6	1.386 3	1.609 4	1.791 8	1.945 9	2.079 4	2.197 2	2.302 6	2.397 9	2.484 9	2.639 1	2.772 6
$I(r)$	0.000 0	0.000 0	0.000 0	0.163 0	0.163 0	0.357 6	0.357 6	0.429 3	0.515 8	0.515 8	0.515 8	0.619 0	0.773 6
r	18	20	25	30	35	40	45	50	60	70	80	90	100
$\ln r$	2.890 4	2.995 7	3.218 9	3.401 2	3.555 3	3.688 9	3.806 7	3.912 0	4.094 3	4.248 5	4.382 0	4.499 8	4.605 2
$I(r)$	0.773 6	0.926 3	1.096 1	1.229 0	1.279 6	1.400 8	1.588 4	1.621 6	1.361 0	1.515 4	1.954 6	2.117 8	2.191 3

然后根据信息维测算数据，绘制散点图，进行线性回归拟合（图 5-5，图 5-6），并通过递推方法确定无标度区间范围，运用最小二乘法原理测算得出各系统的信息维数值 D_I（表 5-21）。

从图 5-5 可以看出，苏州城市游憩场点大系统的客流等级结构分形特征比较显著，核心古城区游憩场点子系统也具有很宽的无标度区间和较好的分形特征，中环新城区游憩场点子系统游憩客流等级分布的分形特征比较紊乱，而外围环城游憩带游憩场点子系统带则相对好些。整体而言，苏州游憩场点大系统及其空间子系统范围内，游憩客流等级结构的信息分维效果较好，无标度区间非常宽，覆盖全域，说明游憩场点的游憩客流结构分形特征存在。不过需要指出的是，新城区游憩场点子系统的客流分布特征相对复杂些。从属性子系统的信息分维拟合图（图 5-6）来看，人文观光类游憩场点子系统的客流等级分形特征较突出，人造娱乐休闲游憩场点类子系统以及自然观光类游憩场点子系统也都具有较宽的无标度区间，说明其属性子系统也都具有很好的分形特征。

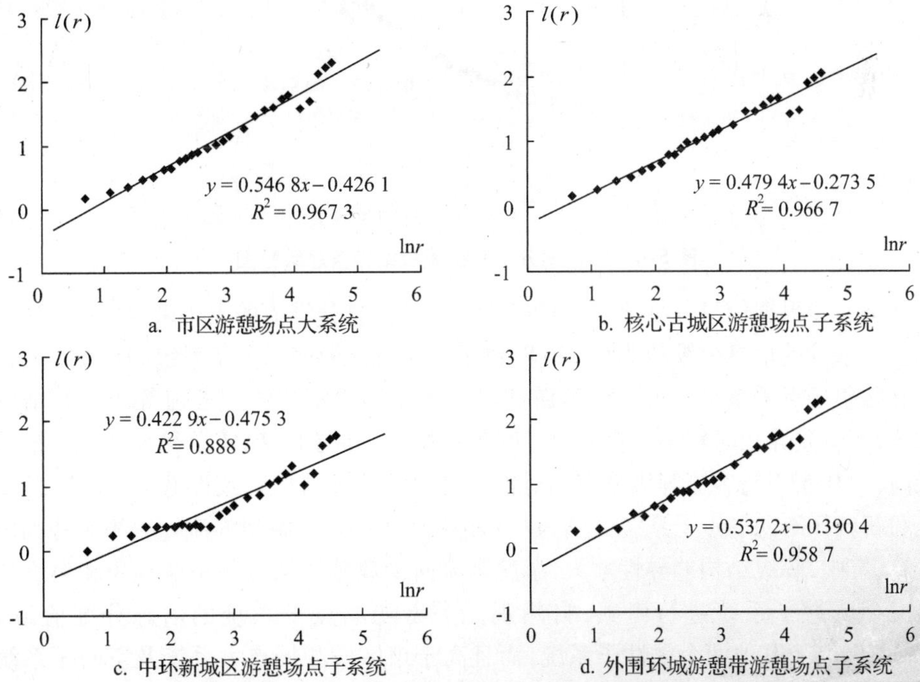

图 5-5 苏州游憩场点大系统及其空间细分子系统等级结构信息维数图

从图5-5和图5-6可以比较清晰地观察苏州游憩场点系统游憩客流等级秩序分形的偏倚性。从频率偏倚性来看，苏州市大系统的偏倚性不大，在三个空间子系统中，中环新城区游憩场点子系统的客流等级偏倚性最大，说明其分形发育相对复杂。在三个属性子系统中，人造娱乐休闲游憩场点子系统和自然观光游憩场点子系统的偏倚性相对较大，而人文观光游憩场点子系统的偏倚性不大。根据直接经验推断，中环新城区游憩场点子系统、人造娱乐休闲游憩场点子系统和自然观光游憩场点子系统内游憩客流等级结构分形特征相对复杂，可能存在分形发育层次低或分形蜕化的可能。另外，笔者在信息维测算过程中发现，随着 r 值增大，信息维的变化速率远远小于容量值的变化，说明苏州游憩场点系统的等级结构可能已经演变分化为不同层次的两个结构子系统。同样，子系统分形复杂现象也有所出现。

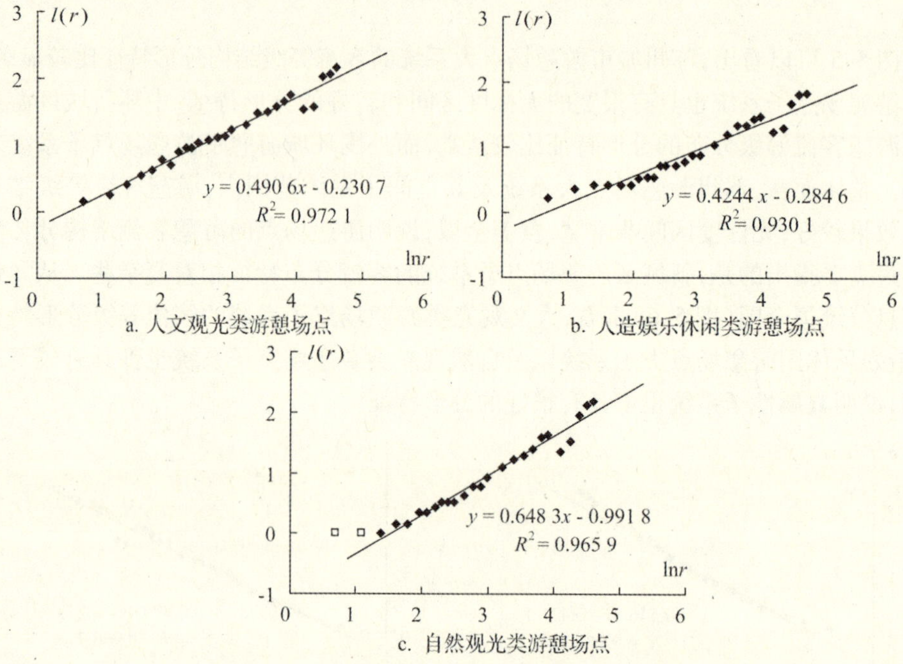

图5-6　属性细分子系统等级结构信息维数图

下面进一步根据信息分维值进行精确分析。从信息分维值的大小来看（表5-21），市区游憩场点大系统的信息分维值为0.546 8，低于自然观光游憩场点子系统的0.648 3，但高于其他所有游憩场点子系统。可见市区游憩场点大系统内部的游憩客流等级分布结构是相对分散的，等级差异相对较小。在三个空间子系统中，外围ReBAM游憩场点子系统信息分维值最高，为0.537 2，客流等级分布相对松散、均衡，等级结构紧致性低。古城区游憩场点子系统和新城区游憩场点子系统分别为0.479 4和0.422 9，游憩客流等级相对外围游憩带趋于紧致、集中，等级结构差异性增大，游憩客流向少数游憩场点集中的现象相对突出。进一步对三个属性子系统进行考察，自然观光类游憩场点子系统的信息分维值最高，为0.648 3，不但高于其他两个属性子系统，而且高于市区游憩场点大系统及空间子系统。说明自然观光类游憩场点之间的游憩客流分散化特征突出，其等级结构最均衡、整体集聚性效果最弱。人文观光游憩场点子系统和人造娱乐休闲游憩场点子系统分别为0.490 6和

0.424 4，游憩客流等级结构比自然观光游憩场点子系统更紧致些，人造娱乐休闲游憩场点子系统的信息分维值最低，说明其等级结构最紧致，客流向少数高等级游憩场点集聚的现象比较突出。总体来看，信息分维值所表现出来的等级结构分形特征和前文有序度指标所得出的结论是一致的。

进一步考察基于游憩客流量和基于场点偏好的等级结构信息分维差异性，算出二者之间的差值（表5-21），发现除自然观光游憩场点子系统和外围 ReBAM 游憩场点子系统的差值为正外，其他游憩场点子系统的差值均为负。根据信息分维的定义可知，信息分维值变大，表明区域内各游憩场点的游憩客流分配趋于均衡、分散，这在一定程度上有利于降低热点游憩场点的压力，但在极化效应弱化的同时，系统整体吸引力的增强和集聚自组织能力同样会被弱化。信息分维差值为负，表明信息分维变小，客流分配的等级结构趋于集中；信息分维差值为正，则表明信息分维值变大，等级结构趋于均衡。由此可知，自然观光游憩场点子系统和外围 ReBAM 游憩场点子系统的客流分布等级结构比偏好倾向等级结构更均衡，即民众对一些游憩场点看好，但会去更多的游憩场点旅行休憩。而其他游憩场点的信息分维差值为负，表明民众对一些游憩场点看好，但并不会去所有这些游憩场点，仅会选择其中的部分游憩场点出游。必须注意的是，国民休闲大多会选择偏好评价较高的游憩场点，但偏好评价并非唯一决定因素，国外学者研究表明，人们还会受到一些不可预测因素的影响而临时改变出游计划。苏州自然观光类游憩场点的客流分布值得注意，人们对自然观光类游憩场点的偏好范围不大，但是出游选择的范围却是很大，这说明对于自然观光类游憩场点，游憩者的选择行为表现得非常灵活，通常会选择一般的自然观光类游憩场点休憩。另外值得注意的便是核心古城区游憩场点子系统和人造娱乐休闲类游憩场点子系统的负差值较大，分别为 -0.233 2 和 -0.231 8，说明相对偏好比较均衡的等级结构而言，客流的实际流向却是不均衡的、在某些游憩场点趋于集中的，民众虽然对一些游憩场点评价不低，但通常不会选择其作为游憩活动地，这也说明古城区游憩场点和人造娱乐休闲游憩场点的客流调控仍然有很大的潜力。而实际情况也是如此，以苏州古典园林为例，尽管古城区数量众多的古典园林的整体质量都较高，受到的评价也都不低，但是游憩者流向却表现为在拙政园等知名度高的游憩场所高度集中，而其他知名度一般的园林，其游憩人数却是非常稀少，特别是在节假日或旅游旺季，拙政园等园林通常面临着较大的客流疏导压力。

总体而言，信息分维所刻画的游憩流等级结构分形特征和前文系统有序度的测算结论是保持一致的。

表 5-21　苏州城市游憩场点系统等级结构信息维数

系统名称		市区大系统	核心古城区子系统	中环新城区子系统	外围 ReBAM 子系统	人文观光子系统	人造娱乐休闲子系统	自然观光子系统
基于客流	D_I	0.546 8	0.479 4	0.422 9	0.537 2	0.490 6	0.424 4	0.648 3
	R^2	0.967 3	0.966 7	0.888 5	0.958 7	0.972 1	0.930 1	0.965 9
基于偏好	D_I	0.719 5	0.712 6	0.513 3	0.534	0.632 6	0.656 2	0.253 8
	R^2	0.994 5	0.986 8	0.975 6	0.974 1	0.984 5	0.993	0.945
客流 D_I -偏好 D_I		-0.172 7	-0.233 2	-0.090 4	0.003 2	-0.142	-0.231 8	0.394 5

3 等级 Zipf 维数的测算结果与分析

根据上述 Zipf 维数的测算公式，对苏州市区游憩场点大系统、三个空间子系统和三个属性子系统的实际游憩客流量进行排序、计算，绘制出系统等级结构位序—分值的双对数图（图 5-7，图 5-8），最终获取游憩场点系统的等级结构 Zipf 分维值 D（表 5-22）。

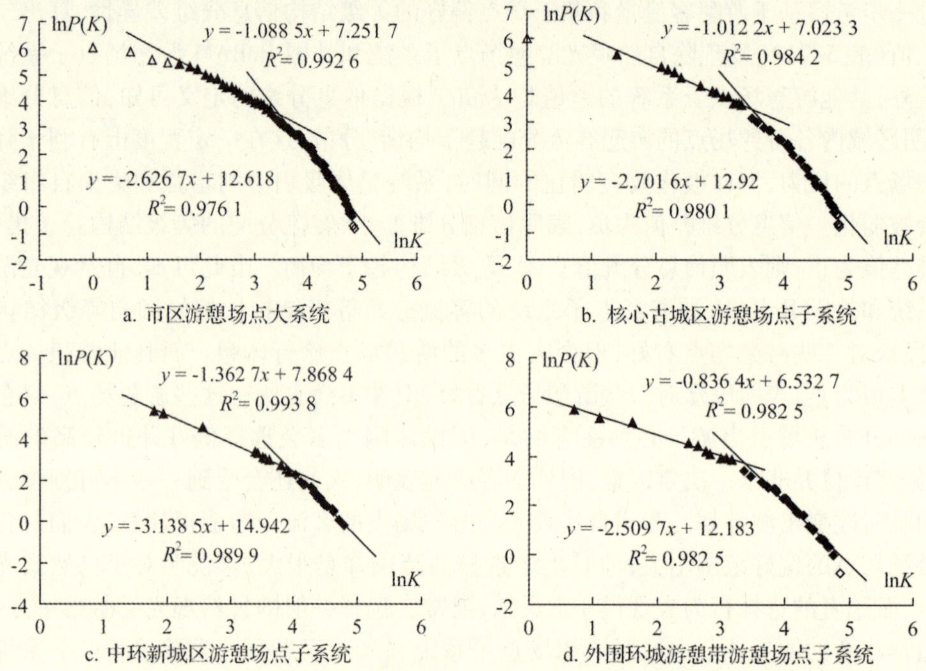

图 5-7 苏州市游憩场点大系统及其空间细分子系统 Zipf 分维双对数图

从图 5-7 和图 5-8 可以看出，苏州游憩场点系统的双对数拟合图大多出现了两个无标度区，具有比较明显的双分形特性。这和前文信息维数偏倚性所预示的多分形趋势是一致的。相关研究结果表明，对于具有分形性质的地理现象，如果点列在双对数坐标图上为直线分布，则是单分形；如果形成两个直线段，则被视为双分形（Bi-fractals）。复杂系统往往经历着局部分形—单分形—局部分形的循环蜕变，继而向双分形甚至更复杂的多分形不断发展演进的过程。多分维谱是刻画多分形结构的有效工具，而对于双分形而言，其实质相当于多分维谱的简化二维谱系，结构相对简单，和单分形结构一样可以在 Zipf 双对数图上展开分析。图 5-7 显示，市区游憩场点大系统的双分形等级结构最清晰，古城区游憩场点子系统和市区游憩场点大系统非常接近，结构分化也十分清晰，而其他两个子系统则相对较差，新城区游憩场点最不清晰，但依然可以勾画出其态势线。总体来看，三个空间子系统和大系统的双分形态势存在明显的趋同性，说明苏州游憩场点系统的双分形结构正在不断趋向成熟。同样，从图 5-8 可以看出，人文观光类游憩场点子系统具有相对清晰的双分形区段；人造娱乐类游憩场点子系统的双分形区段已经蜕化得相对模糊，但依然可以描绘出双分形态势区段；而自然观光类游憩场点则直接表现为单分形，基本不存在双分形态势，自然观光类游憩场点子系统分形结构相对单一。

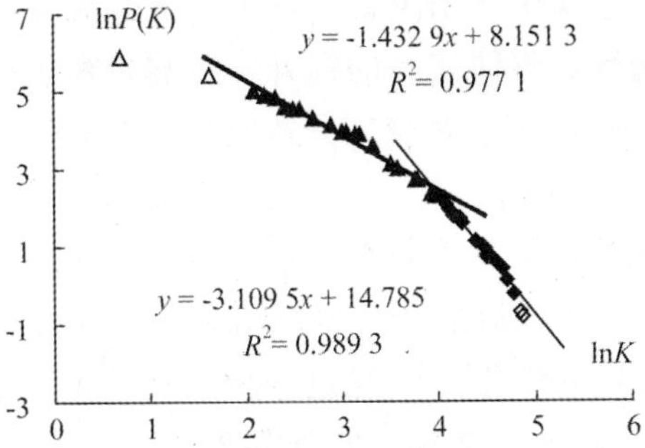

a. 人文观光类游憩场点

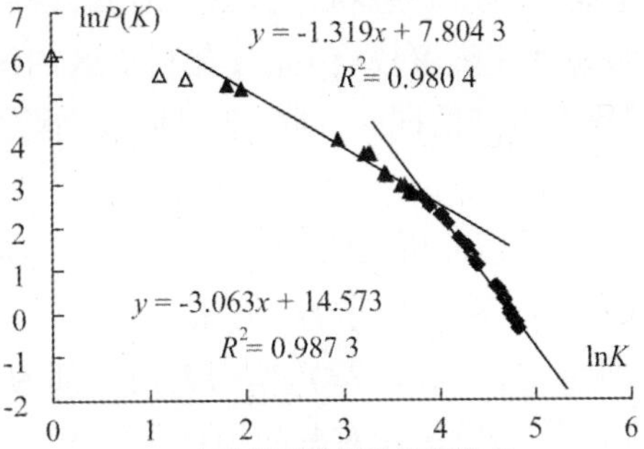

b. 人造娱乐休闲类游憩场点

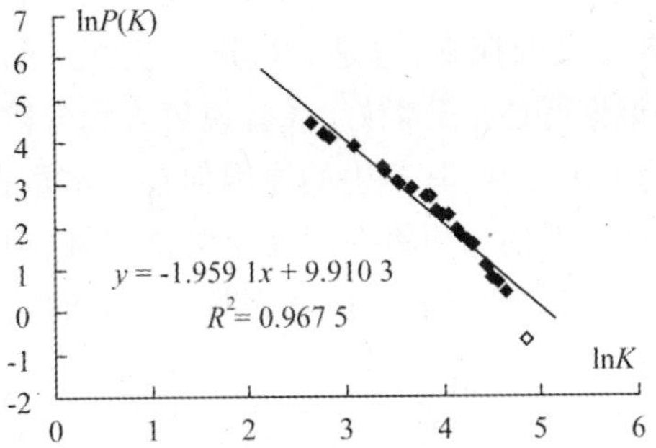

c. 自然观光类游憩场点

图 5-8 游憩场点属性细分子系统 Zipf 分维图

双分形现象的出现说明苏州游憩客流等级正逐步发展蜕变为两个等级结构子系统。鉴于此，本研究尝试利用 Zipf 分维值 D 对两个等级结构子系统的发育状况分别进行刻画，把高评价分值、高等级游憩场点子系统界定为 Line1 系，低评价分值、低等级游憩场点子系统视为 Line2 系。从表 5-22 可以看出，高等级 Line1 系中，市区大系统、古城区子系统和外围环城游憩带子系统游憩流等级 Zipf 分维值分别为 0.911 9、0.972 4 和 1.174 6，在 1 附近徘徊，说明它们的游憩流分布相对均衡，但区内整体的集聚效应弱化，不利于区内整体游憩吸引力的提升。其他子系统的 Zipf 分维值均小于 1，客流分布趋于集聚。其中，自然观光游憩场点子系统的分维值最低，其值为 0.493 9。说明高等级自然观光游憩场点呈现出较强的客流集聚特性。在低等级 Line2 系中，游憩场点游憩流等级分维值都处于 0.3～0.4 之间，结构均很紧致，且差距不明显。其中，大系统和外围游憩带的分维值 D 较高，结构相对均衡。其他子系统在低等级 Line2 系中表现为较为紧致的游憩流等级结构。为进一步考察各系统总体的分维趋势，笔者采取加权求和的处理方法，即将高、低两个等级结构模式的分维分别乘以它们在各自系统中的比重 f_1、f_2，即利用公式基于客流 $D_Z = f_1D_1 + f_2D_2$ 进行计算，最终得出各系统的总分维 D_Z（表 5-22），用作 Zipf 分维比较的最终判断依据。结果显示，苏州游憩场点游憩客流等级 Zipf 分维值均处于 0.4～0.6 之间，整体上结构趋于紧致，游憩流分布不均衡，在少数场点集聚的特征比较突出。在三个空间子系统中，外围游憩带游憩场点子系统 Zipf 分维值最高，为 0.582 5，其次为古城区游憩场点子系统的 0.548 3，而新城区游憩场点子系统最低，说明新城区游憩流分布不均衡、集聚特征突出，而外围游憩带游憩客流等级分布最均匀，古城区游憩场点子系统居中。属性子系统中，自然观光游憩场点子系统游憩流等级分维值最高，为 0.493 9，说明客流分布最均匀。人文观光游憩场点子系统居中，人造娱乐休闲游憩场点子系统最低，说明人造娱乐休闲游憩场点子系统客流分布趋于集中，游憩客流集聚效应突出，有利于区内游憩场点整体实力的提升。但游憩客流在高级别游憩场点集聚的同时，同样会对低级别游憩场点的游憩客流集聚造成一定阴影效应或阻滞作用。

Zipf 分维值分析表明，苏州游憩场点客流集聚的均衡度较差。这种结论和前文基于偏好的游憩场点等级 Zipf 分维值相差较大。计算基于客流的 Zipf 分维值和基于偏好评价的 Zipf 分维值之差（表 5-22），所得差值全部为负，且绝对值较大，这进一步证实了前面分析所得出的结论：尽管民众对游憩场点评价等级趋于均衡，游憩场点的等级差异性小，但是在现实的出游行为中，游憩者却呈现出在少数游憩场点高度集聚的特征。研究这种偏好和行为之间的显著差异，是非常有意义的探索，也是有待进一步深入的话题。这里有几个问题必须弄清楚：其一，游憩者是集聚好还是分散好，或者说集聚和分散在什么样的比例杠杆上是最优的？其二，偏好和行为的不一致，其产生的原因何在？本章在此得出了以上结论，至于更深层次的原因探索或数理机制的分析将在后文中尝试展开，但毕竟有些问题目前是笔者难以回答的，而至少有一点是可以肯定的，那便是带着以上的问题去探索城市游憩空间的开发优化是很有裨益的。

表 5-22　苏州城市游憩场点系统等级结构 Zipf 分维值

系统名称		市区大系统	核心古城区子系统	中环新城区子系统	外围 ReBAM 子系统	人文观光子系统	人造娱乐休闲子系统	自然观光子系统
Line1	D_1	0.911 9	0.972 4	0.729 3	1.174 6	0.681 9	0.743 4	0.493 9
	R_1^2	0.992 6	0.984 2	0.993 8	0.982 5	0.977 1	0.980 4	0.967 5
Line2	D_2	0.371 6	0.362 8	0.315 4	0.391 5	0.318 2	0.322 3	—
	R_2^2	0.976 1	0.980 1	0.989 9	0.982 5	0.989 3	0.987 3	—
基于客流 D_Z		0.478 8	0.548 3	0.453 4	0.582 5	0.473 0	0.436 3	0.493 9
基于偏好 D_Z		1.495 6	1.665 2	1.393 8	1.027 3	1.862 1	1.048 5	0.653 7
客流 D_Z - 偏好 D_Z		-1.016 8	-1.116 9	-0.940 4	-0.444 8	-1.389 1	-0.612 2	-0.159 8

最后需要强调的是，运用 Zipf 分维值、信息分维数和有序度三种方法手段所得出的结论是非常一致的（表 5-23），说明本研究方法论的选择具有科学性、可行性，所得出的结论是可靠的、有参考价值的。

表 5-23　基于游憩流量的苏州城市游憩场点系统等级结构分维比较

等级指数	市区大系统	空间子系统			属性子系统		
		核心古城区	中环新城区	外围 ReBAM	人文观光	人造娱乐休闲	自然观光
有序度	0.239 4	0.298 8	0.337 2	0.287 1	0.267 3	0.353 1	0.174 7
信息分维	0.546 8	0.479 4	0.422 9	0.537 2	0.490 6	0.424 4	0.648 3
Zipf 分维	0.478 8	0.548 3	0.453 4	0.582 5	0.473 0	0.436 3	0.493 9

第五节 本章基本结论

第一，运用系统有序度、信息分维数和 Zipf 分维值三种方法，以游憩场点的偏好评价分值和游憩场点的实际游憩流量为等级划分的基本依据，对城市游憩场点系统的等级结构进行了系统刻画，三种方法所得出的结论是完全一致的。研究结论初步证实了具有城乡二元复合结构、融自然与人文于一体、较旅游资源系统范畴更宽泛的城市游憩场点系统，其等级结构是具有分形特性的。分形几何方法为当前我国快速城市化背景下的城市和谐空间的规划建设提供了比较理想的分析或评价工具。

第二，各分维指标均具有较强的结构解析能力，可以准确地刻画各城市游憩场点系统的等级结构及其分异。同时，也为游憩场点系统等级结构的优化调控提供了优化指标或优化判定的标准。结合本案例地的实际，可以得出了比较具体的优化途径或模式：苏州游憩场点系统整体上应以增强各子系统自组织能力为重点；古城区游憩场点子系统结构优化的具体途径是一种以优化整合、提升精品为重点的优化模式，新城区游憩场点子系统是一种普通开发与品牌营造并举的优化模式，环城游憩带游憩场点则是一种以品牌开发和客流调控为侧重点的优化模式。

第三，从空间角度来看，苏州城市游憩场点的等级结构呈现出一种核心松散—外围紧致的结构递变趋势，自组织能力的离心化现象比较突出。这种结构分布模式，与游憩需求结构层次的多元且比例相对均衡的基本特征是一致的，是一种相对成熟的游憩场点系统结构分布模式，也与苏州游憩空间发展的现状相符。因此，该模式具有一定的代表性和推广价值：一方面，可用于游憩场点系统发展水平的评价；同时也说明，成熟型城市游憩场点系统通常具有较大的自组织能力提升压力。

第四，从属性角度来看，苏州城市游憩场点中自然观光游憩场点子系统游憩流分维值最高，等级结构最均衡，游憩客流分布最均匀；而人造娱乐休闲游憩场点子系统分维值最低，游憩客流分布趋于集中，游憩客流集聚效应突出，有利于区内整体实力的提升，但游憩客流在高级别游憩场点集聚的同时，同样会对低级别游憩场点的游憩客流集聚造成一定阴影效应或阻滞作用。人文观光游憩场点子系统的客流等级结构则处于二者之间。

第五，基于偏好评价和基于游憩流量的游憩场点等级结构分形特性差异较大。基于游憩流量的等级结构的紧致性很高，游憩客流在少数高级别游憩场点集聚的现象突出，而民众对游憩场点的偏好评价却呈现出比较均衡的等级结构，游憩偏好的分散性和现实游憩流量的突出集聚特征之间存在较大差异，这种差异性和门票价格、拥挤程度等因素有关，也告诫我们在城市游憩空间开发与研究过程中，必须重视对游憩者行为心理的分析。

第六，与以往的研究成果对比发现，城市游憩场点系统和旅游景点系统的等级结构分形特性存在较大差异：旅游景点系统的等级结构紧致性通常相对较好，且呈现出与游憩场点系统不同的结构递变趋势，即为核心紧致—外围松散。这种分形差异的出现与旅游和游憩二者本身性质的差别是一致的。也从系统分形的角度证实了旅游仅仅是游憩的一种特殊方式，在市区范围内，城市游憩对城市空间发展的影响远远大于城市旅游。和谐城市规划建设也应以城市游憩场点系统的开发为重点。

第七，本章内容主要通过测算三个分形指标，论证了城市游憩场点系统等级结构的分形特性，多角度揭示了游憩场点等级分布的几何、代数结构。而根据这些分形指标的控制参量，寻找系统演化的最终趋势——奇异吸引子，并在有效约束条件下，构建系统演化的动力学方程，则是有待进一步研究的课题。

第六章
复杂交通网络对城市游憩空间支撑效率的分形透视

第一节 交通网络分形方法与数据处理

苏州是坐落在我国富饶江南水乡大地上的一座拥有 2 500 年历史的文化名城,密布的绿色河网和便捷的青色陆网交相辉映,串联着粉墙黛瓦、园林名胜、青山大湖、乡野绿地,形成苏州独具特色的水陆双行的城市游憩交通网络。最新的 2008 年苏州城市总体规划中规划确定了苏州市区规划范围,并将市区交通区分出高速公路、国道省道、城市快速路、城市主干道等类别。考虑到高速公路的主要交通功能在于远距离客流运输,相对市区内部的游憩流迁移而言,其交通运输意义不大,因此,本研究不将高速公路列入城市游憩交通网络范围之内。虽然国道省道也主要服务于远距离客流运输,但笔者通过实地考察苏州境内国道省道的重要交通枢纽作用,以及其在市域游憩流交通运输中所发挥的不可替代的重要作用,同时也考虑到其对于苏州以往中短途游憩客流的疏导作用,故本研究将国道省道列入了苏州游憩交通范围。城市快速路和城市主干道对市域交通的主导功能不言而喻,它们也是城市游憩交通网络的主要构成部分。苏州河网水系密布,本章探索苏州市水上旅游规划中的发展方向,将主干河流、节点湖泊、主干支流等在苏州游憩发展中具有重要地位或发展潜力的河流都纳入分析范围,同时,所选择的水系湖泊与苏州市旅游交通地图范围也是一致的。

对于苏州水陆游憩交通网络数据的搜集或绘制,主要采取 ArcGIS 空间分析软件,通过对所选的 2008 年苏州城市总体规划中的交通规划图和 2008 年苏州旅游交通地图进行配置、数字化,得出苏州水陆游憩交通网络图(图 6-1),将其作为游憩交通网络分形分析的基本对象。然后对游憩交通网的长度—半径维数进行分析,通过测算以观前街为圆心、以 1km、2km、3km…38km 为半径的圆所分别覆盖的交通网络的长度,结合制图软件,借助编写 MapBasic 语言程序,从而得到所需结果。

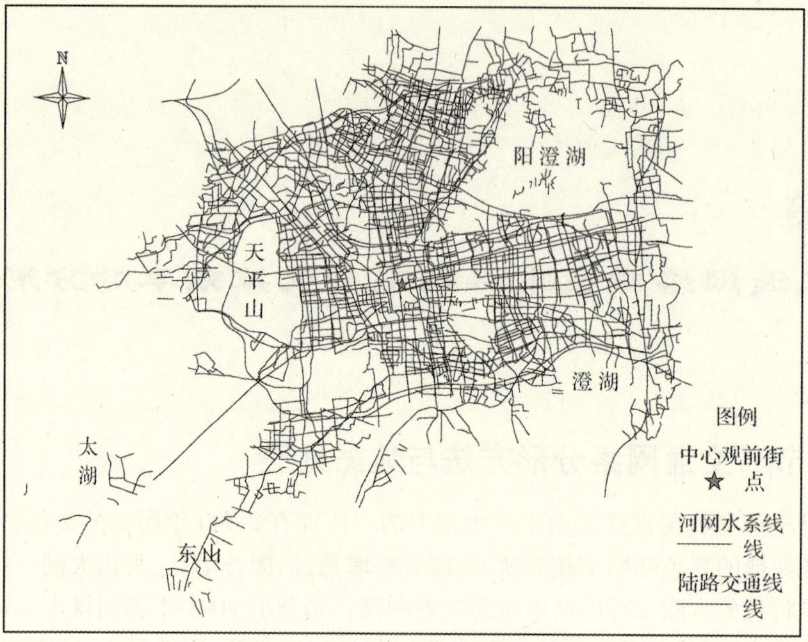

图 6-1　苏州水陆游憩交通网

择水而居是人的天性，同样，城市的发展通常都离不开水系的支持。国内外很多大城市的发展都与水有着不解之缘。分形学就是在观察海岸线形态的过程中产生的，众多的研究都表明，水系具有分形特性，城市体系与水系的分形也存在一定的相似性[113]。人性好水（游憩或宜居为主），但人毕竟是陆生的，城市陆路交通发展的意义不言而喻。不少研究成果表明，城市陆路交通网络也是具有自相似分形特性的[114, 322－324]。总而言之，城市水陆交通网络奠定了城市游憩系统的基本框架，是城市游憩系统要素空间关联作用的中枢纽带。城市区域交通网络评价的常用指标有路网密度、连通度、通达深度、路网闭合度、什贝尔指数等，但这些评价指标无法精确刻画路网形态的空间分布[325]，更无法揭示、反映路网发展演变的自相似本质。分形方法的应用为研究城市水陆游憩交通网络提供了理想工具。鉴于此，本研究将选用长度—半径维数分析城市水陆游憩交通网络系统通达性，揭示水陆交通对游憩场点系统空间组织优化的支撑作用或组织效率。

交通网络长度—半径维数的测算，其基本模型[326]为：考虑一个面积为 S 的区域，如果其中的交通网络是分形的，则交通网络的总长度 $L(S)$ 与区域面积之间应有关系：

$$L(S)^{\frac{1}{D}} \propto S^{\frac{1}{2}}$$

当区域取圆形时，因 $S=r^2$，则可化为：

$$L(r) = L_1 r^D$$

此式中 r 为区域半径，$L(S)$ 为半径为 r 的地域范围内的网络总长度，L_1 为常系数，D 为分维，因为由网络长度与区域半径关系定义，故称之为长度—半径维数，简称“长度维数”，和前文的聚集维数一样，属于半径维数的范畴。

长度维数反映交通网络分布密度从测算中心（一般是交通枢纽）向周边区域的变化情况，D 值越高，表明网络密度从中心向周边下降得越慢乃至上升。对上面等式求导变换，可得网络密度的空间衰减公式：

$$\rho(r) \propto r^{D-d}$$

此式中 d 为欧氏维数。因此，当 $D<2$ 时，交通网络密度从测算中心向周围地域递减；当 $D=2$ 时，密度从测算中心向周围地带呈均匀变化；当 $D>2$ 时，则从测算中心向周围地带递增。假定测算中心是城市交通枢纽点，则当分维 D 值较高，且前式中的系数 L_1 较大时，意味着城市区域内部的交通通达性较好，交通网络的发育已比较完善。

长度维数的具体测算方法是以中心游憩场点（如城市中心 RBD）或城市游憩交通枢纽为测算中心，选取适当的半径 r，计算每个半径范围内的交通网络总长度 $L(r)$。改变 r 可得不同的 $L(r)$，将点列 $(r, L(r))$ 绘成双对数坐标图，如果点列呈对数线性分布，或者曲线上存在无标度区（Non-scaling Range），则交通网络的密度分布是分形的，线性回归的斜率即分维 D 的值。

第二节 水陆交通网络长度—半径维数刻画结果与分析

交通道路网络影响着游憩流通达性及整个游憩场点系统的运营质量，也是城市游憩场点系统空间结构优化的组织纽带和背景框架。分析交通道路网络分形及其与游憩场点系统分形的空间联系，可以有效引导游憩场点系统的空间结构优化。结合苏州城市游憩的实际情况及 2008 年的城市交通规划，分别将国道省道、城市快速路、城市主干道、水系交通网进行数字化，绘制在苏州城市游憩交通图上（图 6-1），并结合 MapBasic 语言，获得三种陆路交通和水系交通的空间数据。根据前文交通网络半径维数的计算公式，以全市的中心游憩场点观前街为测算中心，在半径 38km 范围内测算国道省道、城市快速路、城市主干道、河网水系的交通里程，获得测算其空间结构半径维数的基础数据（表 6-1），进而把点对 $(r, L(r))$ 绘成双对数坐标图（图 6-2），利用最小二乘法得到其空间结构长度—半径维数值（表 6-2）。

表 6-1 苏州市交通道路网络空间结构长度—半径维数测算数据（单位：km）

r	2	4	6	8	10	12	14	16	18	20
国道省道	0.0	0.0	0.0	0.0	0.0	7.7	17.3	22.1	26.7	30.7
城市快速路	0.0	14.7	36.1	56.6	107.8	138.1	161.6	181.6	210.8	228.7
城市主干道	7.2	41.9	115.7	208.6	295.8	395.5	501.8	627.7	723.3	830.8
综合陆路交通	7.2	56.6	151.9	265.2	403.6	541.3	680.6	831.5	960.8	1 090.2
河湖水路交通	62.6	149.8	227.2	359.2	456.2	605.5	786.9	909.4	1 047.0	1 185.7

r	22	24	26	28	30	32	34	36	38
国道省道	34.3	56.3	63.6	74.4	80.2	82.1	84.2	84.2	84.2
城市快速路	248.8	258.6	262.0	265.6	268.2	268.6	268.6	268.6	268.6
城市主干道	925.5	990.2	1 025.4	1 045.7	1 053.9	1 056.4	1 058.7	1 060.5	1 061.1
综合陆路交通	1 208.6	1 305.1	1 351.0	1 385.7	1 402.4	1 407.1	1 411.5	1 413.3	1 413.9
河湖水路交通	1 308.2	1 398.0	1 472.3	1 563.5	1 630.4	1 661.2	1 678.0	1 690.2	1 693.7

从图 6-2 可以看出，除国道省道外，苏州市交通道路网络整体上呈现出比较明显的分形特性。国内省道的无标度区间较窄，且结构出现破碎，这主要是因为国道省道主要承担着宏观区域交通调配功能，而本研究是从较小的市区范围内加以考虑，能够出现一定无标度区间已经具有较好的分形解释能力，也说明它对于苏州陆路交通网络理应具有正效应，将其纳入整个陆路交通体系后，应该有助于更全面地反映苏州陆路交通网络特征。城市快速路和城市主干道的无标度区间都较宽，分形结构都很简单，而就测算样本的频率偏倚性而言，城市主干道比城市快速路更小，说明在三种交通类型中，城市主干道的分形结构最简单，自组织优化趋势最显著，空间结构最优良；城市快速路次之，国道省道最差（图 6-2 f）。由三种交通共同组成的综合陆路交通系统的分形特性和城市主干道非常接近，说明苏州市交通网络的整体分形特征较好，结构较佳，自组织能力较强。从水系交通来看（图 6-2 e），其无标度区间比综合陆路交通更宽泛，频率偏倚性更小，说明苏州河网水系具有非常规则的分形特征，整体结构好，自组织能力强，对游憩发展的支撑作用显著。以往人们对苏州水系的印象是河网密布，此时分形研究的结论则进一步证实苏州河网水系已具有较好的结构和较强的自组织能力。

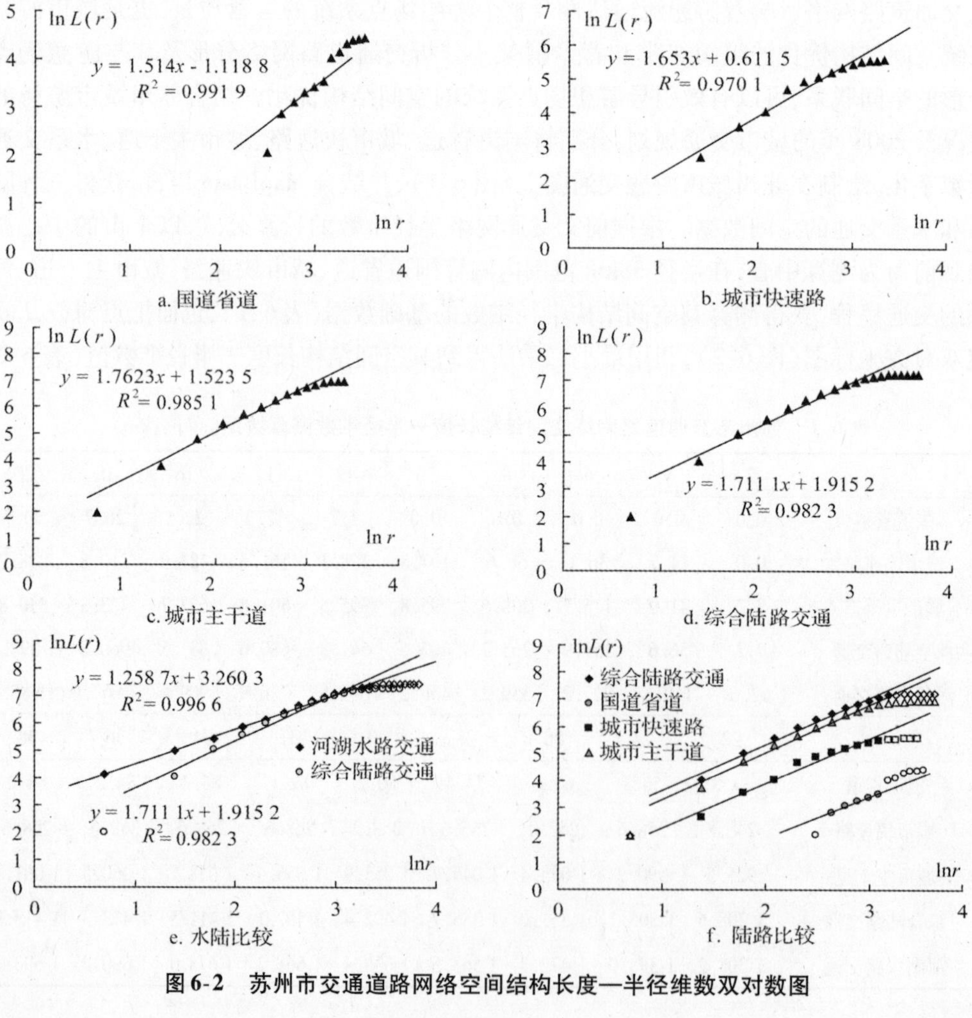

图 6-2　苏州市交通道路网络空间结构长度—半径维数双对数图

从表 6-2 可知，苏州综合陆路交通道路网络的空间结构长度—半径维数值为 1.711 1，相对较高。从不同交通类型来看，城市主干道分维值为 1.762 3，其值最高；城市快速路次之；国道省道最低，为 1.514。陆路交通的各分维值都在 1.5 ～2 之间，相对测算中心而言，呈现一种弱密度递减，测算中心观前街有一定的交通中心吸引力，但同时道路在规划区内的均衡性也较好。各系统的 L_1 值有较大差别，其中国内省道的非常小，为 0.329 3；城市快速路的稍大点，但仍远小于 4；城市主干道在各类道路系统中 L_1 值最高，且大于 4；而综合起来的综合陆路交通系统 L_1 值则明显接近于各分类系统值之和。采用差值逼近的方法考察游憩疏导功能，在较小尺度范围内，一般当 $D \to 1.5$ 且 $L_1 > 4$ 时，可认为系统空间结构是比较优良的。由此可知，国道省道在 14 ～22km 较小半径范围内密度衰减相对较快，而观前街的中心集聚能力则相对突出，对于外来游憩流的交通入口而言，其集聚功能表现优良，而对于市内游憩流的疏导则相对次之；城市快速路的也在 4 ～22km 的较大区间范围内呈现出较快的递减速度和较强的向心性，其对于市内游憩流的疏导作用较明显；而城市主干道作为城市陆路交通体系的主导要素，在 4 ～22km 较大尺度范围内呈现出一种均衡度较高的优良结构，通达性程度很高且结构紧致优良。最后，从整个综合陆路交通网络来看，其在 4 ～24km 的大尺度范围内，均衡化程度较高，结构已经非常优良，其综合交通体系的综合优势显露无遗。另外，由于苏州地处江南水乡核心腹地，太湖、阳澄湖等河流湖泊众多，除掉大面积水域面积对陆路交通的影响，实际上，苏州综合陆路交通的分布将会更均衡，通达性更好些。最后，来分析河网水系分形特征，不难看出其半径集聚维数值为 $1.258\,7 \to 1.5$，且 L_1 值为 26.146 3，远远大于 4，可见苏州河网水系结构非常优良，水系的可达性或通达度很高，有利于苏州游憩空间的优化调控。

表 6-2　苏州休闲交通网络空间结构长度—半径维数值

交通类型	国道省道	城市快速路	城市主干道	综合陆路交通	河网水系交通
r/km	14 ~ 22	4 ~ 22	4 ~ 22	4 ~ 24	2 ~ 28
D	1.514	1.653	1.762 3	1.711 1	1.258 7
R^2	0.991 9	0.970 1	0.985 1	0.982 3	0.996 6
L_1	0.329 3	1.900 0	4.657 7	6.910 6	26.146 3

主要研究发现：其一，在城市区域范围内，无论是人造陆路交通网络，还是具有较强自然特色的水系网络，都是具有分形特性的。

其二，长度—半径维数较好地刻画了交通网络从城市中心向外围的递变趋势，较好地反映城市交通网络的结构优劣及结构分异，并可以为城市交通网络发展提供比较科学的标准或优化指标。

其三，半径分形维数不同于传统的路网密度、连通度、通达深度、路网闭合度、什贝尔指数等指数，二者存在后现代数学和现代数学的本质差异，但两类方法论指数的比较分析有助于全面认识城市游憩交通网络特征。

其四，苏州水路交通网显示出很好的自组织优化结构，在当前苏州打造"东方水城"水上旅游发展新时代的今天，加强对游憩者特别是本地居民游憩行为规律的探索，事关滨水游憩空间发展的成败。

最后,苏州游憩场点系统已经呈现出多分形发展态势,综合考虑游憩交通网络与游憩场点系统的分形结构的关联演变,有助于深入刻画苏州游憩空间系统的结构特征及其演变规律。另外,通过分析分形指标的控制参量,寻找系统演化的最终趋势——奇异吸引子,并在有效约束条件下,构建系统演化的动力学方程,或借助 Multi-agent 和元胞自动机对苏州游憩空间系统结构优化及演变进行计算机模拟刻画也是后续研究的重要内容。

第三节　交通网络对游憩空间的支撑效率分析

前文利用多种不同的分形维数刻画描述了城市游憩场点系统和城市游憩交通网络的结构特征,分析结果显示苏州城市游憩场点系统及其交通支持系统均具有分形特性,分形维数可以精确刻画城市游憩空间系统的内部结构分异,也可为城市游憩空间系统结构的优化调控提供指标或判定标准。为进一步揭示基于分形视野的城市游憩空间系统结构分形优化模式,有必要进一步探索各分维指标之间所隐含的结构关系。前文已经对不同空间分维和不同等级分维的内部关系进行了比较深入的分析,下面着重从集聚分维的角度,分析交通网络对游憩场点系统的支撑作用和组织效率,为城市游憩空间系统优化探索分形学的分析范式和依据。

在游憩系统中,交通是服务的支持系统,是城市游憩场点组织优化的中枢纽带。传统方法通常采用基于交通距离长度的通达度作为衡量游憩场点之间连通性的指标。分形维数中的游憩场点系统的空间关联维数刻画,其实质是对传统距离指标的进一步科学化。其中的距离指标可以分为乌鸦距离(Crow Distance,即欧氏距离)和乳牛距离(Cow Distance),最终可以分别算出以游憩场点为节点的交通网络的关联维数,并可进一步算出牛、鸦维数比,来说明游憩场点之间交通网络通达性的好坏。前文对游憩场点空间关联维数分析的结论已经很好地解释了城市游憩场点系统的空间结构。除掉点—点交通关联性分析之外,交通长度从中心向外围的递变分形特征,即交通的长度—半径维数,则从分形学的视角揭示了交通网络分布的均衡性,尤其是向心性和集聚性。与之相对应的,游憩场点的分布也可以用随机聚集维数进行刻画,它反映了游憩场点个数随半径增长所呈现出来的递变规律;交通半径维数反映了道路长度从测算中心向外围随着半径增长而呈现出来的递变规律,二者均属于广义半径维数范畴,通过比较半径维数可以考察两个系统之间的空间耦合关系。从自组织演化的角度来看,游憩场点和游憩交通是一对互动关联系统,两个系统之间必然存在某些数理关系,半径分维为揭示二者之间的空间耦合关系提供了一个非线性自组织科学依据。

为确定交通集聚维数和场点集聚维数具有可比性,首先必须寻找二者共同的分维半径区间。然后,通过比较共同分形区段内的半径集聚维数的大小与差值,来揭示交通对游憩场点发展的支撑能力和组织效率。从表 6-3 可知,4 ~ 24km 半径范围是苏州陆路交通的分形区段,另外,城市游憩场点系统在 2.8 ~ 48.8km 区段内分形,河网水系交通在 2 ~ 28km 半径范围内分形。由此可以推出,陆路交通和游憩场点的公共分形区段为 4 ~ 24km,在此区段内，陆路交通分维值为1.711 1，远大于游憩场点的集聚维数值0.397 6，说明游憩场点系统的分形发育得到交通网络分形体的很好支撑；交通网络对游憩场点系统的组织效率很高。水路交通与游憩场点的公共分形区段为2.8～28km，在此区段内，水路交通分形维数为1.258 7，也高于游憩场点的0.397 6，水路交通对苏州游憩场点的发展同样具有很强的支撑能力。总体来看，苏州水陆交通网络对苏州游憩场点的支撑能力较强，有利于苏州游憩场点系统的优化调控。

表6-3　交通网络与游憩场点系统空间耦合的半径维数判断依据

陆路交通网络长度—半径维数				游憩场点系统随机聚集维数				河网水系网络长度—半径维数			
r/km	D	R^2	L_1	r/km	R_N	D	R^2	r/km	D	R^2	L_1
4～24	1.711 1	0.982 3	5.789 9	2.8～48.8	1.55～18.51	0.397 6	0.996 8	2～28	1.258 7	0.996 6	26.146 3

前面分析了综合交通对全体游憩场点的支撑效率，进一步考察系统要素子系统之间的耦合关系，有助于更全面、更准确地揭示系统结构分异特征。将苏州城市游憩场点系统及其三个属性子系统，和城市水陆综合交通网络及国道省道、城市快速路、城市主干道等陆路交通子网络，进行交叉比较，算出交通分维与场点分维的差值，最后绘制出苏州游憩交通对游憩场点支持效率的分维差判断依据表（表6-4）和距比图（图6-3）。

从表6-4来看，交通网络与游憩场点的分维差值基本都为正，唯一例外的是综合水路交通在2～2.8km区段内与游憩场点大系统之间的分维差值为负，说明交通对游憩场点空间组织优化的支撑效率普遍较好，而在距离游憩中心观前街2～2.8km的区段范围内，游憩场点特别是古典园林众多，且呈现出从中心向外围游憩场点数量不减反增的特殊逆衰减现象，因此尽管苏州古城水路交通保存完好，处于城市建成区的水路交通仍然难以为密集的游憩场点提供足够的交通支持。随着古城向外古典园林数量减少，水路交通在外围区段上演变成正效率，比如在2.8～28km区段内，对游憩场点大系统的支撑效果较好，在2～14.1km区段内对自然类子系统的支撑效率为正，在更宽广的2～28km区段内对人文类子系统、人造类子系统的支撑效率均为正。

表6-4　苏州游憩交通对游憩场点支持效率的分维差判断依据（单位：km）

系统类别	苏州游憩场点大系统				自然观光类子系统		人文观光类子系统		人造娱乐休闲类子系统	
	区段	正负	区段	正负	区段	正负	区段	正负	区段	正负
国道省道	×	+	14～22	+	14～14.1	+	14～22	+	14～22	+
城市快速路	×	+	4～22	+	4～14.1	+	4～22	+	4～22	+
城市主干道	×	+	4～22	+	4～14.1	+	4～22	+	4～22	+
综合陆路交通	×	+	4～24	+	4～14.1	+	4～24	+	4～24	+
综合水路交通	2～2.8	—	2.8～28	+	2～14.1	+	2～28	+	2～28	+

注：×表示无分形，+表示交通分维减去场点分维差值为正，—表示交通分维减去场点分维差值为负。

进一步看陆路交通的正支撑区段分布异同，城市主干道、城市快速路对游憩场点大系统、人文子系统、人造子系统的正支撑区间均为 4 ~ 22km，对自然子系统的正支撑区段均为 4 ~ 14. 1km，可见二者正支撑区段范围完全一致。综合陆路交通与城市主干道、城市快速路的正支撑区段也非常接近，其中对自然子系统的完全一致，对其他子系统的区段范围略大些，为 4 ~ 22km。国道省道和其他交通网络的正支撑区段差别较大，在距离中心游憩点较远的 14 ~ 22km 较窄区段内产生正支撑效率，这是因为国道省道比较侧重城市的外联交通功能，其在空间分布上通常偏离城市中心较远，分形发育相对成熟区段也距离中心游憩点较远。而国道省道对自然类子系统的正支撑区段为 14 ~ 14. 1km，区段范围极窄，在一定程度上可以忽略不计。

从图 6-3 可以清晰地看出交通网络对游憩场点系统支撑效率的高低，首先观察左下角的水路交通负效应特殊点，对应的是 2 ~ 2. 8km 区段，水路交通与游憩大系统的分维差值为 -1. 386 2，是唯一的一个负支撑效率点，对游憩场点发展的支撑效率最低。其次，比较不同交通网络的交通支持能力大小，发现它们对不同游憩场点子系统支撑效率的高低次序表现出惊人的一致，从高到低依次为城市主干道、综合陆路交通、城市快速路、国道省道、综合水路交通，排在前三位的支撑效率差距较小，而后两位的差距越来越大。最后，比较不同游憩场点系统之间交通支撑效率的高低差异，交通支撑效率最低的是自然观光类游憩场点子系统，与其他三类子系统的效率差距比较明显，而市区游憩场点大系统、人文观光类游憩场点子系统、人造娱乐休闲类游憩场点子系统的交通效率差距不大，但按照交通支撑效率由高到低的排列次序非常一致，依次为：人文观光类游憩场点子系统、人造娱乐休闲类游憩场点子系统和大系统。

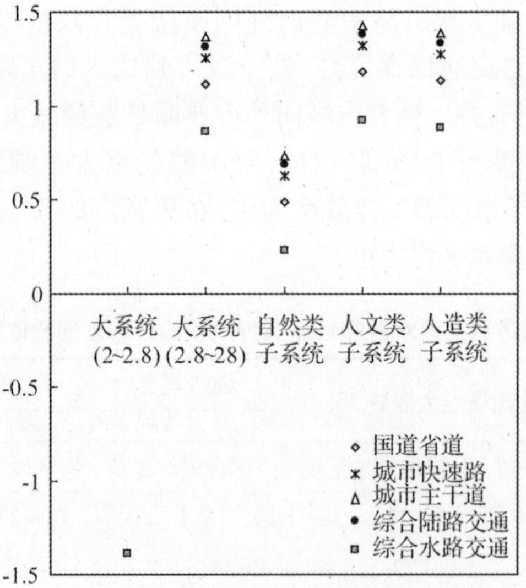

图 6-3　交通网络对游憩场点系统支撑效率高低对比

第四节 分形视角下城市游憩交通网络的优化调控方向

1 等径结构分形的优化调控方向与途径

前文分维测算结果显示，城市游憩场点系统的等级结构和空间结构都具有较好的分形特性。根据分维数所反映的系统分形结构，依据系统科学和分形信息学理论，并结合游憩场点系统的实际情况，可以得出城市游憩系统结构比较具体的优化途径。

一般而言，城市游憩场点系统等级结构优化的方向是增加系统等级结构的有序度，降低其信息维数和 Zipf 分维数。在基于偏好的等级结构的三个指标中，有序度、信息维数和 Zipf 分维所反映的苏州游憩场点系统等级结构是非常一致的（表 6-5）。市区大系统和三个子系统的有序度均处于 0.1～0.2 之间，远远小于 1，等级结构整体上相对松散，说明提高苏州游憩场点系统等级结构的有序度，增强系统的自组织优化能力的任务非常艰巨。就三个子系统来看，古城区游憩场点子系统的结构最松散，其次为新城区游憩场点子系统，而环城游憩带游憩场点子系统的结构最紧致，呈现出比较明显的核心松散—外围紧致的结构递变趋势，自组织能力的离心化现象比较突出。这种等级结构的形成，一方面是由于越靠近核心在城区人为建设程度越大，自组织优化所受到的干扰越强；另一方面是城市居民对于城内近距离游憩场点的等级感应差异不大，等级分布比较集中、均衡，而随着游憩距离的增大，其对于游憩场点等级感应谱系幅度拉大，等级分布分散、结构差异性增强，结构趋于紧致。另外，基于游憩客流的等级结构显示，苏州游憩客流在新城区的集聚特征相对突出，在古城区和外围游憩带客流分布相对均匀。但从有序度来看，游憩客流有序度均处于 0.2～0.4 之间，虽然相对偏好评价有序度有所提高，但整体上来讲，仍然远远低于 1，游憩客流的等级分布还是非常分散的，这说明苏州全市的游憩活动开展相对普及，游憩发展相对成功。

不同子系统的约束条件及自组织能力各不相同，因而其具体的优化途径也不尽相同：①古城区由于用地空间有限，游憩场点已经非常成熟，通过进一步提高中心游憩场点规模质量的理论途径，操作起来有一定的困难。因此通过营造游憩通道、加强等级结构的空间优化整合，是一条比较可行的途径。例如，通过水路通道增强观前街和周边游憩场点的空间联动，提高观前街的等级规模效应，以实现古城区游憩场点子系统等级结构的自组织优化能力的提升。这是一种以优化整合、提升精品为重点的优化模式。②新城区在现有格局下，仍有相当大的游憩用地潜力，为实现和谐城市的发展方针，新城区应进一步保证游憩用地的比重，避免被其他经济型用地的吞噬，同时，应围绕金鸡湖和苏州乐园两个核心游憩场点，打造品牌游憩片区，以优化等级结构，提高自组织能力。这是一种普通场点开发与拳头品牌营造并举的优化模式。③环城游憩带子系统因距离城区相对较远，其旅游色彩相对浓厚，等级结构鲜明，自组织能力相对较强。目前应在其周围不同方位上打造拳头游憩场点，并有效引导游憩客流的联动，以促进系统等级结构的优化。这是一种以品牌打造和客流引导为侧重点的优化模式。

表 6-5 苏州游憩场点系统结构分形维数和等级结构有序度

游憩空间系统类别		市区大系统	核心古城区子系统	中环新城区子系统	ReBAM 子系统
基于偏好等级结构	Zipf 分维数	1.495 6	1.665 2	1.393 8	1.027 3
	信息维数	0.719 5	0.712 6	0.513 3	0.534
	有序度	0.110 8	0.114 0	0.141 9	0.180 0
基于客流等级结构	Zipf 分维数	0.478 8	0.548 3	0.453 4	0.582 5
	信息维数	0.546 8	0.479 4	0.422 9	0.537 2
	有序度	0.239 4	0.298 8	0.337 2	0.287 1
空间结构	空间关联维数	1.266 6	1.371	1.168	1.020 8

2 空间结构分形的优化调控方向与途径

空间关联维数是从密度的多点相关出发,揭示城市游憩场点系统中游憩场点空间分布的均衡状态,也可以判别出游憩场点之间的空间关联性程度,以及系统空间结构的紧致性程度等。前文测算的空间关联维数显示,苏州城市游憩系统的空间结构呈现出一种核心松散一外围紧致的结构递变趋势,其自组织能力的离心化现象比较突出。不同子系统的约束条件及自组织能力各不相同,其具体的优化途径也不尽相同:古城区游憩场点子系统空间结构最松散,且用地非常有限,从数量上调控系统结构的潜力有限,比较可行的优化途径是通过营造水路景观通道,加强外围游憩场点与观前街的联动,从而提高系统空间结构的紧致性程度。新城区游憩场点子系统优化的具体途径为在增强金鸡湖和苏州乐园规模质量的同时,加强其他区位的游憩场点的开发力度。外围环城游憩带游憩场点子系统目前结构最紧致、自组织优化能力最强,其优化途径一方面是提高核心游憩场点规模质量;另一方面是利用现有结构优势,在不同方位打造少数高等级核心游憩场点,以核心场点辐射带动周边开发,从而促进该子系统空间结构的优化。另外,随机聚集维数所反映的空间分布递减趋势也要求增强新城区游憩场点子系统,特别是环城游憩带游憩场点子系统的开发力度。这与空间关联维数的优化标准要求完全吻合。

最后,将等级结构和空间结构结合起来看,其结构变化趋势非常一致,结构优化的具体途径也是一致的。因此,苏州游憩场点系统结构的优化模式可以视为是统一的,即整体上以增强系统自组织能力为努力的方向;古城区游憩场点子系统的优化途径是一种以优化整合、提升精品为重点的优化模式;新城区游憩场点子系统是一种普通开发与品牌营造并举的优化模式;环城游憩带游憩场点子系统则是一种以品牌开发和客流调控为侧重点的优化模式。

第五节 本章基本结论

其一,城市区域范围内的水陆交通网络是具有分形特性的,长度—半径维数能够刻画交通网络从城市中心向外围的递变趋势,较好地反映城市交通网络的结构优劣与支撑能力,也为评价城市交通网络发展水平提供了指标依据。

其二，半径分形维数与传统的路网密度、连通度、路网闭合度、什贝尔指数等指数存在后现代数学和现代数学的本质差异，但半径分形维数与其他指数的比较分析有助于更全面地认识城市游憩交通网络特征。

其三，苏州水路交通网整体上具有良好的自组织优化结构，为当前苏州打造“东方水城”提供了较好的开发基础，但同样也面临着水质保护、水陆互动、价格及习惯等多因素制约。

其四，本章选取广义聚集维数测评指标，测算交通网络半径维数与游憩场点系统聚集维数之间的差值正负及绝对值大小，以此反映交通网络对城市游憩场点系统支撑效率的正负及强弱，从而很好地揭示了交通网络与游憩场点系统的耦合关系和关联演变趋势。

最后，不少研究发现城市交通网络具有小世界网络特性，因此有必要进一步论证城市游憩交通网络是否具有小世界网络特性。另外，无论是无标度分形网络还是小世界网络，都有待进一步构建城市游憩空间网络演化的动力学方程，并借助 Multi-agent 和元胞自动机对城市游憩空间网络系统演化进行计算机模拟和调控。

第七章

城市游憩映象空间要素形态的复杂性及影响因素

第一节　城市游憩映象空间的复杂性描述

1　映象形态形成的心理过程机制

游憩者对城市游憩综合环境的感知会形成游憩映象空间。游憩映象空间是游憩环境对游憩者影响而使游憩者产生的对游憩环境的直接或间接的经验认知空间，是游憩者头脑中的“主观游憩环境”空间。这种主观空间是被游憩者所知觉的直接影响游憩者出游决策的内心真实世界，其他未被感知的外部环境对游憩者来讲是没有影响的，也没有现实行为学意义的。简言之，人们头脑中都有一个被真实感知到的游憩世界，这个被感知的世界即游憩映象空间，它是外部游憩环境在人脑中经过特殊加工之后所形成的一个“简化的缩影空间”。可见游憩映象空间的形成受三个方面因素的影响，其一是游憩者主体，其二是外部游憩空间环境，其三便是时间，体现了游憩者、游憩空间环境及其相互作用在时间维度的变化性。

迄今为止，学术界对游憩地映象的形成仍未达成共识[327]。相关文献主要集中于对旅游目的地研究领域。从影响游憩映象形成的人、游憩空间环境和时间三个因素来看，对游憩映象空间形成的分析应该主要包括两个方面：一方面是对游憩映象空间形成的心理过程机制；另一方面是从时间维度透视映象空间形成的阶段性及变化。

游憩映象空间实质是在游憩者对游憩环境的“刺激—反应”行为心理过程中形成的。学者们通常借助传统心理学基本理论和方法来解释游憩者的感应心理过程，分析的逻辑思路和框架，主要是从游憩动机、偏好、出游、体验、满意度等方面，对游憩者游前、游中、游后的心理过程进行比较系统的分析和阐释，以期对游憩映象空间形态的形成作出比较系统或客观的解释。以往基于先验的研究成果，为游憩映象空间形成的心理过程分析提供了非常重要的认识论基础；所提炼出来的比较科学的概念模式，成为人们进一步深入研究游憩映象的坚实理论基础或参照依据。笔者根据前文对旅游地形象的心理过程分析，进一步绘制出城市游憩映象空间形成的心理过程流程图（图 7-1），在一定程度上为游憩映象心理分析奠定了基本框架或论证模式。

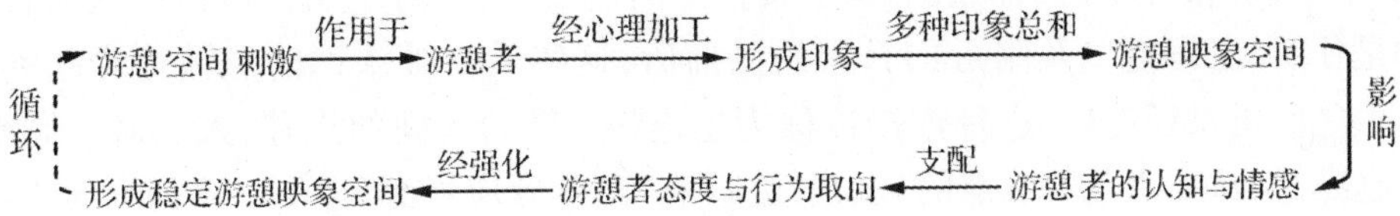

图 7-1　城市游憩映象空间形成的心理过程

长久以来,人们对自身大脑的认知非常匮乏,这也造成了所有涉及心理机制分析的问题,都是不可逾越、无法征服的雷区,学者们也已经习惯于采用定性描述结合心理统计调查的方法解释人类复杂的心理过程。这些研究范式都是建立在人类对自身大脑知之甚少的前提下的。然而,随着医学、生物学等领域对人脑研究的不断深入,更科学的认知神经科学技术已经在越来越多的心理分析领域出现。1965 年 Sutton 开创的事件相关电位 ERP(Event-related Potentials)是一种能够从脑电图 EEG 中提取身体或心理活动信息的无损伤性脑认知成像技术,它为打开大脑功能这一"黑箱"、揭示人的心理活动及感知行为规律,提供了一个更为客观且简便可行的方法。所谓 ERP,即当外加一种特定的刺激,作用于感觉系统或脑的某一部位,在给予刺激或撤销刺激时,在脑区引起的电位变化。通过对认知脑电位信息的提取,既可以得到人脑认知的"第一手信息",远远优越于传统上采用观察、问卷、量表等间接的调研方法[328]所获取的"间接的二手信息"。目前,ERP 已经成为心理学革命的重要标志和前沿领域。随着相关理论的不断成熟,必将对游憩映象空间形成及其心理机制的分析带来重大发展机遇。笔者预测,日益成熟的 ERP 等认知神经科学实验技术终将被引介到感应地理学和游憩心理研究领域,成为继计算、人工智能等复杂性科学理论之后的地理学革命创新的又一新生力量。

2　映象形态形成的主要阶段模式

从游憩映象空间形成的阶段性及其变化规律来看,不少学者提出了不同的旅游地映象形成阶段模式。

在旅游目的地映象理论框架建立的初始阶段,Gunn 于 1972 年提出了旅游体验的 7 个阶段理论:①通过日常生活对一个地方意境的积聚;②旅游前对目的地研究后的修正映象;③基于有效映象在旅行时间、费用等约束下做出旅游决策;④旅行过程中的路标、景观和向导等强化映象;⑤在旅游目的地的体验如活动、食宿等影响映象;⑥返回途中对映象的评估;⑦返回后产生新的映象,与旅游前的映象可能不一样。[276]并首次明确地将旅游目的地映象分为两类:一是原生映象(Organic Image),指游客在实地到访旅游目的地前通过日常生活中的大众媒体如新闻报道、杂志文章等所形成的映象;二是引致映象(Induced Image),指通过有针对性的促销材料如广告等所形成的映象[11]。

1991 年,Fakeye 和 Crompton 基于 Gunn 的阶段理论,进一步将映象分为三大类[237]:一是原生映象,二是引致映象,三是复合映象(Complex Image)(图 2-4)。他们认为:原生形象是旅游者头脑中已有的由经验和教育形成的目的地形象,引致形象是由广告宣传推动产生的形象,复合形象是旅游者实地旅行后形成的更综合的形象。他们认为,这三种形象的形成过程解释了整个目的地形象的形成过程。

1979 年,Golledg 在研究城市环境感知的过程中,提出了著名的三段式认知过程假设[329]:人们对城市环境的认识最早源于其自身的需要,所以对于初来城市的人而言,最先认识的是住所、工作地以及附近的日常用品商店,这些最初被认识的点被称为基本节点。基本节点之间由路径连接,这种连接被称为主连接。随着时间的推移,人们对于周围的环境越来越熟悉,从而由基本节点的"溢出效应"和"延伸效应"而派生出一系列的次节点与次连接。当次节点和次连接形成后,便形成了第一个"邻里"(Neighborhood)。而在社会、经济、文化等因素的共同作用下,出于对基础服务设施的需求居民不断完善其对城市环境的认识,最后逐步形成一个"以道路连接的由不同层次的基本节点和次节点共同组成的环'境认知图'"。在此三段式认知理论基础上,他进一步提出了"锚点"(Anchor point)理论,认为城市中的人借助特定的、单独的或有联系的地标、节点和街区("锚点")来"锚定"次一级的区域,并把对城市空间的认知信息按一定的等级秩序联系起来。

1993年,Gartner将旅游目的地映象的形成过程看成是由8个不同要素组成的连续统一体,并将之细分出8个阶段类别:显性诱生Ⅰ(Overt Induced Ⅰ)、显性诱生Ⅱ(Overt Induced Ⅱ)、隐性诱生Ⅰ(Covert Induced Ⅰ)、隐性诱生Ⅱ(Covert Induced Ⅱ)、自发原生(Autonomous)、主动有机(Unsolicited Organic)、诱发有机(Solicited Organic)和有机映象(Organic Image)。Baloglu等则认为目的地映象的形成可分为静态和动态两个过程[274],前者是研究映象与旅游者行为的关系,如满意度、目的地的选择等,后者则主要关注旅游目的地映象的形成和结构[280]。本研究探讨的游憩映象空间应归属于动态映象生成过程。

总结前人文献,不难归纳出城市游憩映象空间形成的一般过程模式。对于市民游憩者而言,第一阶段,是在工作和繁琐的日常事务之余,游憩成为市民生活的一种基本需求,在日常生活中,市民能够获取一定游憩场所信息,内心始终隐藏着外出游憩的潜在需求。第二阶段,随着游憩需求意识的增强,人们的游憩意识被激活、强化,市民梳理先前已经获取的游憩信息,大脑中形成初始模糊的游憩映象空间。第三阶段,市民在游憩需求的驱动下,主动搜集游憩空间的相关信息,初始模糊的游憩映象空间被修正、强化。第四阶段,市民对强化后的游憩映象空间分组进行机会选择,在一定条件下做出出游决策。第五阶段,游憩经历显著增强市民对所游览游憩场所、所选择游憩交通的印象,脑中的游憩映象空间被迅速充实、完善。第六阶段,游览过游憩场点之后,随着时间推移,人们脑中的游憩映象空间形态逐渐模糊化。第七阶段,市民在日常城市生活中不经意获取游憩场所信息,游憩需求意识再次被唤醒,促发新一轮游憩活动周期,人脑中的游憩映象空间在新一轮循环中经历着"强化—弱化—再强化—再弱化"的非线性螺旋式攀升过程。整体来讲,游憩者所形成的游憩映象空间的形态随着时间推移而不断丰富和完善的。这也就是说,随着市民在城市生活年限的增长,可能形成更复杂的游憩映象空间形态。另外,对于外来游憩者而言,则可以综合前人的旅游映象阶段性模式和本研究所阐释的一般性模式加以阐释。总而言之,本研究所归纳的游憩映象空间形成阶段性模式也是遵循和复合人类生存需求与认识世界的一般法则的。

3 映象形态要素及其空间作用机理

抽象的城市映象空间是人脑对城市游憩实体空间的一种感知和映射,其形态要素在实质上是游憩实体空间在人脑中的投影,是一种"镜像"。因此城市游憩映象空间的形态要素,和实体游憩空间要素的范畴是一致的。需要强调的是,人脑和镜子不一样,人脑的认知能力不可能像镜子一样，把客观世界反映得真真实实、一览无余，人脑映象里的世界是简化的，很多时候还是模糊的，更严格地来讲，也是没有严格结构形态的。因此，少数学者对从结构形态的角度去考察人脑映象世界的做法持反对态度，但更多的学者是认同映象空间结构透视的价值意义。

映象空间要素之间是存在一定的空间联系和相互作用的，这一点从学者们提出的映象理论可以清晰地看到。比如，开拓城市意象研究的林奇先生就提出了城市意象的5要素：道路、边界、区域、节点、标志物，并详细阐述了5要素之间的空间关系，这一理论被众多的学者仿效和采用。另外，Golledg的“锚点”理论，则是强调了关键节点对整个映象空间形成的重要作用。

游憩映象空间要素之间是存在空间联系的，那么空间联系与空间作用的大小如何进行度量和解释？意象地图是分析意象空间最成熟、最流行的工具工段。学者们通常通过考察意境地图中意象要素之间的连接性来解释游憩空间映象各要素之间的空间关联作用。另外必须考察的一点便是要素之间的感知距离，这是度量映象空间关系的又一重要因素。人所感应到的映象空间和实际空间之间通常会存在一定的“空间变形”（Spatial Distortion），比如，美观的或实用性强的公园、文体中心等，感知距离通常比实际距离近，熟悉的游憩场点之间的感知距离可能比实际距离近，等等。总体来看，通过考察意象地图中映象空间要素之间是否存在绘图联系，以及映象空间要素之间的感知距离变化等，有助于我们客观地度量游憩映象空间要素之间的作用情况。心理学研究对空间变形等方面均有所研究。不过，深入联系游憩实际，探索游憩映象要素之间作用、规律及机制都是有待于进一步丰富和完善的重要课题。

探索游憩映象空间形态要素之间的空间作用机理，最终还是要落脚于人的感知心理。首先，不少学者运用常规的心理学方法着重对旅游目的地映象空间的影响因素进行了调查分析。比如，Baloglu等将目的地映象形成的因素分为刺激因素（信息来源、先前的经历等）和个人因素（心理动机、价值观等，以及性别、受教育程度等人口社会学因素）[274]。Chen在调查中发现，旅游目的地映象主要取决于旅游者或潜在旅游者的行为和社会人口等统计变量，以及旅游者的态度、行为、文化差异等[331]。Scott等研究表明旅游目的地映象的形成与离目的地的距离有关，距离越近，映象便越深，也越接近目的地的真实情况[332]。这些研究成果初步探索了游憩映象空间的影响因子体系。另外，如前文所述，有关心理机制的探索，认知神经科学及其ERP实验将会带来革命性的开拓，这一影响同样应该会波及游憩映象空间要素关联作用的机制阐释。

另外，说明一点，无论是对于某个游憩者个体，还是对于游憩者群体，我们都可以尝试去刻画和揭示其所感应的游憩映象空间的要素及其相互作用。不同的分析对象具有不同的意义，鉴于个体的数量庞大，具有不可穷尽性，本研究仍然倾向于以将个体映象要素进行叠加求和的方式去了解某个群体的映象空间形态要素及作用情况。这样所得出的结论具有更广泛的实践意义和参考价值。

第二节 映象空间形态要素及结构模式

1 研究方法与数据来源

鉴于意象地图方法容易受个人绘图技巧的影响，本研究采取照片辨认、发放调查问卷及绘制意象地图相结合的方法分析研究苏州城市游憩映象空间。首先来看照片辨认。考虑到映象空间是对客观游憩空间系统的一种简化图式,它通常仅能反映一些高级别或高信息量的游憩场所。因此本研究根据前文对苏州市 129 个代表性游憩场点的游憩偏好评分结果,选取分值排名前 50 的游憩场点作为照片识别的对象。照片的选择标准是最能体现游憩场点特色的标志性景观或建筑物,照片采集通过三种途径,其一是网络搜集,其二是景区宣传册或明信片,其三是实地拍摄和补充。调查的受众对象以 18 ~25 岁的大中专学生为主,且学生都是苏州本地人,在苏州居住达 10 年以上,调查人数共 60 人。照片辨认时间在 2009 年 3—4 月,先对 50 张照片进行编号,然后让学生在印有 1—50 编号的纸上写出对应编号图片的名称,不知则留空,名称正确即算辨认成功。其次是发放调查问卷(详见附表 1)。采用开放式问卷和结构式问卷相结合的形式,共涉及三个方面的内容:①游憩者社会经济状况调查;②游憩者出游行为偏好调查;③游憩者的感知印象调查,主要包括扼要描述在苏州本地游玩的最深印象和印象最深的游乐场所(简略意象)、主要游憩场点距离中心观前街的感知距离、游憩地属性特征评价,以及游憩情感体验评价四个部分。调查方式采取学生课堂完成和家长完成后回收相结合的方式,分两个阶段进行,第一阶段在古城区、园区、新区、相城区、吴中区分别选择一个中小学校,每个学校发放问卷 50 份,共发放问卷 250 份,回收有效问卷 184 份,有效回收率 73.6%;第二个阶段以苏州大中专院校的学生为调查对象,采取课堂完成的方式,共发放问卷 200 份,回收有效问卷 154 份,有效回收率 77%。再次是绘制意象草图。在问卷调查之后,要求被调查者尽量快速绘出自己熟悉的本市游憩场所,且要求不要参照任何材料,绘图范围不限,必要时可以借助文字、道路线、标志性建筑等做辅助说明。两次调查问卷中共获取有效意象草图 165 幅。整体来看,本研究共发放问卷 450,回收有效问卷 338 份,有效游憩意象草图 165 幅,问卷回收率和意象草图效果均良好,达到调查预期效果。

2 映象空间形态要素及结构模式

2.1 照片辨认及结果分析

表 7-1 苏州城市游憩场点类别及照片辨认识别率

游憩场点	照片编号	空间区位	游憩属性	识出人数(个)	辨认率(%)	游憩场点	照片编号	空间区位	游憩属性	识出人数(个)	辨认率(%)
金鸡湖	1	中环新城区	人造娱乐	60	100	国际博览中心	26	中环新城区	人造娱乐	57	95
周庄古镇	2	外围游憩带	人文观光	60	100	李公堤	27	中环新城区	人造娱乐	60	100
观前街	3	核心古城区	人造娱乐	60	100	木渎古镇	28	中环新城区	人文观光	32	53
苏州乐园	4	中环新城区	人造娱乐	60	100	农林大世界	29	外围游憩带	人造娱乐	23	38
拙政园	5	核心古城区	人文观光	60	100	石湖景区	30	中环新城区	自然观光	37	62
东山景区	6	外围游憩带	自然观光	52	87	天平山	31	中环新城区	自然观光	44	73
狮子林	7	核心古城区	人文观光	60	100	荷塘月色公园	32	中环新城区	人造娱乐	21	35
寒山寺	8	核心古城区	人文观光	60	100	凤凰街	33	核心古城区	人造娱乐	39	65
虎丘	9	核心古城区	人文观光	60	100	西园	34	核心古城区	人文观光	23	38
山塘街	10	核心古城区	人造娱乐	59	98	耦园	35	核心古城区	人文观光	43	72
留园	11	核心古城区	人文观光	54	90	环秀山庄	36	核心古城区	人文观光	18	30
网师园	12	核心古城区	人文观光	56	93	龙池风景区	37	中环新城区	自然观光	25	42

续表

游憩场点	照片编号	空间区位	游憩属性	识出人数(个)	辨认率(%)	游憩场点	照片编号	空间区位	游憩属性	识出人数(个)	辨认率(%)
盘门景区	13	核心古城区	人文观光	59	98	桂花公园	38	核心古城区	人造娱乐	17	28
西山景区	14	外围游憩带	自然观光	50	83	双塔	39	核心古城区	人文观光	54	90
石路步行街	15	核心古城区	人造娱乐	55	92	沧浪亭	40	核心古城区	人文观光	47	78
同里古镇	16	外围游憩带	人文观光	57	95	苏州动物园	41	核心古城区	人造娱乐	53	88
枫桥风景区	17	核心古城区	人文观光	48	80	太湖度假区	42	外围游憩带	人造娱乐	44	73
角直古镇	18	外围游憩带	人文观光	45	75	北塔报恩寺	43	核心古城区	人文观光	37	62
十全街	19	核心古城区	人造娱乐	46	77	灵岩山	44	中环新城区	自然观光	31	52
苏州大学	20	核心古城区	人文观光	60	100	文庙	45	核心古城区	人文观光	14	23
三山岛	21	外围游憩带	自然观光	43	72	锦溪古镇	46	外围游憩带	人文观光	17	28
民俗博物馆	22	核心古城区	人造娱乐	25	42	陆巷古村	47	外围游憩带	人文观光	22	37
西山农业园	23	外围游憩带	自然观光	20	33	西山森林公园	48	外围游憩带	自然观光	31	52
左岸商业街	24	中环新城区	人造娱乐	44	73	旺山生态园	49	中环新城区	自然观光	23	38
平江历史街区	25	核心古城区	人文观光	49	82	东园	50	核心古城区	人造娱乐	48	80

照片识别的对象是游憩评价分值排名前 50 的游憩场点，对这 50 个游憩场点的空间区位和属性类型进行统计(表 7-1)。首先，从空间分布区位来看，古城区游憩场点数量最多，有 26 个，中环新城区游憩场点和外围环城游憩带 ReBAM 游憩场点的数量相等，均为 12 个，三者所占百分比分别为 52%、24%、24%；而全市 129 个代表性游憩场点中，古城区、新城区和外围 ReBAM 游憩场点的分布百分比分别为 41.9%、25.6%、32.6%。比较两组数据不难看出，此次照片识别排名前 50 位的高级别游憩场点中，古城区游憩场点所占比重有所提升了；新城区游憩场点所占比重略有提升，但幅度很小；外围 ReBAM 游憩场点所占比重是唯一下降的，下降幅度还较大。这种照片识别反映出来的映象衰减现象，可能由古城区游憩场点出游频率高、距离近、信息来源方便等多种原因造成。

其次，从属性类别来看，人文观光类游憩场点有 23 个，人造娱乐休闲类游憩场点和自然观光类游憩场点分别为 17 个、10 个，其所占百分比分别为 46%、34%、20%；在全市 129 个游憩场点中，三种属性类别游憩场点的个数依次为 52、51、26，百分比分别为40.3%、39.5%、20.2%。通过比较不难看出，自然观光类游憩场点所占比重基本不变，人文观光类游憩场点所占比重降低约 6 个百分点，人造娱乐休闲类游憩场点所占比重则上升约 6 个百分点。说明市民对当代人造娱乐休闲类游憩场点的映象比对人文观光类游憩场点的映象要深。这种变化可能是由于人造娱乐休闲类游憩场点的开放性、趣味性、生活化色彩更浓，而人文观光类游憩场点通常是一些收门票的旅游景区，市民日常游憩可能会在一定程度上受外地游客的影响，当然这也可能和游憩习惯或游憩活动的性质有关。

2.2 意象草图及结果分析

(1) 意象草图的受众样本构成

在对苏州城市游憩空间情况开展问卷调查中，最后一项是要求被在不参考任何材料的情况下描绘出自己印象中的苏州游憩空间，最后获得 165 份有效意象草图，作为本研究游憩映象空间形态研究的基本数据来源。首先，将此 165 份意象草图信息录入 SPSS 软件中，录入变量主要涉及被试的人口统计学基本信息(年龄、职业、收入等)、意象草图的要素构成变量(标志、路径、区域、节点、边界)、意象草图的形态模式变量(段、链、支/环、网4个顺序型变量;散点、马赛克、连接、格局4个空间型变量)等被试的社会经济学特征(表7-2),统计量包括个数统计和具体名称统计两类。

由表7-2可知,意象草图有效样本绘制者的男女比例为85∶80,男女结构比例比较合理,文化程度以大专/本科为主,每月收入多为1 000元以下,苏州市本地出生人数接近总数的50%,在苏州居住10年以上者比重大,家庭结构以未婚独身、与父母同住者居多,且25岁以下的学生所占比重较大。由此可以看出,本研究问卷覆盖范围较广,且以青少年学生所占比例较大。青少年学生是祖国的主力军或未来,也是社会游憩需求的重要来源和推动力量。可以说,本调查样本可以比较客观地映射苏州游憩空间发展的水平和未来走向。

表7-2 苏州游憩空间意象草图样本的基本情况($n=165$)

基本情况	类别	样本量	基本情况	类别	样本量	基本情况	类别	样本量
性别	男	85	出生地	苏州市	75	居住年数	不到1年	17
	女	80		苏州辖县市	11		1-3年	32
年龄	18岁以下	50		外地	79		3-5年	20
	18-25岁	89	居住地	平江区	27		5-10年	10
	26-45岁	20		沧浪区	19		10年以上	86
	46-55岁	6		金阊区	10	职业	公务员	1
	56岁以上	0		工业园区	89		企事业管理人员	3
文化程度	初中以下	20		高新/虎丘区	9		专业技术人员	4
	高中/中专	27		吴中区	6		教师	2
	大专/本科	117		相城区	5		商业服务业员工	4
	研究生及以上	1	家庭结构	未婚或独身	57		工人	3
月收入(元)	1 000以下	138		夫妻二人	2		军人	1
	1 001-2 000	8		有18以下子女	13		农民	2
	2 001-4 000	12		有18以上孩子	11		离退休人员	0
	4 000-10 000	3		与父母同住	64		学生	141
	10 000以上	4		三代同堂	18		其他	4

(2)苏州游憩映象空间形态要素类别

对165份意象草图分别进行编号,统计游憩意象要素的主要构成和出现频次,发现城市游憩映象空间形态要素同样可以用林奇的城市意象五要素类别来概括(表7-3):标志物在160份草图中出现,出现频率高达97%,其他四项要素,即路径、区域、节点、边界出现的频率分别为41.2%、15.2%、9.7%和6.7%,出现频率均小于50%,相对偏低。从平均每幅图中的意象要素数量来看,其一,平均每人能画出的标志型游憩场点为8.2个,感知印象较深刻,与苏州游憩场点发展比较成熟的现状相吻合。其二,人均画出游憩路径1.1条,平均映象路径数量偏低,说明整体上来看游憩场点与游憩路径的意象联结程度较低,进一步考察具体的路径要素,发现仅有九条,且集中分布于城市中心古城区域范围内,由此可知,城市中心区域的游憩场点与路径的感知联系相对紧密,而外围地区则仅有游憩场点大致位置的标注,没有关联路径的出现,这种意象草图特征的成因可能是:一方面,城市游憩场点系统的地域范畴(包含市辖乡村地带)大于城市建成区,随着距离范围的增大,人们对游憩路径的感知程度降低;另一方面,城市游憩场点系统是一种典型的网络系统,连接游憩场点的交通路径网络复杂,导致草图绘制者对整个路径网络的认知模糊或不确定,最终仅仅绘制感知印象最深的城市中心区位的主干路径,其他路径则采取全部忽略的态度。其三,区域、节点为0.2 个/幅,边界仅为 0.1 个/幅,出现频次都很低,这一点和城市意象特征相似。

就具体映象要素来看,标志类要素中排名前五的有:观前商业街出现频次最高,达 130 次,接下来依次为苏州乐园 67 次、金鸡湖 63 次、拙政园 61 次、石路商业区 60 次。游憩路径出现频次排名前五的分别为干将路46 次、人民路33 次、临顿路25 次、环城路9 次、景德路9 次,集中于城市中心古城区范围内,和各自的交通功能定位及角色相一致。就感知游憩区域来看,出现的总体频次均不高,25 个感知区域分别为古城区 8 次、观前商业街 8 次、苏州乐园 3 次、古城东北区 2 次、平江历史街区 2 次、虎丘景区 2 次,和标志、路径的集中区位相一致。可见观前街是全市名副其实的游憩感知中心区域,拙政园等古代园林密集的古城东北区、平江历史街区与观前街共同构成苏州城市游憩空间感知核心区域。节点和边界被感知的程度总体偏弱,节点以苏州火车站为重点,边界则以环古城河为主体,它们分别是最重要的旅游集散中心和最重要的地理文化分界线,结合深度访谈发现,人们对游憩边界特别是交通节点的感知印象不深,大多受众认为它们与游憩空间布局关联不大而将其忽略。

表 7-3 苏州游憩映象空间形态要素类别结构

映象元素	出现次数(次)	出现频率(%)	平均数量(个/幅)	具体要素出现频次排序(次)
标志	160	97.0	8.2	观前商业区(130)、苏州乐园(67)、金鸡湖(63)、拙政园(61)、石路商业区(60)、虎丘景区(51)、狮子林(35)、石湖景区(34)、山塘街(31)、太湖(31)、西山(31)、盘门(29)、留园(27)、网师园(24)、苏州大学(23)、阳澄湖(23)、东山(22)、苏州博物馆(21)、苏州动物园(20)、角直古镇(20)、寒山寺(19)、独墅湖(18)、天平山(18)、木渎古镇(17)、沧浪亭(16)、上方山(15)、怡园(15)、耦园(14)、十全街(12)、周庄古镇(11)、同里古镇(10)、大公园(8)、灵岩山(8)、玄妙观(8)、平江历史街区(7)、光福景区(6)、李公堤(6)、西园(6)、中央公园(6)、欧尚超市(5)
路径	68	41.2	1.1	干将路(46)、人民路(33)、临顿路(25)、环城路(9)、景德路(9)、凤凰街(6)、平江路(5)、白塔西路(3)、莫邪路(3)
区域	25	15.2	0.2	古城区(8)、观前商业街(8)、苏州乐园(3)、古城东北区(2)、平江历史街区(2)、虎丘景区(2)
节点	26	9.7	0.2	苏州火车站(13)、汽车南站(7)、汽车北站(6)
边界	11	6.7	0.1	环城河(10)、东环路(1)

注:总样本数为 165,游憩区内有细分场点格局时,游憩区计数为 1 次,内部场点独立计次数。

为进一步揭示不同社会经济特征游憩者之间的感知差异,在 SPSS 数据文件中采用独立样本 T 检验,提取性别、年龄、学历、收入水平、出生地和居苏年数等变量所对应的映象要素样本数、人均样本数与样本比重三项指标(表 7-4)。其中,样本数是反映游憩映象形态各要素出现频次多少的指标,因为初始的调查对象并非全部都是均等的,回收的 165 份有效意象草图中不同社会特征游憩者样本数同样也不均衡，故不能直接以该指标的多少来反映不同样本游憩者的感知强度。人均样本数是指映象形态要素在某一样本中的平均出现频率，可以用来反映该样本游憩者对各映象要素的感知强度大小。样本比重测算的是五要素的百分比构成，反映了五要素之间的重要性差异。

表 7-4　苏州城市游憩映象空间形态的构成要素及差异特征

样本类型			标志	路径	区域	节点	边界	合计
样本总计		样本数/个	160	68	25	16	11	280
		比重/%	57.1	24.3	8.9	5.7	3.9	100
性别	男性	样本数/个	81	36	14	8	10	149
		比重/%	54.4	24.2	9.4	5.4	6.7	100
	女性	样本数/个	79	32	11	8	1	131
		比重/%	60.3	24.4	8.4	6.1	0.8	100
年龄	18 岁以下	样本数/个	47	13	9	5	1	75
		比重/%	62.7	17.3	12.0	6.7	1.3	100
	18 岁以上	样本数/个	113	55	16	11	10	205
		比重/%	55.1	26.8	7.8	5.4	4.9	100
学历	高中以下	样本数/个	46	16	5	1	1	69
		比重/%	66.7	23.2	7.2	1.4	1.4	100
	大专以上	样本数/个	114	52	20	15	10	211
		比重/%	54.0	24.6	9.5	7.1	4.7	100
收入	月薪 1 000 元以下	样本数/个	133	52	25	15	9	234
		比重/%	56.8	22.2	10.7	6.4	3.8	100
	月薪 1 000 元以上	样本数/个	27	16	0	1	2	46
		比重/%	58.7	34.8	0.0	2.2	4.3	100
出生地	苏州本地	样本数/个	73	34	10	4	5	126
		比重/%	57.9	27.0	7.9	3.2	4.0	100
	苏州外地	样本数/个	87	34	15	12	6	154
		比重/%	56.5	22.1	9.7	7.8	3.9	100
居苏年数	10 年以下	样本数/个	76	30	11	11	6	134
		比重/%	56.7	22.4	8.2	8.2	4.5	100
	10 年以上	样本数/个	84	38	14	5	5	146
		比重/%	57.5	26.0	9.6	3.4	3.4	100

由表 7-4 可知：① 苏州游憩映象形态五要素的重要性（样本比重）及感知强度（人均样本数）的总体变化趋势是按照标志、路径、区域、节点、边界的顺序依次递减。② 对游憩映象形态 5 要素总体的感知强度排名前三位的依次是外地出生、大专以上学历、年龄在 18 岁以上的游憩者，对应的人均样本数分别是 1.95、1.79、1.78。③ 高中以下学历、年龄在 18 岁以下游憩者意象草图中标志的重要性较高，而感知较强的是外地出生、月薪 1 000 元以上、女性游憩者。④ 路径在月薪1 000 元以上和本地出生游憩者的意象草图中重要性较高；感知强度最高的是月薪 1 000 元以上、年龄在 18 岁以上、居苏 10 年以上的游憩者。⑤ 对于年龄在 18 岁以下、月薪 1 000 元以下、外地出生的游憩者来说，对区域的感知比重及重要性较高；对区域感知较强的是外地出生、年龄在 18 岁以下、月薪 1 000 元以下，二者基本趋同。⑥ 在苏州居住 10 年以下、出生于外地的游憩者对节点的感知比重较高；而对节点感知强度

的前两位是外地出生、居苏10年以下，二者均处于前两位，重要性和感知强度基本一致。⑦对于边界要素而言，男性、年龄在18岁以上的游憩者的感知比重较高；而感知数量排名并列第一的是男性、年龄在18岁以上、大专以上学历。二者基本相同，重要性和感知强度趋于一致。

(3) 苏州游憩映象空间形态结构模式

游憩映象形态诸要素不是完全孤立存在的，而是普遍存在一定的空间关系和功能联系，从而形成多种不同的映象空间形态结构模式。林奇曾指出居民以路径主导型和空间主导型两种方式来构造其对城市的意象地图。Appleyard对此进行了实证研究，并进一步将路径主导型地图分为段、链、支/环和网4种子类型，将空间主导型地图分为散点、马赛克、连接和格局4种子类型。笔者根据Appleyard的映象结构模式对165幅苏州游憩映象草图进行分类，发现了两种比较特殊的类型。

表7-5 苏州城市游憩映象空间形态的类型及差异特征

样本类型			顺序型				空间型			复合型	单体型	合计
			段	链	支/环	小计	散点	马赛克	小计			
样本总计		样本数/个	67	6	1	74	73	5	78	9	4	165
		比重/%	40.6	3.6	0.6	44.8	44.2	3.0	47.3	5.5	2.4	100
性别	男性	样本数/个	36	2	0	38	38	1	39	5	3	85
		比重/%	42.4	2.4	0.0	44.7	44.7	1.2	45.9	5.9	3.5	100
	女性	样本数/个	31	4	1	36	35	4	39	4	1	80
		比重%	38.8	5.0	1.3	45.0	43.8	5.0	48.8	5.0	1.3	100
年龄	18岁以下	样本数/个	19	2	1	22	22	3	25	0	3	50
		比重%	38.0	4.0	2.0	44.0	44.0	6.0	50.0	0.0	6.0	100
	18岁以上	样本数/个	48	4	0	52	51	2	53	9	1	115
		比重%	41.7	3.5	0.0	45.2	44.3	1.7	46.1	7.8	0.9	100
学历	高中以下	样本数/个	20	0	0	20	23	2	25	1	1	47
		比重%	42.6	0.0	0.0	42.6	48.9	4.3	53.2	2.1	2.1	100
	大专以上	样本数/个	47	6	1	54	50	3	53	8	3	118
		比重%	39.8	5.1	0.8	45.8	42.4	2.5	44.9	6.8	2.5	100
收入	月薪1 000元以下	样本数/个	52	5	1	58	64	5	69	7	4	138
		比重%	37.7	3.6	0.7	42.0	46.4	3.6	50.0	5.1	2.9	100
	月薪1 000元以上	样本数/个	15	1	0	16	9	0	9	2	0	27
		比重%	55.6	3.7	0.0	59.3	33.3	0.0	33.3	7.4	0.0	100
出生地	苏州本地	样本数/个	40	2	1	43	27	3	30	1	1	75
		比重%	53.3	2.7	1.3	57.3	36.0	4.0	40.0	1.3	1.3	100
	苏州外地	样本数/个	27	4	0	31	46	2	48	8	3	90
		比重%	30.0	4.4	0.0	34.4	51.1	2.2	53.3	8.9	3.3	100
居苏年数	10年以下	样本数/个	23	4	0	27	41	1	42	7	3	79
		比重%	29.1	5.1	0.0	34.2	51.9	1.3	53.2	8.9	3.8	100
	10年以上	样本数/个	44	2	1	47	32	4	36	2	1	86
		比重%	51.2	2.3	1.2	54.7	37.2	4.7	41.9	2.3	1.2	100

第一种特殊类型，是对小桥流水等具有苏州特色的代表性建筑景观的描绘图，这一发现和我国学者冯健在对北京城市意象空间研究中的发现是一致的[252]，冯健将之命名为单体型，即居民通过描绘具体的或抽象的、具有代表意义的建筑形态，作为对城市空间的理解。他所发现的代表性建筑多是古建筑，如天安门、天坛、景山等，而这些基本都是标志性城市游憩空间。但笔者调查所获取的165幅意象草图中仅有4幅单体型游憩映象草图，数量和比例远远低于冯健所发现的36幅、占比11.1%。总体来看，单体型感知结构模式通常是对某一特定区域最具特殊地位的景观或建筑的描绘，它不强调宏观单体之间的空间关联和结构组织，而强调微观游憩空间单体或局部的组分构成、标志性特征或属性意象，其具体表现形式也有简有繁，简繁程度受意象草图绘制者的绘画水平的影响较大。

第二种特殊类型，是融路径主导的顺序型和区位主导的空间型于一体的路径—散点复合型模式，这类意象草图在靠近城市中心游憩区以路径主导的顺序型为主，远离中心一定距离后则呈现出区位主导的散点类空间型为主。分析其成因：其一，游憩空间感知强度的距离衰减现象，城市中心游憩场点附近通常是出游频次和熟悉度较高、空间感知较强的区域，其感知空间对交通路径的依赖性较强；相反，距离城市中心游憩场点越远，出游频次及熟悉度降低，对路径的空间感知弱化，呈现为散点类感知空间模式。其二，与城市空间的面状连续性特征不同，城市游憩空间系统具有典型的非面状、网络型特征，在感知较强的中心区域存在感知路径而以路径主导型为主，在感知强度较弱的外围区域路径模糊缺失而自然蜕变为散点类空间型。苏州游憩映象空间形态类别中散点类空间型多达73个，也是数量最多的一种空间形态类型模式。其三，传统城乡二元分异结构可能是形成这种特殊复合型游憩映象形态模式的深层原因，城乡一体化能否影响以及影响这种映象形态模式到什么程度，是一个既需要实践基础也需要理论探索的有价值课题。

由表7-5可知，苏州游憩空间感知的结构模式可以细分出顺序型、空间型、路径—散点复合型、单体型四种类别。从四种类型的数量比较来看，从多到少依次排列为：空间型78个、顺序型74个、路径—散点复合型9个、单体型4个，它们分别占映象形态总量的47.3%、44.8%、5.5%和2.4%。与以往研究发现相比，顺序型和空间型的比例关系中，Appleyard的研究结果分别为77%、23%，Pocock的研究结果分别为64%、36%，Spencer和Weetman的研究结果分别为63%、37%，Lee和Schmidt的研究结果分别为66.4%、33.6%，而冯健对顺序型、空间型、单体型比例的研究结果则分别为73.1%、15.8%和11.1%。比较不难发现，以往研究结果空间型远远小于顺序型，而本研究空间型微微高于顺序型，二者处于比重相当的位置，空间型的比重比以往研究结果有很大提升。进一步对顺序型和空间型的亚类型进行分析，空间型中的散点类有73个，顺序型中的段类有67个，它们分别占总样本的44.2%和40.6%，名列各种类别细分的前两位。而前面提及的路径—散点复合型在本质上也是段和散点的融合。综上可知，形态类型数量位居前三的散点、段、路径—散点复合型是城市游憩映象空间的主导形态模式，三者在本质上相同，也比较真实地反映了城市游憩空间系统的实体结构特性，在成因上与城市游憩空间系统的非面状网络型特征、城乡游憩空间的二元分异规律以及城市游憩空间感知强度的距离衰减现象密切相关。

为进一步比较不同样本游憩者的映象形态差异，在SPSS软件中统计出不同性别、年龄、学历、收入、出生地和居苏年数的样本群体所对应的苏州游憩映象形态类型的样本数量、人均样本数量和样本比重(表7-5)。对数量很少的映象形态类型进行差异比较的统计学意义及实际意义均不大,选取形态类型总体合计及样本数排名前三位的段型、散点型和路径—散点复合型三种映象形态进行对比分析。首先,样本合计的人均样本数几乎全是1.0,唯一例外的是外地出生游憩者平均样本数为1.14,而本地出生游憩者为0.87,二者也很接近1.0,可见,不同社会特征游憩者人均感知的映象形态类型总量的差别不大,感知强度趋同。其次,比较复合型的人均样本数和样本比重大小,发现苏州外地出生、居住苏州10年以下、年龄18岁以上的样本比重较高,同时人均绘制复合型形态的数量也较多,可知对于这三类游憩者来讲,复合型形态的重要性和感知强度均较高,这部分游憩者多为学历较高的大学生,绘制的意象草图相对复杂完善些,从而出现了段型和散点相融合的复合型新形态。再次,就段型形态样本而言,比重与重要性较高的是月薪1 000元以上、苏州本地出生、居苏10年以上的游憩者样本,人均绘制量排名前三的是月薪1 000元以上、居苏10年以上、苏州本地出生的游憩者,说明段型形态的重要性和感知强度基本吻合。可见月可支配收入较高(多为有固定社会工作人员)、生于苏州本地、在苏州居留时间较长的游憩者更倾向于绘制段型意象草图。最后,散点型形态是所有形态类别中数量最多、比重最大的一类,通过比较散点型的样本比重和人均样本数可知,比重与重要性排名前三的是居苏10年以下、外地出生、高中以下学历的游憩者样本;而感知强度排名前三的是外地出生、居苏10年以下、高中以下学历的游憩者样本,重要性和感知强度也非常一致,不难看出,在苏州居留时间短、非苏州本地出生、文化程度低的游憩者更倾向于绘制层次较低的散点类意象草图。

第三节 映象空间变形及影响要素分析

1 研究方法与数据来源

人类对空间的感知通常从方向感和距离两个方面展开,感知变形也对应了方向和距离的偏差,即空间感知方位的变化。以前人们对方位偏差通常采取目测方法进行大致的或初步的判断,随着数学、意象地图、地计算等技术手段的不断完善,心理学者采用各种心理量表、实验等方法开展感知方位变形,而地理学者则综合使用了感应地图方法、估计距离数据法或者语义差异心理感知距离量表法、数理夹角偏差分析等方法[333]。总体来看,由于距离因素在旅游者行为空间选择中起到至关重要的作用,学者们对距离感知变形的研究成果较多[334]。国内外学者也曾对城市内部小范围尺度的方向偏差进行过一些研究,由于城市内部的尺度范围较小,研究对象的方位偏差整体不大,这种较为细微的方位偏差对游憩行为的引导或影响仍有待进一步探讨。本研究结合苏州游憩空间发展实际情况,拟重点探讨游憩距离感知变形,以期弥补游憩空间感知距离变形研究的不足。

为考察苏州游憩空间的距离感知变形和感知距离特征,本研究从全市的129个游憩场点中选取了14个代表性场点,即盘门景区、拙政园、山塘街、寒山寺、虎丘、苏州乐园、金鸡湖、阳澄湖、角直古镇、木渎景区、光福景区、石湖景区、太湖度假区、西山景区。它们相对均匀地分布在古城区、新城区和环城游憩带不同方位上,距离市中心游憩场点观前街的实际距离也有近有远。调查内容包括4个方面:①游憩者最近一年来曾经前往该游憩场点的次数;②所选的主要交通工具,选项包括:A. 公交车、B. 小汽车、C. 大客车、D. 出租车、E. 摩托车、F. 电瓶车、G. 自行车、H. 步行、I. 其他；③对前往景区道路的熟悉程度，使用 7 分李克特量表（极熟悉，很熟悉，熟悉，中等，不熟悉，很不熟悉，极不熟悉，所赋分值分别 1,2,3,4,5,6,7）；④感觉景区与观前街的距离远近，使用 7 分李克特量表（非常近，很近，近，中等，远，很远，非常远，所赋分值分别 1,2,3,4,5,6,7）。利用 SPSS 17.0 统计软件进行数据统计分析，通过度量工具中可靠性分析项，测得所获取数据的克朗巴哈系数值（Cronbach's α 值）为 0.795，大于 0.7，说明数据的可靠性较高。其中交通方式和感知距离两项数据的克朗巴哈系数值为 0.843，说明问卷的结构有效性和数据可靠性很高。

2　城市游憩空间的感知距离偏差与变形函数拟合

国外学者实证研究发现，以估计距离数值法确定的感知距离和客观距离存在的关系可以用线性关系或指数函数描述[335]。国内学者在对九寨沟感知距离的研究中发现二次方程拟合效果较好[336]。本研究运用语义差异量表法所调查获得的 14 个游憩场点距离感知数据，其实质是对感知距离的一种定量度量，它与实际距离之间存在着距离偏差，通过函数拟合即可以揭示感知距离和实际距离之间的偏差。最终感知距离的提取以 165 个调查样本的距离感知的平均值为准。

首先，利用 WebGIS 软件中数字化苏州城市游憩场点分布图（图 2-1）测量出 14 个游憩场点距离市中心游憩场点观前街的实际距离，然后提取 165 个调查样本的感知距离的平均值，绘制实际距离和感知距离的折线图（图 7-2 a），并以实际距离为横坐标，以感知距离为纵坐标，绘制二者组成的散点图，通过简单的一次线性函数拟合（图 7-2 b），获得其 R 值为 0.864 5，相关性较好。

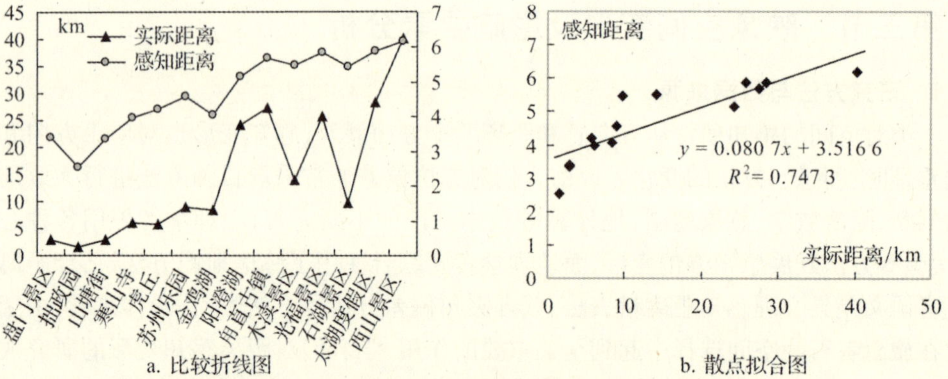

a. 比较折线图　　　　b. 散点拟合图

图 7-2　苏州游憩空间实际距离和感知距离关系线性拟合（165 个总体样本）

为更准确地刻画感知距离和实际距离之间的函数关系，利用 SPSS 软件对 165 个样本的感知距离和实际距离分别进行线性、二项式、对数、指数等不同类别函数拟合，所获取的拟合函数分别为：

（1）线性函数拟合方程：$y = 0.081x + 3.52$

（2）二项式函数拟合方程：$y = 2.91 + 0.196x - 0.003x^2$

（3）对数函数拟合方程：$y = 2.22 + 1.08\log(x)$

（4）指数函数拟合方程：$y = 3.50e^{0.018x}$

进一步比较不同类别函数的拟合效果，从表 7-6 可知，对数函数模式拟合的 R 值最高，为 0.959，$F=138.501>F_{(\alpha=0.01)}\approx 6.80$，通过检验，拟合效果最好。二项式函数拟合的效果也不错，为 0.926。由对数函数拟合方程 $y=2.22+1.08\log x$ 可知，感知距离和实际距离之间存在正相关关系。另外，感知距离从非常远到非常近均有出现，分布相对均衡合理，尽管本研究地域尺度半径在 50km 以内，远远小于前人关于跨省市大区域尺度上感知距离，但其远近分布却更加合理，可见市区级小尺度游憩空间感知更趋真实、感知偏差相对较小。

表 7-6 苏州游憩空间感知距离变形的不同函数模式拟合指数比较(165 个总体样本)

拟合函数	R	R^2	调整后 R^2	估计标准误	F	Sig.
线性拟合	.864	.747	.726	.594	35.477	.000
二项式拟合	.926	.858	.832	.465	33.116	.000
对数拟合	.959	.920	.914	.333	138.501	.000
指数拟合	.823	.677	.650	.157	25.122	.000

市区级尺度范围内距离感知研究的重要实践意义在于其对游憩行为特别是对出游交通方式的影响，目的是探索游憩者出行对城市交通规划建设的影响。城市交通体系的构建在很大程度上决定着城市规划建设的成败和城市格局的合理性。和谐社会构建、和谐城市建设都要求加强对城市游憩者需求行为的分析和尊重。目前我国城市正处于前所未有的大规模快速城市化时期，市民休闲游憩的出行方式也在发生着根本性的变化，出行方式多元化的同时，也呈现出一些新趋势，即自驾游休闲方式的蓬勃兴起。结合国外自驾游市场发展的历史经验，考虑到自驾游对城市交通网络系统的重要影响，本研究进一步将自驾游游憩者和非自驾游游憩者对游憩空间距离的感知进行比较。

利用 SPSS 一般统计描述工具，算出 165 个样本中不同交通出游方式(A. 公交车、B. 小汽车、C. 大客车、D. 出租车、E. 摩托车、F. 电瓶车、G. 自行车、H. 步行、I. 其他)的感知距离均值，14 个游憩场点对应了 14 组感知距离均值，在此基础上，划分出小汽车自驾和非自驾两种交通方式类别。

首先是考察非自驾游游憩者的感知距离偏差变形。利用 SPSS 软件对非自驾游感知距离均值和实际距离分别进行线性、二项式、对数、指数等不同类别函数拟合，所获取的拟合函数分别为：

(1) 线性函数拟合方程：$y=0.080x+3.53$

(2) 二项式函数拟合方程：$y=2.92+0.194x-0.003x^2$

(3) 对数函数拟合方程：$y=2.23+1.08\log x$

(4) 指数函数拟合方程：$y=3.51e^{0.018x}$

进一步比较不同类别函数的拟合效果，从表 7-7 可知，对数函数模式拟合的 R 值最高，为 0.951，$F=114.625>F_{(\alpha=0.01)}\approx 6.80$，通过检验，拟合效果最好。二项式函数拟合的 R 值为 0.914，效果也不错。由对数函数拟合方程 $y=2.23+1.08\log x$ 可知，感知距离和实际距离之间存在正相关关系。非自驾游群体的距离感知和总体样本感知比较接近，感知距离从非常远到非常近均有出现，分布相对均衡合理，游憩空间感知的真实性较高、感知偏差相对较小。

表 7-7　苏州游憩空间感知距离变形的不同函数模式拟合指数比较(非自驾游样本)

拟合函数	R	R^2	调整后 R^2	估计标准误	F	Sig.
线性拟合	0.854	0.730	0.707	0.617	32.383	.000
二项式拟合	.914	.836	.806	.501	28.083	.000
对数拟合	.951	.905	.897	.365	114.625	.000
指数拟合	.813	.661	.632	.162	23.373	.000

与之对应的是考察自驾游群体的感知距离变形。与前文相同,分别算出自驾游群体对14个游憩场点的感知距离均值,然后进行线性、二项式、对数、指数等不同类别的函数拟合,所获取的拟合函数分别为:

(1) 线性函数拟合方程:$y = 0.083x + 3.46$

(2) 二项式函数拟合方程:$y = 2.84 + 0.200x - 0.003x^2$

(3) 对数函数拟合方程:$y = 2.18 + 1.095\log x$

(4) 指数函数拟合方程:$y = 3.47e^{0.018x}$

由表7-8可知,自驾游者对距离感知的拟合函数仍然是以对数函数拟合效果最佳,它的 R 值最高为0.973,$F = 215.809 > F_{(\alpha=0.01)} \approx 6.80$,通过检验,拟合效果较好。二项式函数拟合的 R 值为0.956,效果也很好。由对数函数拟合方程 $y = 2.18 + 1.095\log x$ 可知,感知距离和实际距离之间存在正相关关系。自驾游群体的感知距离从非常远到非常近均有出现,分布相对均衡合理,游憩空间感知的真实性较高、感知偏差相对较小。

表 7-8　苏州游憩空间感知距离变形的不同函数模式拟合指数比较(自驾游样本)

拟合函数	R	R^2	调整后 R^2	估计标准误	F	Sig.
线性拟合	.894	.799	.782	.527	47.750	.000
二项式拟合	.956	.914	.898	.360	58.414	.000
对数拟合	.973	.947	.943	.270	215.809	.000
指数拟合	.858	.736	.714	.139	33.458	.000

综上所述,无论是样本总体,还是非自驾游者,抑或是自驾游者,其对距离的感知偏差均以对数函数模式的拟合效果最佳。比较三种对数函数拟合方程,①总体样本:$y = 2.22 + 1.08\log x$;②非自驾游样本群:$y = 2.23 + 1.08\log x$;③自驾游样本群:$y = 2.18 + 1.095\log x$,其中①和②方程的常数项 a 和系数 b 分别接近或相等,说明二者之间的距离感知差异不大,方程③的常数项 a 为2.18,略小于①和②,说明在1km以内自驾游群体的感知距离略大于①和②。令② = ③,可求得当 $x = 2\ 154$km 时,二者感知距离相同;当 x 值小于2 154km时,自驾游群体对距离的感知始终略低于非自驾游群体。本章所述的地域范畴为市区级,最大距离半径为50km,可见在苏州市区范围内,自驾游出行者的感知距离水平低于非自驾游者,也低于全市的平均感知水平。

3 交通方式对城市游憩映象空间距离变形的影响

(1) 自驾游交通方式对距离感知的影响

前文模拟刻画了苏州游憩空间的距离感知特征,并对小汽车自驾游游憩者和非小汽车自驾游游憩者的距离感知差异进行了初步揭示。研究表明,交通方式对游憩者距离感知有一定影响。本小节将在此基础上,进一步深入探讨交通方式对城市游憩映象空间变形的影响。

首先可以肯定,自驾游游憩者和非自驾游游憩者存在距离感知差异,但差异程度究竟多大?利用SPSS软件中的比较均值,进行单因素方差分析,通过选择Scheffe进行两两比较分析,临界显著性水平设定为0.01,在粘贴项中修改程序语句为"小汽车感知距离　非小汽车游憩者感知距离 with 小汽车游憩者感知距离　非小汽车游憩者感知距离综合交通方式感知距离　实际距离",最终得到小汽车自驾游和非小汽车自驾游感知距离相关性统计表(表7-9)。由该统计表不难看出:① 所有相关性指标在0.01显著水平上显著相关,说明整体上相关性程度较高、变化程度较小。② 从不同交通方式之间的感知距离相关性来看,自驾游、非自驾游都与综合交通方式在感知距离上呈现出强相关;自驾游与非自驾游之间的感知距离相关性系数也很高,说明二者的感知距离差异性并不大。③ 从感知距离和实际距离的相关性比较来看,自驾车者的感知距离与实际距离的皮尔逊相关系数为0.894,略高于非自驾车者的0.854,说明自驾车游憩者的距离感知精确性略高于非自驾车游憩者,感知距离变形程度相对较低些;反过来,非自驾游者的感知距离变形则相对更突出、更复杂些。

表7-9　自驾游、非自驾游感知距离相关性分析

关联分析项目	变量观测值	小汽车游憩者感知距离	非小汽车游憩者感知距离	综合交通方式感知距离	实际距离
小汽车游憩者感知距离	皮尔逊相关系数	1.000**	.984**	.990**	.894**
	显著水平(双尾)	.000	.000	.000	.000
	个数	14	14	14	14
非小汽车游憩者感知距离	皮尔逊相关系数	.984**	1.000**	.999**	.854**
	显著水平(双尾)	.000	.000	.000	.000
	个数	14	14	14	14

注:**表示显著性水平为0.01(双尾)。

(2) 综合交通方式对距离感知的影响

本研究对交通方式的调查共包括A.公交车、B.小汽车、C.大客车、D.出租车、E.摩托车、F.电瓶车、G.自行车、H.步行、I.其他9类方式。分别对14个游憩场点的交通方式进行统计,对其交通组合方式的百分比构成进行比较(图7-3),可以看出,公交车是苏州市民出游的首选交通方式,角直古镇、木渎景区、光福景区、石湖景区、太湖度假区、西山景区等距离较远的游憩场点,公交线路仍是游憩者首选交通方式。其次是旅游大客车,而大客车在其他靠近城市中心的游憩场点中的比重很低。特别需要注意的是,小汽车自驾游方式的比重高于出租车、摩托车、电瓶车、自行车、步行及其他交通方式,自驾游方式在各游憩场点的比重比较均衡、在远距离游憩场点中呈现略微上升的趋势。可见,苏州自驾游方式已经蓬勃发展且初具规模,这和苏州私家车比重在全国各大城市领先的实际是相符的。

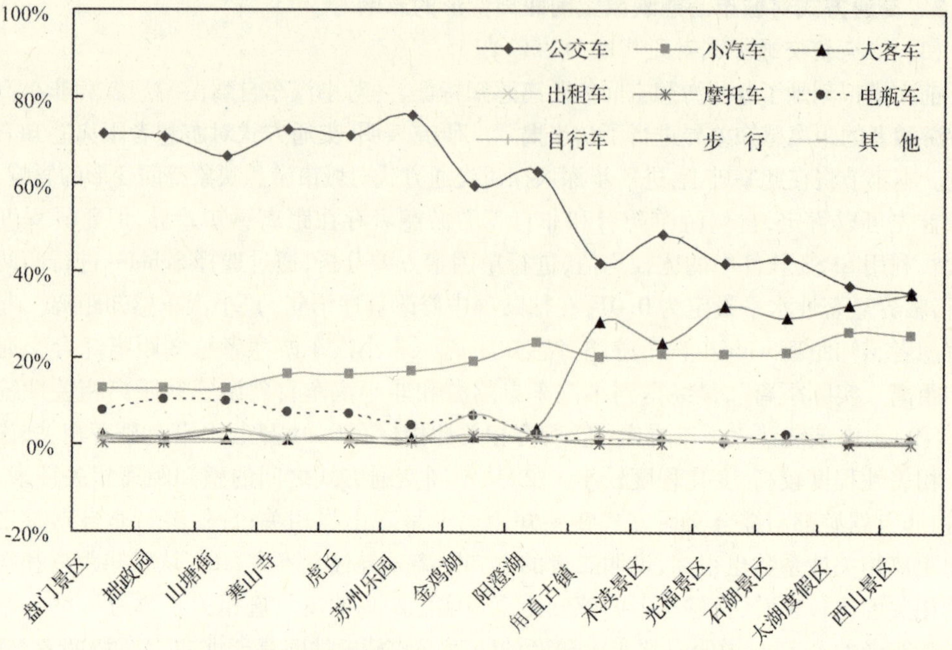

图 7-3　苏州市 14 个游憩场点交通组合方式比折线图

不同交通方式游憩者的感知距离应该存在一定差异性。运用 SPSS 软件进行相关性分析，得到不同交通方式的感知距离相关性，以及感知距离与实际距离的相关性，从表 7-10 可看出：① 所列举的 9 种交通方式游憩者的感知距离和实际距离之间的相关系数较大，相关性程度较高，说明感知距离的偏差在合理范围之内。其中，摩托车、小汽车、公交车、出租车四者在 0.01 水平上显著相关，相关性程度由强到弱，摩托车的感知原真性最好，但此类交通方式的普及性和使用率很低；小汽车对距离感知的原真性好，使用程度已有相当规模且发展速度迅猛；公交车是最重要的公共游憩交通方式之一，也很有利于乘客感知空间距离；出租车作为游憩出行方式选择程度不高，但对距离的感知效果较佳。另外，步行是在 0.05 水平上显著相关的最大相关系数，说明徒步游览有助于更真实地感知空间距离，但受空间活动范围较小的限制，对长距离的空间感知较弱、感知偏差较大。② 分析不同交通方式游憩者之间的感知距离相关性，重点来看小汽车游憩者感知距离与其他不同交通方式游憩者感知距离之间的相关性，所有相关系数均在 0.01 水平上显著相关（双尾），其中，小汽车和公交车的感知距离相关系数最高，其值为 0.980，紧随其后的是与摩托车的相关系数 0.978，位列第三的是与电瓶车的相关系数 0.910，可见，就感知距离的接近性程度来看，与小汽车最为接近的依次是公交车、摩托车和电瓶车，而摩托车和电瓶车在长距离游憩中的优势不明显，同时考虑到公交车的感知距离偏差较小、有助于交通沿线景观欣赏，因此重视和优先发展旅游公交线路是推进城市游憩发展的重要战略选择。③ 另外，与大客车相关性系数最大、相关性程度最高（即感知距离偏差最小、感知距离最接近的交通方式是公交车；与出租车感知距离最接近）的是小汽车；与摩托车感知距离最接近的是小汽车；与电瓶车感知距离最接近的是公交车；与自行车感知距离最接近的是摩托车；与步行感知距离最接近的是其他类交通方式；而与其他类交通方式的感知距离最接近、偏差最小的交通方式则是公交车。

可见，在公交车、大客车、小汽车、电瓶车四类最重要的游憩交通方式中，大客车、电瓶车以公交车为感知距离相关性最高者；而出租车、摩托车则以小汽车为最高相关者。

表 7-10　不同交通方式感知距离变形及相关性比较分析

项目	变量观测值	实际距离	公交车	小汽车	大客车	出租车	摩托车	电瓶车	自行车	步行	其他
实际距离	皮尔逊相关系数	1	.836**	.894**	.621*	.769**	.925**	.686*	.623*	.808*	.666*
	显著水平(双尾)		.000	.000	.018	.001	.001	.020	.017	.015	.025
	个数	14	14	14	14	14	8	11	14	8	11
公交车	皮尔逊相关系数	.836**	1	.980**	.807**	.841**	.957**	.933**	.779**	.855**	.924**
	显著水平(双尾)	.000		.000	.000	.000	.000	.000	.001	.007	.000
	个数	14	14	14	14	14	8	11	14	8	11
小汽车	皮尔逊相关系数	.894**	.980**	1	.766**	.868**	.978**	.910**	.716**	.793*	.895**
	显著水平(双尾)	.000	.000		.001	.000	.000	.000	.004	.019	.000
	个数	14	14	14	14	14	8	11	14	8	11
大客车	皮尔逊相关系数	.621*	.807**	.766**	1	.709**	.680	.604*	.637*	.554	.804**
	显著水平(双尾)	.018	.000	.001		.005	.063	.049	.014	.154	.003
	个数	14	14	14	14	14	8	11	14	8	11
出租车	皮尔逊相关系数	.769**	.841**	.868**	.709**	1	.799*	.699*	.489	.466	.790**
	显著水平(双尾)	.001	.000	.000	.005		.017	.017	.076	.245	.004
	个数	14	14	14	14	14	8	11	14	8	11
摩托车	皮尔逊相关系数	.925**	.957**	.978**	.680	.799*	1	.897**	.913**	.821*	.900**
	显著水平(双尾)	.001	.000	.000	.063	.017		.006	.002	.045	.006
	个数	8	8	8	8	8	8	7	8	6	7
电瓶车	皮尔逊相关系数	.686*	.933**	.910**	.604*	.699*	.897**	1	.777**	.724	.823*
	显著水平(双尾)	.020	.000	.000	.049	.017	.006		.005	.066	.012
	个数	11	11	11	11	11	7	11	11	7	8
自行车	皮尔逊相关系数	.623*	.779**	.716**	.637*	.489	.913**	.777**	1	.796*	.810**
	显著水平(双尾)	.017	.001	.004	.014	.076	.002	.005		.018	.003
	个数	14	14	14	14	14	8	11	14	8	11
步行	皮尔逊相关系数	.808*	.855**	.793*	.554	.466	.821*	.724	.796*	1	.888*
	显著水平(双尾)	.015	.007	.019	.154	.245	.045	.066	.018		.018
	个数	8	8	8	8	8	6	7	8	8	6
其他	皮尔逊相关系数	.666*	.924**	.895**	.804**	.790**	.900**	.823*	.810**	.888*	1
	显著水平(双尾)	.025	.000	.000	.003	.004	.006	.012	.003	.018	
	个数	11	11	11	11	11	7	8	11	6	11

注：** 表示在显著性 0.01 水平上显著相关(双尾)，* 表示在显著性 0.05 水平上显著相关(双尾)。

综上所述,距离感知偏差和交通方式存在一定关系,采取不同游憩出行交通方式,其对距离的感知有所不同。苏州游憩距离感知中,小汽车交通方式的感知原真性程度较高,公交车、摩托车、出租车、电瓶车的感知效果也较好。在这几种交通方式中,公交车方式处于主导地位,私人小汽车的使用已经初具规模,电瓶车在一些近距离游憩场点具有一定使用规模,而出租车、摩托车的整体使用程度较低。总体来看,公交车和私家小汽车已经成为苏州最重要的两大游憩交通方式,这两种交通方式下的感知距离的原真性较高,因而,苏州游憩者对距离的感知效果整体较好。

(3) 苏州小汽车交通方式对距离感知影响的背景机制分析

对调查问卷总样本中的私家小汽车游憩者的购车时间、用车方式、购车原因进行调查统计,从图 7-4 可以发现,首先,从购车时间来看,5 年前购车的比重占 42.74%,2 年前购车者占 29.06%,二者之和占总样本的 70% 以上,而 10 前购车者仅占样本总量的 14.53%。总体来看,私家小汽车游憩样本的购车年数时长居中,对游憩者的距离感知应该能够产生一定影响。而前文研究也表明,自驾游游憩者样本的感知距离和实际距离之间的偏差比非自驾游样本要小。其次,从自驾车游憩样本群体的自驾游乘车方式来看,惯常驾驶者的比重仅占29.06%,惯常乘坐者比重则高达 61.54%,驾驶和乘坐兼有者占 9.40%。Downs [337] 和 Ankomah[338] 的研究结果表明自驾车游憩者的感知距离偏差最小,其他交通方式游憩者的感知距离偏差较大,因为主动交通方式(如亲自驾车者)比被动的交通方式(如乘客)更需要关注周围环境,更容易学习周围环境,从而增加了其对于距离感知的准确性。本研究调查回收的有效问卷以年轻的学生为主,如果增加对其家长自驾游驾驶者的路径感知调查,所得出的感知距离原真性应该比目前更显著。可以推测,自驾车游憩方式对距离感知的正向影响效果是显著的。最后,分析私人小汽车购车原因,因工作需要而购车的比重最大,占 38.17%;因日常生活而购车的比重占 25.95%,列第二位;其他原因者占 16.79%;因游玩需要而购车者所占比例不高,仅占 13.74%;心理需要和可有可无的比重分别占 3.05% 和 2.29%,比重很低,列最后两位。可见工作和生活需要是苏州市民购买私家车的主要原因,单纯因游憩需要而买车者比重不高。通过深度访谈发现,生活需要是包括游憩需要在内的一种综合需要。无论是缓解工作压力的需要,还是丰富生活的需要,游憩都是最好的选择方式之一。在现有的社会经济文化发展水平上,游憩将逐步演变成苏州市民的一种基本生活方式,自驾游游憩方式也将会得到飞速而稳健地发展。以自驾游为主导的游憩交通方式将使苏州游憩者的距离感知偏差逐步缩小。

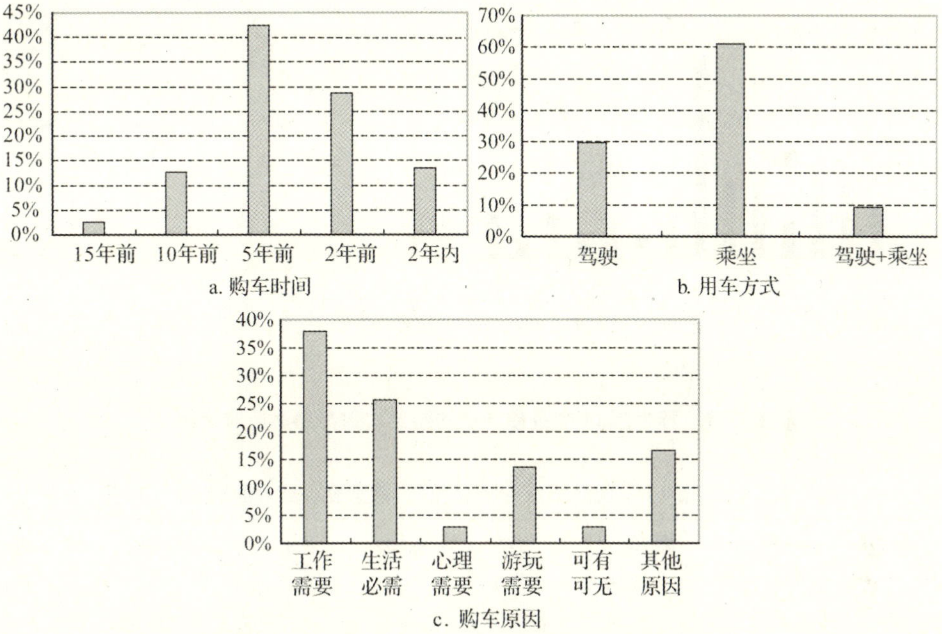

图 7-4 苏州私家小汽车交通游憩方式基本情况

4 熟悉度对城市游憩映象空间形态特征的影响

一般而言,人们对某一事物越熟悉认识就越准确。那么熟悉度是否影响,以及在多大程度上影响游憩者的距离感知?已有研究表明,人们对所熟悉路径的感知距离通常比实际距离要短,对不熟悉的道路的感知长度则通常大于实际距离。McNamara 的偏分级理论(Partial Hierarchical Theory)认为初次游览的游憩者对于距离感知的偏差较大[339]。

本研究统计了 14 个游憩场点的游览次数(人均小于 7 次/年)、熟悉度(7 分李克特量表)、感知距离(7 分李克特量表)3 个变量,并分别算出变量的平均值和标准差,所得数据均在两个标准误差范围之内,数据统计有效。从图 7-5 的熟悉度均值大小可以看出,近两年内,金鸡湖、山塘街、苏州乐园、虎丘、拙政园五个游憩场点的游览次数名列前 5 位;金鸡湖、苏州乐园、山塘街、拙政园、虎丘的熟悉度名列前 5 位。进一步绘制游览次数、熟悉度、感知距离与实际距离(右侧轴)的基本统计量表(表 7-11),不难看出:① 整体来说,距离越近,人均年游览次数越多,对游憩场点的熟悉度也越高,感知距离偏差越小;相反,远距离的游憩场点的熟悉度低,感知距离偏差也相应增大。② 石湖景区的实际距离不远,但游览次数及熟悉度总体来看低于其他近距离游憩场点,感知距离也相对较远,感知偏差较大,说明石湖景区的感知区位有待提高。③ 金鸡湖人均年游览次数最高,熟悉度也相对较高,但对其感知距离偏差并非最小,感知距离偏差最小的是西山景区,实际距离和感知距离均属最高,其熟悉度并非最低,但也相对不高,说明西山景区的偏远距离特征确实在一定程度上影响着市民游憩选择,进一步加强西山景区感知区位优势,开拓本地游憩市场,是西山景区提升发展不可忽视的重要问题。

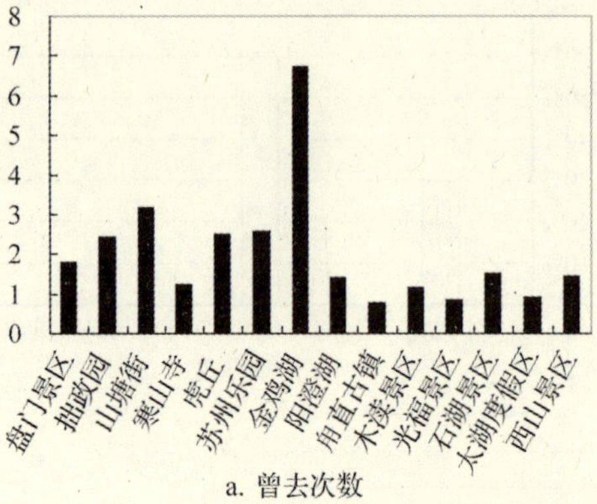

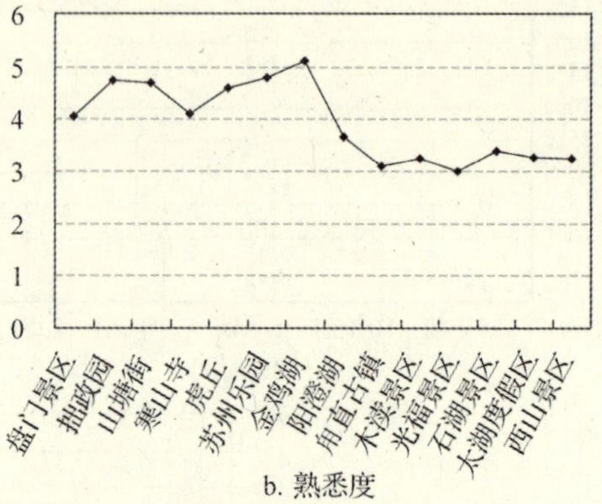

图 7-5　苏州市 14 个游憩场点的游览次数与熟悉度对比图

表 7-11　苏州市 14 个游憩场点的游览次数、熟悉度、感知距离基本统计量

游憩场点	项目因子	均值	标准差	游憩场点	项目因子	均值	标准差
盘门景区	游览次数	1.787 9	3.027 9	阳澄湖	游览次数	1.145 5	2.924 4
	熟悉度	4.181 8	1.871 7		熟悉度	3.503	1.885 8
	感知距离	3.406 1	1.162 9		感知距离	5.163 6	1.221 2
拙政园	游览次数	2.539 4	3.099	甪直古镇	游览次数	0.733 3	1.143
	熟悉度	4.939 4	1.709 7		熟悉度	3.090 9	1.786 9
	感知距离	2.539 4	1.202 1		感知距离	5.697	1.112 2
山塘街	游览次数	3.193 9	4.743 3	木渎景区	游览次数	1.248 5	2.882 7
	熟悉度	4.975 8	1.831 1		熟悉度	3.272 7	1.812 4
	感知距离	3.351 5	1.188 4		感知距离	5.497	1.107 8
寒山寺	游览次数	1.248 5	2.096 5	光福景区	游览次数	0.945 5	2.940 8
	熟悉度	4.278 8	1.866 2		熟悉度	3.091 5	3.539 4
	感知距离	3.963 6	1.219 2		感知距离	5.854 5	1.077 8
虎丘	游览次数	2.715 2	3.332 8	石湖景区	游览次数	1.478 8	3.258 4
	熟悉度	4.757 6	1.693 4		熟悉度	3.509 2	1.995
	感知距离	4.206 1	1.139 6		感知距离	5.454 5	1.044 5
苏州乐园	游览次数	2.436 4	3.261 6	太湖度假区	游览次数	1.036 4	2.008 8
	熟悉度	4.854 5	1.771 2		熟悉度	3.231 7	1.845 6
	感知距离	4.575 8	1.210 5		感知距离	5.890 9	1.012 2
金鸡湖	游览次数	6.539 4	8.725 8	西山景区	游览次数	1.569 7	2.311 8
	熟悉度	5.115 2	1.757 9		熟悉度	3.335 4	1.893 7
	感知距离	4.066 7	1.406 1		感知距离	6.181 8	1.116 8

在此基础上，本研究利用 SPSS 软件进行单因素方差分析，通过选择 Scheffe 进行两两比较分析，临界显著性水平设定为 0.05，在粘贴项中修改程序语句为“熟悉度 with 游览次数 交通方式 感知距离”，最终得到熟悉度及交通方式对苏州游憩空间距离感知的影响关系表(表 7-12)。由表可知：① 游览次数和熟悉度之间存在显著性相关关系，相关系数均为正值；熟悉度和感知距离的相关系数均为负值，在 0.01 水平上存在显著性负相关关系，这与前

人研究发现的路径越熟悉距离感知越近的结论相吻合。② 根据熟悉度和游览次数的相关系数大小对14个游憩场点进行排序，位列前五位的是盘门景区、太湖度假区、西山景区、拙政园、角直古镇。同理，根据熟悉度和感知距离的相关系数绝对值大小排序，位列前五位的是阳澄湖、盘门景区、山塘街、苏州乐园、木渎景区。可见除了盘门景区的两类相关性均处于前五位外，其他游憩场点的两类相关性序列均不一致，"游览次数→熟悉度→感知距离"因果关联一致性不高，以往众多研究认为感知距离偏差随着实际距离的增加而增加[338,340-342]，可见，地域尺度范围较小的城市游憩空间的距离感知偏差除了受熟悉度的影响外，可能更受到诸如场所依恋等更多复杂心理情感因素或外部环境因素的影响。③ 从交通方式和熟悉度的相关性系数来看，某种具体的交通方式类型与熟悉度强弱的关联性不大，仅有盘门景区、石湖景区、寒山寺三处在0.01水平上显著相关；山塘街、拙政园在0.05水平上显著相关，而所有显著相关系数也整体偏低；其余的9个游憩场点均不存在显著相关关系。可见，作为中间变量的交通工具类别对熟悉度的影响不大、相关性不强。④ 进一步比较"熟悉度—游览次数相关系数"与"熟悉度—感知距离相关系数"的大小关系，可以看出，金鸡湖、阳澄湖、石湖三个游憩场点中，"熟悉度—游览次数相关系数"<"熟悉度—感知距离相关系数"，而三者的相关系数绝对值本来就较小，总体上相关性薄弱，可见这种特征关系代表性不强。其他11个游憩场点则与这3个游憩场点的相关系数关系相反，即"熟悉度—游览次数相关系数">"熟悉度—感知距离相关系数"，呈现出比较有代表性的熟悉度和游览次数相关性较高，而与感知距离相关性较低的特征规律。

表7-12 熟悉度对苏州游憩空间距离感知的影响关系分析

游憩点	熟悉度相关因子	游览次数	交通方式	感知距离	游憩点	熟悉度相关因子	游览次数	交通方式	感知距离
盘门景区	Pearson 相关	.465**	.337**	-.365**	阳澄湖	Pearson 相关	.321**	.091	-.393**
	Sig.（双尾）	.000	.000	.000		Sig.（双尾）	.000	.245	.000
拙政园	Pearson 相关	.415**	.176*	-.174*	角直古镇	Pearson 相关	.415**	.078	-.317**
	Sig.（双尾）	.000	.024	.026		Sig.（双尾）	.000	.319	.000
山塘街	Pearson 相关	.391**	.199*	-.355**	木渎景区	Pearson 相关	.376**	-.060	-.329**
	Sig.（双尾）	.000	.010	.000		Sig.（双尾）	.000	.444	.000
寒山寺	Pearson 相关	.281**	.210**	-.111	光福景区	Pearson 相关	.218**	-.091	-.204**
	Sig.（双尾）	.000	.007	.157		Sig.（双尾）	.005	.245	.009
虎丘	Pearson 相关	.320**	.019	-.277**	石湖景区	Pearson 相关	.293**	-.235**	-.313**
	Sig.（双尾）	.000	.809	.000		Sig.（双尾）	.000	.003	.000
苏州乐园	Pearson 相关	.360**	.127	-.347**	太湖度假区	Pearson 相关	.446**	-.028	-.297**
	Sig.（双尾）	.000	.105	.000		Sig.（双尾）	.000	.720	.000
金鸡湖	Pearson 相关	.242**	.141	-.255**	西山景区	Pearson 相关	.416**	-.103	-.240**
	Sig.（双尾）	.002	.070	.001		Sig.（双尾）	.000	.191	.002

注：** 指在0.01水平上显著相关（双尾）；* 指在0.05水平上显著相关（双尾）。

苏州游憩调查问卷中的第12项对熟悉程度和游憩行为的关系进行了调查，对总样本的338份有效问卷中的第12题进行统计（图7-6），五个选项所占的比重分别为：因熟悉会去占20.97%,因熟悉不去占11.29%,熟悉先考虑占19.76%,熟悉次考虑占10.48%,与熟悉无关则占37.50%。可见,对熟悉度持否定的2个选择项目,即因熟悉不去、因熟悉而次要考虑,2项之和占21.77%,因熟悉会去、因熟悉先考虑2个肯定项之和占40.73%,持中立态度的"与熟悉无关"占37.50%,即有59.27%的游憩者对熟悉程度持中立或否定态度,可见,熟悉与否对游憩者的出行选择并没有显著影响。

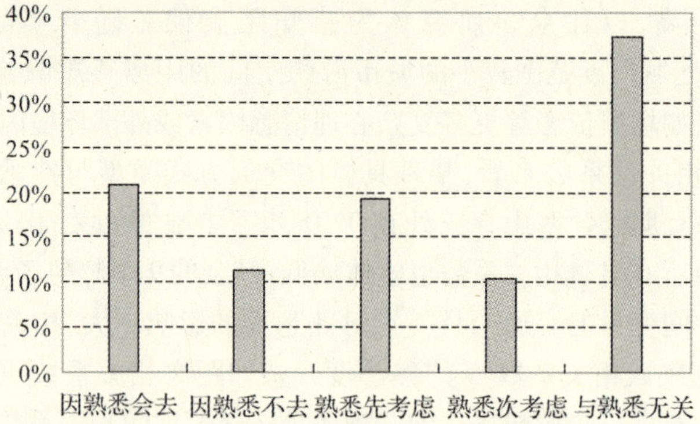

图7-6　熟悉程度对游憩者出行的影响

第四节　本章基本结论

首先,通过函数拟合比较发现,无论是样本总体,还是非自驾游者,抑或是自驾游者,他们对距离的感知偏差均以对数函数模式的拟合效果最佳。理论上在距离市中心游憩场点观前街2 154km半径范围内,自驾游憩者的感知距离水平小于非自驾游者,也小于全市的感知距离平均水平,其感知偏差最小。

其次,通过感知距离和实际距离的相关性分析发现,距离感知偏差和交通方式存在一定关系。小汽车交通方式的感知原真性程度较高,公交车、摩托车、出租车、电瓶车的感知效果也较好。而现阶段公交车和私家小汽车是苏州游憩者出行的两种最重要的交通方式,这两种交通下的感知距离的偏差均较小,由此可知,苏州游憩者对距离的感知效果整体较好。从私家车的购车年限和购车原因、发展态势可以推测,苏州游憩空间感知的距离偏差将呈现出越来越小的趋势。

最后,熟悉度和游览次数之间存在显著正相关,和感知距离偏差之间存在显著负相关。但同时发现,"游览次数→熟悉度→感知距离"因果关联一致性并不很高,结合以往研究得出的实际距离越小感知距离越小的统计结论可知,地域尺度范围整体较小的城市游憩空间的距离感知偏差除了受熟悉度影响外,可能更受到诸如地方情结等多种复杂心理情感因素或外部环境因素的影响。

第八章

城市游憩行为空间移动轨迹复杂性及感知心理

第一节　行为空间的复杂时空轨迹

早期苏州游憩资源调查中,本研究根据游憩场点评价分值提取129个代表性游憩场点,并将之作为复杂性研究中分形刻画的基本判据。另外,根据苏州市旅游局2008年的客流量统计数据,对少数缺失数据的景区则通过采取实地咨询及观察调查相结合,最终建立起苏州游憩场点游憩客流量数据库,在分形分析中作为游憩场点等级秩序分维刻画的第二判断依据,与偏好评价分值数据标准结论进行了有益比较,发现基于偏好评价和基于游憩客流量的游憩场点等级结构分形特性差异较大,即实际客流量的集聚特征突出而游憩偏好评价的等级秩序却相对均衡。针对此,本部分将采用问卷调查统计和距离衰减函数拟合的方法,揭示苏州游憩流行为空间的时空移动轨迹,并对游憩者行为背后的感知心理特征或行为心理机制进行深入探索。

1　空间轨迹拟合与特征描述

距离衰减曲线是描述系统要素空间分布和等级秩序的直观方法。在129个代表性游憩场点分布图上,以苏州市中心游憩场点观前街为中心,测算一定回旋半径范围内的游憩场点分布数量,得出苏州游憩场点空间分布距离衰减和距离累计曲线,然后分别以各游憩场点的评价分值和实际游憩流量为度量变量,绘制出游憩场点偏好强度距离衰减、累计曲线和游憩流量的距离衰减、累计分布曲线(图8-1)。

从图8-1可以看出,游憩场点总体数量及不同属性类别游憩场点数量的距离衰减迹象比较明显而规整,没有太大的波动出现。在16～25km半径范围内,偏好强度呈现出整体较弱的趋势,而在25～46km半径区段内的偏好稍微增强。从游憩流量距离衰减曲线来看,26km和33km半径附近呈现出两个波动高峰值,而在此节点附近,恰是以太湖为品牌的休闲度假区和以周庄为品牌的古镇观光区,二者在苏州游憩中拥有较高的知名度和品牌效应,故而形成实际游憩客流量的波动。另外,考察距离累计曲线可以发现,场点数量、偏好强度和实际游憩客流量三者的累计曲线斜率变化不尽相同,从另一个方面准确反映出距离衰减的变化特征。首先,从总量累计变化和属性细分类别之间的比较来看,总量累计变化的斜率居中;其次,自然观光类游憩场点的数量、偏好强度和游憩客流量的累计曲线变化明显,三者的累计曲线均比其他同类曲线要平缓,说明自然观光类游憩场点随距离缩短而衰减的趋势较缓慢,这和自然观光类游憩场点的自然属性和远离市中心的一般性规律相符。

从自然观光类游憩场点的三种累计曲线的内部比较来看，游憩场点数量的衰减速度高于游憩偏好评价和游憩客流量，说明远郊的游憩场点无论在偏好还是在实际到访人数来看，都是市民比较热衷的焦点。伴随着交通条件的不断改善特别是私家车的快速普及，苏州自然观光类游憩场点的到访人数和偏好程度将会不断提升。

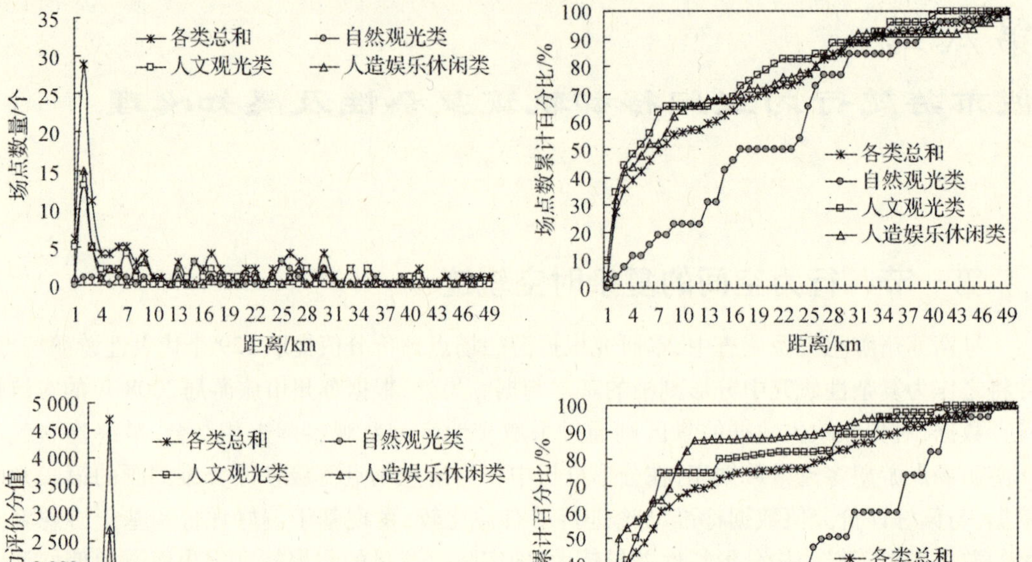

图 8-1　苏州游憩场点的数量规模、偏好强度与游憩客流量的距离衰减和距离累计曲线

为进一步揭示距离衰减曲线的线性特征及其蕴含的内在结构规律，对距离衰减曲线进行函数拟合。一般模式（指数模型）、双对数模式（Pareto 模型和常对数模型）、单指数模式（平方指数模型和开方指数模型）是最常用的距离衰减模式拟合函数模型。运用这几类模式分别对游憩场点数量、偏好强度、游憩客流量三条曲线进行拟合，得到苏州游憩空间系统要素距离衰减函数拟合参数表（表 8-1）。结果发现，三条曲线的不同函数模型拟合效果中，均以 Pareto 模型的拟合效果最佳。数量规模衰减曲线的 Pareto 拟合 $F = 44.419 > F_{(\alpha=0.01)} \approx$

6.80,通过检验,R 值为 0.734,在五类拟合中最高,距离系数 b 值为 0.616,相对较低,说明数量衰减速度较快。偏好强度衰减曲线的 Pareto 拟合 $F = 25.657 > F_{(\alpha=0.01)} \approx 6.80$,通过检验,$R$ 值为 0.635,在五类拟合中最高,距离系数 b 值为 0.963,相对较高,说明引力强度衰减对距离不敏感,衰减速度慢。同理,游憩客流量衰减曲线的 Pareto 拟合 $F = 15.977 > F_{(\alpha=0.01)} \approx 6.80$,通过检验,$R$ 值为 0.544,在五类拟合中最高,距离系数 b 值为 1.038,说明引力强度衰减缓慢,且呈现出局部拟衰减现象。这是由于苏州外围游憩带高级别休闲场所的存在弱化了数量衰减的影响。

表 8-1 城市游憩空间系统各要素距离衰减模型拟合参数比较

函数模式	衰减模型	游憩项目	a	b	R	F	$F_{(\alpha=0.01)} \approx 6.80$	T
一般模式	指数模型① $Y_i = ae^{bd_i}$	场点数量	4.879	0.035	0.653	28.185	通过	8.799
		偏好强度	623.283	0.054	0.545	16.084	通过	17.858
		客流量	108.527	0.057	0.460	10.204	通过	9.771
双对数模式	Pareto 模型② $Y_i = ae^{b\ln d_i}$	场点数量	12.391	0.616	0.734	44.419	通过	9.141
		偏好强度	2 796.153	0.963	0.635	25.657	通过	14.004
		客流量	557.242	1.038	0.544	15.977	通过	8.177
	常对数模型③ $Y_i = ae^{b(\ln d_i)^2}$	场点数量	6.580	0.125	0.707	37.904	通过	9.363
		偏好强度	1 024.541	0.195	0.606	22.073	通过	16.944
		客流量	181.999	0.205	0.509	13.259	通过	9.350
单指数模式	平方指数模型④ $Y_i = ae^{bd_i^2}$	场点数量	3.370	0.000 6	0.574	18.687	通过	8.389
		偏好强度	348.975	0.000 9	0.465	10.495	通过	20.684
		客流量	59.323	0.001	0.399	7.204	通过	11.083
	开方指数模型⑤ $Y_i = ae^{bd_i^{0.5}}$	场点数量	9.564	0.330	0.703	37.055	通过	8.687
		偏好强度	1 806.235	0.509	0.599	21.304	通过	14.180
		客流量	335.627	0.540	0.506	13.074	通过	8.122

由上可知,在苏州游憩空间大系统的不同变量距离衰减函数拟合效果来看,Pareto 函数模型拟合效果最佳。下面即以 Pareto 函数模型对苏州游憩空间子系统的不同变量的距离衰减特征进行拟合分析。从表 8-2 中子系统的 Pareto 函数拟合效果来看,自然类游憩场点子系统的拟合效果最差,其三个变量均没能通过检验;人文观光类的游憩场点子系统的拟合效果相对较好些,但客流量因子变量仍没能通过检验;人造娱乐休闲类游憩场点子系统的拟合效果最佳,三个因子变量均通过检验。从 R 值大小来看,人文观光类游憩场点子系统的场点数量的最大,其 R 值为 0.738,拟合效果最好;其次为人造娱乐休闲类游憩场点子系统的偏好强度拟合,其 R 值为 0.710,拟合效果也较好。其他通过 F 检验的拟合 R 值均处于 0.5～0.6 之间,效果一般。另外,人文观光类游憩场点数量衰减的距离系数 b 值和人造娱乐休闲类游憩场点数量衰减的距离系数 b 值分别为 0.507 和 0.331,相对较低,说明从市中

心向外围两类游憩场点的数量衰减速度快。而人文观光类游憩场点子系统的偏好强度距离系数、人造娱乐休闲类游憩场点的偏好强度及游憩客流量的距离系数 b 值在 1 上下徘徊，相对较大，说明其对衰减速度、对距离均不敏感，衰减速度较慢。整体来看，距离衰减函数拟合的结论准确而客观地反映了苏州各类游憩场点的空间分布整体规律，和前文分形的随机集聚维数刻画的结论相一致，以距离衰减曲线为初步判断，进而采取集聚分维，更深入地刻画游憩场点空间系统集聚的整体特征及内部结构分异规律。另外，前文对苏州游憩场点大系统各要素的距离衰减的拟合均通过 F 值检验，而其不同属性子系统的拟合却未能完全通过检验，这说明不同属性子系统的有机融合构成的大系统的结构特征更鲜明，可以简单认为是系统整体优于系统部分之和规律的体现，也进一步证实城市游憩场点系统本质上是一种自然—人文有机复合系统。

表 8-2　城市游憩空间子系统各要素距离衰减 Pareto 模型拟合参数

系统细分	游憩项目	a	b	R	F	$F_{(\alpha=0.01)}\approx 6.80$	T
自然子系统	场点数量	0.987	0.088	0.206	0.755	未通过	-0.045
	偏好强度	26.154	0.494	0.412	3.467	未通过	4.333
	客流量	3.010	0.575	0.411	3.459	未通过	1.253
人文子系统	场点数量	6.117	0.507	0.738	23.927	通过	6.499
	偏好强度	1 236.45	0.918	0.571	9.675	通过	8.975
	客流量	182.728	0.844	0.440	4.810	未通过	5.031
人造子系统	场点数量	3.387	0.331	0.527	8.829	通过	3.903
	偏好强度	1 230.284	1.026	0.710	23.403	通过	11.961
	客流量	168.006	1.103	0.559	10.471	通过	5.359

2　客流空间轨迹的偏好相关性

前文对游憩场点数量、偏好强度、游憩客流量三要素的距离衰减规律进行了函数拟合分析。游憩偏好和实际出游行为之间的关系是游憩行为研究中的重要课题。这里将以前文的距离衰减函数拟合研究为基础，通过相关分析揭示游憩偏好和客流迁移之间的空间耦合关系（图 8-2）。

以全市休闲中心观前街为圆心，根据 129 个游憩场点的等级评价分值及实际到访游憩者流量两项指标绘制其距离衰减（图 8-2a）及累积率分布曲线图（8-2b），并采用散点图对偏好强度和游憩客流量距离衰减相关性（图 8-2c）和累积率相关性（图 8-2d）简单线性拟合。从距离衰减曲线可看出，太湖和周庄两个游憩场点的偏好强度小于实际游憩客流量，距离衰减的散点线性拟合 R^2 为 0.825，效果良好。同样，从累积率曲线可以更清晰地看出二者存在一定的线性分离区段，但整体效果较好，同样散点一般线性拟合的 R^2 为 0.967 2，可见二者之间存在较好的累积率相关，说明从全市范围来看，偏好强度和游憩客流量的差异性并不是很大，即"喜欢就去"的游憩模式比较流行。这可能由多种原因造成，但相对跨省域的大尺度长途旅游而言，喜欢的很多，但不能如愿以偿的却有很多，距离因素的影响制约作用相对突出，而城市游憩行为的活动半径较小，距离因素影响不大可能是形成这种游憩模式的主要原因之一。

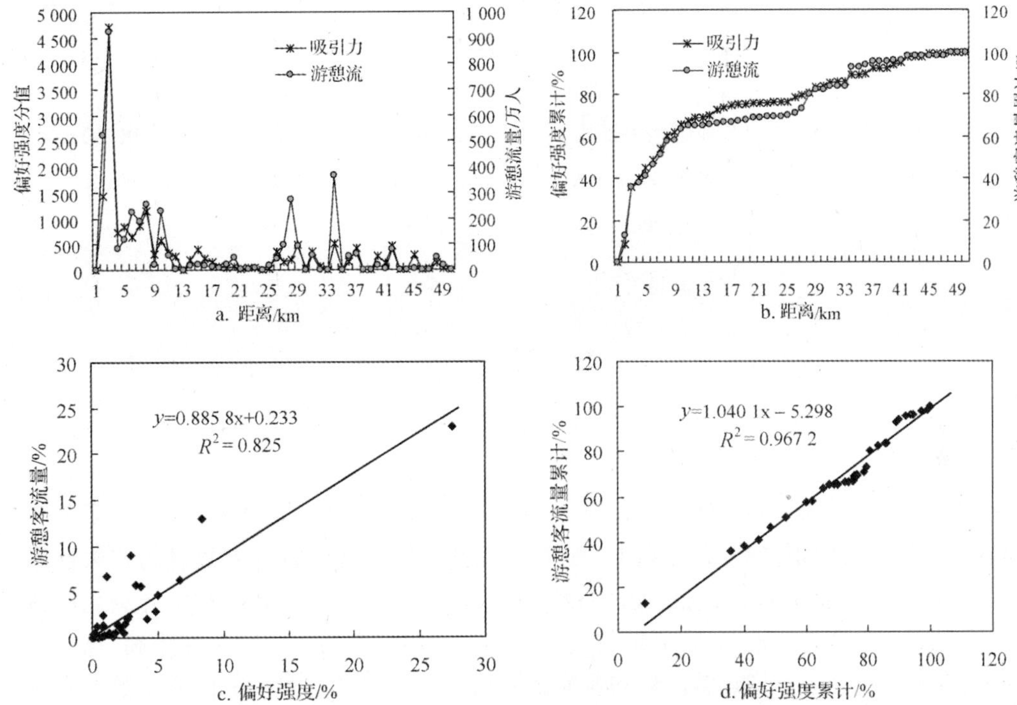

图 8-2　苏州游憩空间引力强度和游憩流量的距离衰减及累积率相关

为了进一步深入揭示偏好和行为之间存在的相似或差异性，运用 SPSS 相关分析工具对偏好强度和游憩流量的空间衰减的相关性进行分析，分别获得苏州游憩场点大系统及其子系统的要素相关性指标（表 8-3 至表 8-6）。

表 8-3　苏州城市游憩空间大系统各要素之间的整体相关性测量结果

关联分析项目	变量观测值	场点数量	偏好强度	客流量
场点数量	皮尔逊相关系数	1	0.938**	0.830**
	显著水平（双尾）	—	0.000	0.000
	个数	49	49	49
偏好强度	皮尔逊相关系数	0.938**	1	0.908**
	显著水平（双尾）	0.000	—	0.000
	个数	49	49	49
客流量	皮尔逊相关系数	0.830**	0.908**	1
	显著水平（双尾）	0.000	0.000	—
	个数	49	49	49

注：** 表示显著性水平为 0.01（双尾）。

表 8-4　自然观光类子系统各要素之间的整体相关性测量结果

关联分析项目	变量观测值	场点数量	偏好强度	客流量
场点数量	皮尔逊相关系数	1	0.709**	0.645**
	显著水平(双尾)	—	0.000	0.000
	个数	49	49	49
偏好强度	皮尔逊相关系数	0.709**	1	0.750**
	显著水平(双尾)	0.000	—	0.000
	个数	49	49	49
客流量	皮尔逊相关系数	0.645**	0.750**	1
	显著水平(双尾)	0.000	0.000	—
	个数	49	49	49

注：** 表示显著性水平为 0.01(双尾)。

由表 8-3 可知，苏州游憩场点大系统中，场点数量、偏好强度、游憩流量三个变量从市中心向城郊乡村地带的距离衰减呈现出一定的相关性。偏好强度和场点数量的相关性系数 0.938 高于客流量和场点数量的相关性系数 0.830。说明客流量的大小和游憩场点的数量关系并不是很高，按常理推断，客流量的大小应该和游憩场点的质量相关性更高，这一点与太湖、周庄等高级别游憩场点客流量和普通游憩场点游憩流量之间的等比或指数分布规律的实际是符合的。另外，偏好强度衰减和游憩客流量衰减之间的皮尔逊相关系数大小为 0.908，相关性程度较高，对前文的距离衰减和距离累计曲线的关系进行了定量判断，说明尽管客流量在太湖、周庄游憩节点的波动性强于偏好强度，但从全市整体的强度变化趋势来看，游憩流量和偏好强度的相关性依然很高，这和苏州游憩整体发展水平较高的实际是相符合的。

自然观光类游憩场点子系统各要素距离衰减之间的相关性指标显示(表 8-4)，各系统要素之间均在 0.01 显著性水平上显著相关，但其皮尔逊相关系数的绝对值大小整体不高。偏好强度和场点数量的相关性高于游憩流量和游憩场点的相关性。偏好强度与游憩客流量之间的衰减相关系数为 0.750，低于全市大系统的 0.908。说明全市游憩场点总量衰减和客流总量衰减的相关性程度高于自然观光类游憩场点的偏好强度与客流量之间的相关性。

由表 8-5 可知，人文观光类游憩空间子系统中，三类因素变量的距离衰减之间也存在显著性相关性。其中，偏好强度和游憩场点数量之间的皮尔逊相关性系数 0.931 高于游憩流量的 0.708。另外，偏好强度和游憩流量之间的相关系数为 0.831，低于全市游憩场点大系统的相关水平。和自然观光类游憩场点子系统相比较，可以看出，人文观光类子系统的相关性水平整体高于自然观光类子系统。

表 8-5　人文观光类子系统各要素之间的整体相关性测量结果

关联分析项目	变量观测值	场点数量	偏好强度	客流量
场点数量	皮尔逊相关系数	1	0.931**	0.708**
	显著水平(双尾)	—	0.000	0.000
	个数	49	49	49
偏好强度	皮尔逊相关系数	0.931**	1	0.831**
	显著水平(双尾)	0.000	—	0.000
	个数	49	49	49
客流量	皮尔逊相关系数	0.708**	0.831**	1
	显著水平(双尾)	0.000	0.000	—
	个数	49	49	49

注：** 表示显著性水平为 0.01(双尾)。

表 8-6　人造娱乐休闲类子系统各要素之间的整体相关性测量结果

关联分析项目	变量观测值	场点数量	偏好强度	客流量
场点数量	皮尔逊相关系数	1	0.940**	0.765**
	显著水平(双尾)	—	0.000	0.000
	个数	49	49	49
偏好强度	皮尔逊相关系数	0.940**	1	0.853**
	显著水平(双尾)	0.000	—	0.000
	个数	49	49	49
客流量	皮尔逊相关系数	0.765**	0.853**	1
	显著水平(双尾)	0.000	0.000	—
	个数	49	49	49

注：** 表示显著性水平为 0.01(双尾)。

由表 8-6 可知，人造娱乐休闲类游憩场点子系统的三个要素变量距离衰减之间存在显著相关关系。其皮尔逊相关系数值均略大于人文观光类游憩场点子系统的相应系数。由此可知，人造娱乐休闲类游憩场点系统三要素的衰减相关性大于人文观光类游憩场点子系统。具体来看，人造娱乐休闲类游憩场点子系统游憩场点数量与偏好强度的相关系数大于其与客流量的相关系数。偏好强度与游憩流量的皮尔逊相关系数值为 0.853，大于人文观光类游憩场点和自然观光类游憩场点子系统，但小于全市游憩场点大系统。

综上可知，首先，从游憩场点数量、偏好程度、游憩客流量三要素之间的整体相关性来看：①全市游憩空间大系统各要素之间的距离衰减相关性程度较高；②三个属性子系统中，人造娱乐休闲类游憩场点子系统的相关性程度最高，其次为人文观光类游憩场点子系统，而自然观光类游憩场点子系统的衰减相关性最差，明显低于人造娱乐休闲类游憩场点和人文观光类游憩场点子系统；③人造娱乐休闲类游憩场点子系统相关性程度和全市游憩场点大系统最接近。其次，从偏好强度和游憩流量的相关性程度来看，皮尔逊相关系数从大到小依次为全市大系统(0.908)、人造娱乐休闲类游憩场点子系统(0.853)、人文观光类游憩场点子系统(0.831)、自然观光类游憩场点子系统(0.750)。全市游憩场点大系统相关性高于各类子系统。

3 行为时空轨迹特征规律调查

(1) 调查样本

在苏州市游憩场点调查问卷中，第13、14、15、16、18等5个题项分别调查了苏州游憩者的行为特征。本小节采用第一手调查问卷数据，揭示苏州游憩客流的时空分布规律，并对前文偏好强度、行为研究寻求更全面的论证依据。研究方法采用普通的空间统计描述和时间地理学理论，以期从时空结合的视角，动态揭示和解释游憩行为现象。对338份有效问卷样本的基本情况进行统计，得到游憩样本的基本人口社会学特征，总体来看，以在苏州本地生活10年以上的本地市民为主，性别结构合理，文化程度以大专、本科比例最高，以收入水平较低的青少年学生为主，兼顾了其他社会群体样本。需要补充说明的是，本研究调查方式和渠道效果良好，所获取的问卷有效率较高。

表8-7 苏州游憩调查总样本的基本情况($n=338$)

基本情况	类别	比例/%	基本情况	类别	比例/%	基本情况	类别	比例/%
性别	男	53.8	出生地	苏州市	51.5	居住年数	不到1年	11.8
	女	46.2		苏州辖县市	8.9		1-3年	13.9
年龄	18岁以下	27.2		外地	39.6		3-5年	7.1
	18-25岁	45.6	居住地	平江区	14.2		5-10年	7.1
	26-45岁	22.2		沧浪区	15.4		10年以上	60.1
	46-55岁	4.7		金阊区	5.6	职业	公务员	0.6
	56岁以上	0.3		工业园区	51.2		企事业管理人员	1.5
文化程度	初中以下	22.2		高新/虎丘区	4.7		专业技术人员	3.0
	高中/中专	19.8		吴中区	5.9		教师	4.1
	大专/本科	56.8		相城区	3.0		商业服务业员工	3.6
	研究生及以上	1.2	家庭结构	未婚或独身	25.1		工人	5.0
月收入/元	1 000以下	76.6		夫妻二人	1.8		军人	0.6
	1 001-2 000	10.1		有18岁以下子女	10.9		农民	1.5
	2 001-4 000	8.9		有18岁以上孩子	8.6		离退休人员	0.3
	4 000-10 000	2.7		与父母同住	37.6		学生	73.4
	10 000以上	1.8		三代同堂	16.0		其他	6.5

(2) 空间分布特征规律

调查苏州市民对本地游憩的态度结果显示，不喜欢本地玩、不关心本地场所、希望家门口有更多好玩的、喜欢本地玩四个项目的选取比例分别为13.5%、6.1%、49.7%和30.7%。可见，市民对本地休闲游憩的态度积极，具有很强的需求意愿。其次，从对本地游憩空间能否满足市民需求的调查发现，选择"能"的占20.1%，选择"基本能"的占54.7%，二者之和占总样品之比的总和为74.8%；选择"基本不能"和"不能"的分别占17.5%和7.7%。可见，苏州游憩空间的现有发展水平基本能够满足市民需求，但仍有提升空间。笔者认为，加快公共福利性游憩空间的发展步伐，是提高市民游憩满意度、提高市民幸福指数、增强市民归属感及自豪感和构建和谐社会的重要途径。

周末游憩流空间分布调查发现，苏州市民周末游憩活动类别构成中，选择"在家中休息"者比重最高，达37.5%；选择"近距离购物"者比重次之，占样本总量的28.1%；选择"外出聚会"占7.3%；而选择"附近公园""近郊游""远郊游"的比重分别为5.9%、7.1%和2.1%。另外，从游憩者在路上花费时间的比重也可以看出，选择<0.5小时、0.5～1小时、1～2小时的比重分别为29.1%、40.6%和19.7%，三者占总样本之比的总和为89.4%，近距离游憩比重很高。由此可见，在市民周末闲暇时间内，选择公园游憩、近郊或远郊出游的比重并不高，相反，在家中休息和近距离购物是两种最主要的周末游憩方式，这种以户内活动为主的休憩方式和我国传统的休闲习惯是一致的。为提高公园、近郊和远郊游憩空间的使用效率，培养和带动市民的户外游憩习惯，增加福利性游憩空间占全市游憩空间总量的比重，不失为一种比较有效的方式。当然，伴随着市民收入的不断增长、私家车的普及、游憩习惯的逐步转变，市民户外游憩的比重将会逐步提升。

我国目前的节假日制度已经相对完善，从市民开展游憩活动的时间构成来看，基本形成由工作日、双休日、三日假、七日长假等4种类型组成的闲暇时间体系。在不同的闲暇时间内，市民能开展不同的游憩活动，出游的距离半径可能也存在一定的差别。对此开展调查，让被调查者回答未来1年(52个星期)内自己在不同时间去不同空间区位游玩的次数，求算调查总样本的平均值，得到苏州游憩客流在不同闲暇时间内的空间分布特征(图8-3)，不难发现，在工作日、双休日、三日假、七日假4种闲暇时间内，苏州游憩客流在苏州市区/近郊的分布比重最高，明显高于苏州远郊、辖县市及苏州外地。从工作日游憩流分布来看，市区/近郊游憩比重最高，距离衰减规律明显，这是一种典型的时间约束型距离衰减模式；从双休日来看，游憩客流在市区/近郊的比重最高，不但高于其他空间区位，而且是市区/近郊客流分布的四种时间模式中最高的一类，另外，双休日游憩客流量呈现出从市区/近郊向外围逐步减少的距离衰减现象；从三日假来看，游憩客流量从中心向外围的距离衰减特征依然明显；从七日假来看，在苏州大市范围内(市区及辖县市)游憩客流量依然呈现出距离衰减规律，但苏州外地客流分布量呈现上升趋势，但上升趋势并不明显。综上可知，苏州游憩客流分布呈现较为突出的距离衰减现象，去苏州外地的长途旅游比重整体不高，这也说明，从完整的游憩谱系来看，长途旅游是一种特殊的且机会较少的游憩方式，它根本无法代替本地游憩，加强城市本地游憩空间的开发建设，是提高市民游憩质量、实现全民健身康体目标的关键环节。

鉴于苏州本地游憩在游憩体系中的重要性，本章进一步以城市游憩商业区为切入点，调查了苏州最重要的(含规划中的)三个游憩商业区的出游选择频次百分比(图8-4)，可以看出：首先，观前＋石路商业街游憩选择中，半月一次、一月一次、一周一次的比重分别为29.3%、24.0%和17.8%，排名前三。比较明显的左偏正态分布特征表明，观前＋石路商业街的高游览频次特征突出。其次，金鸡湖东商业街和湖西商业街的频次变化规律基本保持一致，均呈现出比较显著的右偏态分布特征，基本不去的比重高于其他出游频次，究其原因，一方面是因为金鸡湖东商业街和湖西商业街是苏州市重点打造的两个新城市商业中心，但其发展历史太短，从1994年以金鸡湖为中心的苏州工业园区拉开建设帷幕以来，至今仅有15年的历程，商业气息有待进一步提升；另一方面，本问卷调查样本以无收入来源的学生样本群体为主，而金鸡湖湖东商业街和湖西商业街的消费档次目前仍以高档消费为主，这可能也是阻滞被试选择这两处作为游憩场点的重要因素之一。

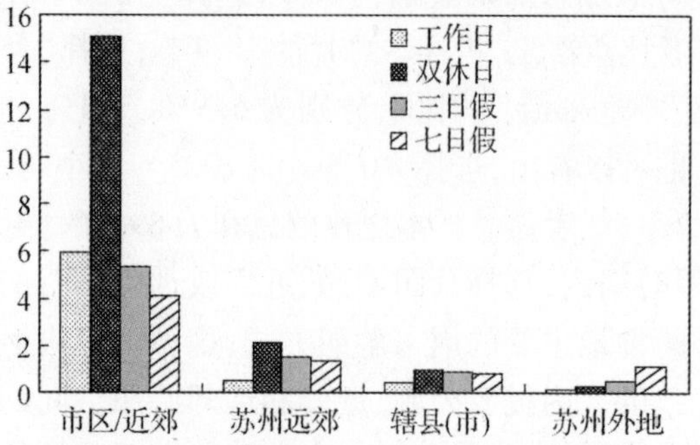

图8-3　不同闲暇时间内的游憩流空间分布

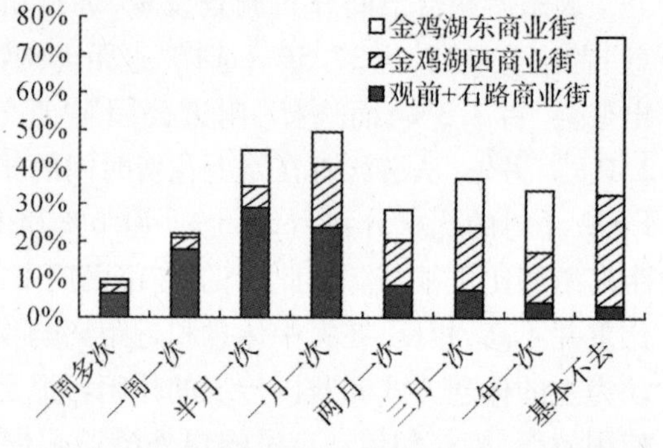

图8-4　苏州主要游憩商业区游憩流空间分布

苏州游憩调查问卷中的第15题项以西山景区、石湖景区、阳澄湖、苏州乐园、金鸡湖和观前街6个游憩场点的游憩客流空间分布频次及交通方式、出游方式、过夜方式3项相关游憩方式，从图8-5可以看出，首先，观前街的频次分布依然是左偏态态势，半月一次、一月一次、一周一次的游览频率所占比依次为32.8%、19.8%和19.2%，高到访率特征突出。其次，金鸡湖的游览频次呈现出较高的到访率或游览频次，所占比从一周一次的3.3%至半月一次的8.0%、一月一次的16.0%、两月一次的16.9%、三月一次的18.3%，均高于西山、石湖、阳澄湖和苏州乐园四个场点，而一年一次和基本不去两项所占比则均小于以上4个场所。最后，从两端特征可以看出，除了西山、石湖、阳澄湖和苏州乐园四个场点的右侧低频率的一年一次和基本不去比重很高外，左侧的高频率的一周多次中，石湖景区的比重和观前相近，明显高于苏州乐园、金鸡湖、阳澄湖和西山景区。

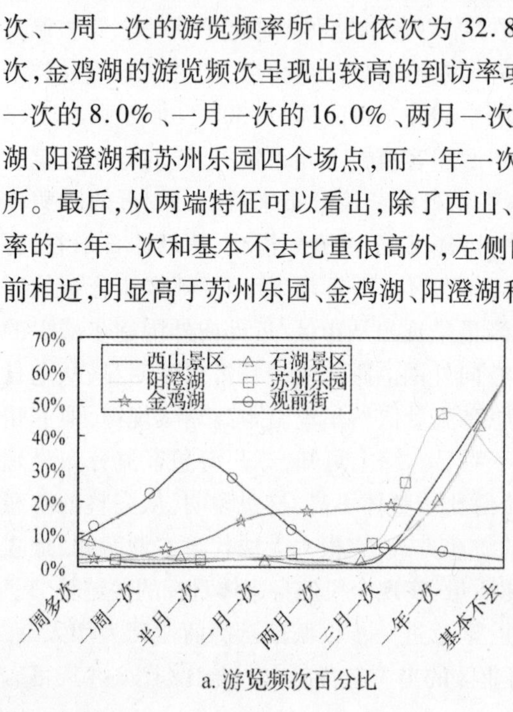

a. 游览频次百分比

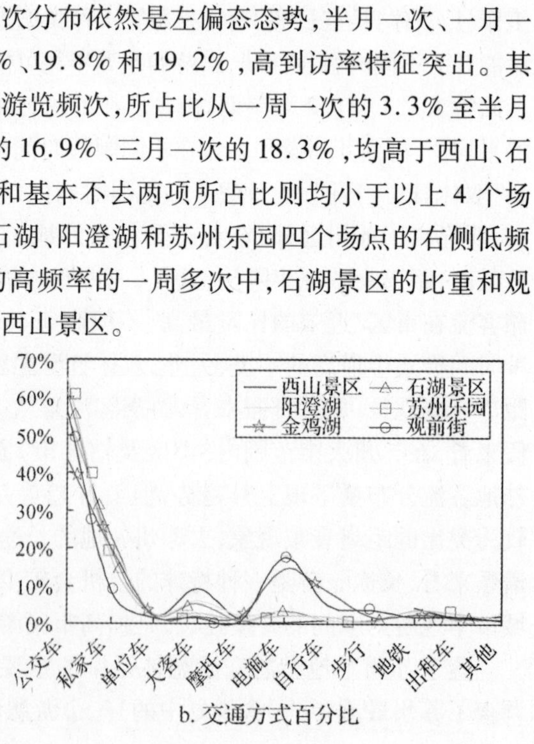

b. 交通方式百分比

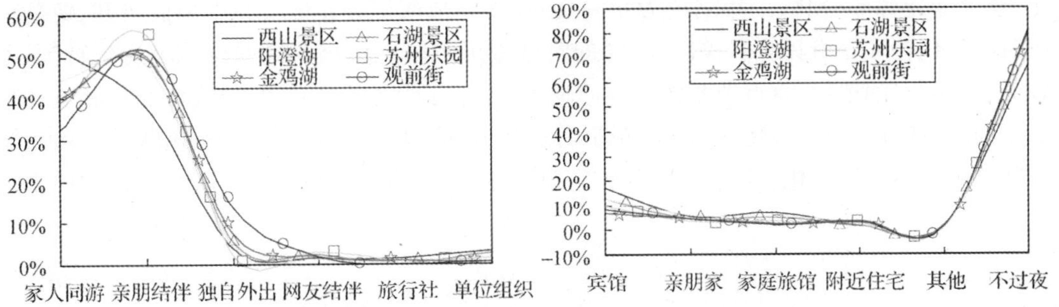

c. 出游方式百分比　　　　d. 过夜方式百分比

图 8-5　六场点游憩流频次及游览方式百分比构成

从图 8-5b 可看出，公交车、私家车、大客车、电瓶车是四种主要的交通工具。大客车在西山景区使用比例最高；电瓶车在观前街的使用比例最高，金鸡湖次之；公交车使用频率依次为西山景区 55.2%、石湖景区 61.0%、阳澄湖 55.0%、苏州乐园 64.9%、金鸡湖 43.7%、观前街 56.5%；私家车的使用百分比依次为 23.0%、19.7%、22.5%、17.5%、20.0%、8.8%，私家车在西山景区、阳澄湖、金鸡湖的使用比例相对均较高，已成为名副其实的第二重要交通方式。从图 8-5c 可看出，与家人同游、亲朋结伴游是两种最重要的出游方式，另外尽管独自外出游览的绝对百分比值不大，但其整体上高于网友结伴、旅行社、单位组织三种方式。从图 8-5d 可看出，苏州市民在本地游玩时，通常不会选择在外过夜，6 场点游憩者选择不过夜的百分比依次分别为 66.7%、73.2%、71.7%、79.1%、79.9%、80.8%，整体比重较高。选择过夜的游憩者通常倾向于选择宾馆住宿的方式，其百分比均高于其他过夜方式。另外，对苏州游憩者郊外游玩时的用餐方式的调查发现，野外烧烤的比重最高，占总样本的 31.9%，其次为吃农家菜，占 29.1%，自带食物的比重占 20.8%，选择在景区餐厅就餐的占 15.5%，选择回市区用餐的仅占 2.8%。

综合上述调查结果，可总结出以下几点特征：首先，从周末游憩来看，苏州游憩者以在家中休息和近距离购物为主导，对城市公园、近远郊游玩的比重相对偏低，途中时间花费大多限制在 2 小时之内。交通方式以公交车和私家车为主，私家车游憩现象日趋普遍。

其次，从新老城市中心的游憩商业街游憩比较来看，古城的观前 + 石路游憩商业街依然是苏州市民的首选，新城区中心的金鸡湖湖东商业街及湖西商业街的人气依然不旺，偏高档的消费在一定程度上制约了游憩活动的多元化开展和游憩氛围的提升。

最后，比较西山景区、石湖景区、阳澄湖、苏州乐园、金鸡湖和观前街 6 个游憩场点可以发现，观前街和金鸡湖高游览频次特征突出，6 个场所游憩流变化呈现出一定的距离衰减规律。另外，公交车和私家车是最主要的两种游憩交通方式，与家人同游和亲朋结伴游是两种最主要的出游方式，在外过夜者比重不多，选择在外过夜者大多以宾馆住宿为主，用餐方式中野外烧烤和吃农家菜比重较高。

(3) 时间变化特征规律

游憩流的是一种具有时间节律性的空间迁移现象。在一日之间，游憩者的出游时间和返回时间不尽相同，从而形成游憩流的高低峰变化现象，这种一日之内的游憩流量变化即游憩流的日变化。在时间单位周、月、季、年内的游憩流变化可视为游憩流的周变化、月变化、季度变化和年变化，一年之内为年内变化、多年之间则为年度变化。由此可知，游憩流的时间变化特征分析具有多样性，不同的时间维度可以透视出不同的游憩流变化特征，本研究以日为时间单位，重点考察游憩流在一日之内的变化规律，并通过选取元旦和五一两个不同时令的假日，选择观前街、金鸡湖、苏州乐园和虎丘 4 个不同空间区位的游憩场所，将时间日变化与季度变化、空间变化相结合，以期更全面、更客观地揭示苏州游憩流的时空变化规律。

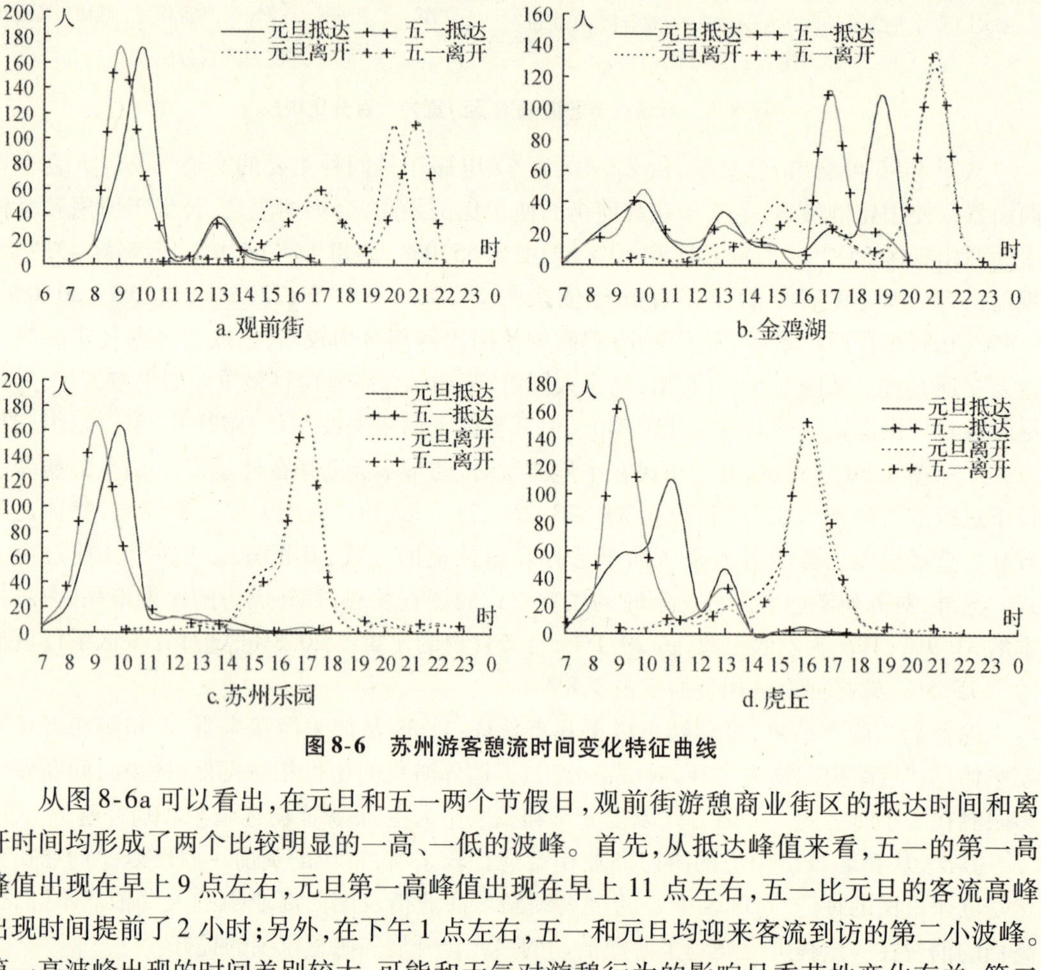

图 8-6　苏州游客憩流时间变化特征曲线

从图 8-6a 可以看出，在元旦和五一两个节假日，观前街游憩商业街区的抵达时间和离开时间均形成了两个比较明显的一高、一低的波峰。首先，从抵达峰值来看，五一的第一高峰值出现在早上 9 点左右，元旦第一高峰值出现在早上 11 点左右，五一比元旦的客流高峰出现时间提前了 2 小时；另外，在下午 1 点左右，五一和元旦均迎来客流到访的第二小波峰。第一高波峰出现的时间差别较大，可能和天气对游憩行为的影响呈季节性变化有关，第二小波峰出现在游憩者吃过午餐之后，即第二小波峰在五一和元旦均出现在午后 1 时左右，变化不大。其次，从虚线的离开峰值来看，元旦游憩者离开的第一小波峰波幅较宽，分散于午后 2 点至 6 点，五一的离开则相对集中于下午 5 时左右，再来看第二离开高波峰，元旦出现在晚上 8 时左右，而五一则相对迟些，出现在 9 时左右。整体来看，五一和元旦两天的游憩客流量的抵达和离开均出现了双峰值现象。从两个比较突出的高峰值比较来看，五一的抵达高峰值出现在早上 9 点，早于元旦 2 小时，离开时间的高峰值出现在晚上 9 点，晚于元旦 1 小时，由此可知，五一节的游憩时间跨度比元旦要宽。

从图 8-6b 可以看出，金鸡湖的抵达和离开的波峰、波谷比较复杂，且抵达和离开的重叠区域很宽。离开的时间比较统一,即五一和元旦的游憩流离开峰值均值都出现在21时左右。从抵达的显著高峰值来看,五一抵达峰值出现在17时左右,元旦抵达峰值出现在19时左右。游憩客流出现的第一小波峰,五一和元旦均出现在早上10点左右,同时,这个时间也出现了游憩者开始离开的第一个微小波峰。另外,可以看出,在午后13点左右,五一和元旦均出现了一个抵达小波峰,而在下午15时左右元旦离开的第一显著小波峰出现,五一的第一显著小波峰推迟了1小时左右,出现在16时左右。可见,作为不收门票的城市公共游憩空间,苏州市政府每周末19点至20:30推出的水幕电影表演已成为苏州市民周末夜生活的一道亮丽风景线。

从图8-6c可以看出,苏州乐园的抵达与离开峰值很有规律,比其他三个游憩场所的节律性简单,五一和元旦均出现了比较单一而显著的抵达和离开波峰。从抵达波峰来看,元旦抵达波峰出现在早上9点左右,而五一则出现在早上10点左右。从离开峰值比较来看,五一和元旦的波峰重叠,均出现在下午17点左右。苏州乐园是人造类主题游乐园,游憩者以青少年群体为主,园内活动项目丰富,且门票较高,这些可能都是导致游憩客流变化比较有规律的原因。

从图8-6d可以看出,虎丘的离开波峰,五一和元旦重叠,而抵达峰值五一明显早于元旦,五一抵达波峰出现在早上9点左右,而元旦则出现在早上11时左右。另外,在午后13点左右,五一和国庆两天均出现了一个抵达小波峰。虎丘是旅游景区型收费类游憩场所,4小时左右即可以完成观光游览过程,而游憩者滞留的时间幅度则相对长些。从抵达波峰可以推测出,本地游憩者在门票收费、效用心理下,通常倾向于滞留更长一些时间。

综上可知:①收费对游憩客流的制约性较强,苏州乐园和虎丘两个收费型景区的时间变化比观前街和金鸡湖两个开放型公共游憩场所的日变化要复杂些。②五一游憩流高峰的出现时间整体上比元旦要早些,而离开时间则相差不大,公共游憩场所的离开变化相对复杂些。③游憩场所的空间区位对游憩流日变化的影响不大,这和苏州城市交通便捷,游憩场点的时间通达性都很高是一致的。④分析深层次的游憩客流日变化原因,不难发现,除了门票花费、季节性气温变化等影响外,游憩场所的活动项目的丰度和类别对游憩客流日变化起到重要影响,如金鸡湖周末水幕电影使金鸡湖游憩客流具有了比较典型的夜游特色。

第二节 行为空间的感知心理特征分析

本部分数据依然来自苏州市游憩空间调查问卷,主要包括游憩动机(调查问卷中的第17题项)、游憩感知映象评价(第20题项)、游憩期望满意度(第21题项)、游憩决策影响因素(第23题项)、游憩资源特色(第26题项)、游憩情绪体验(第27题项)6个方面。有效样本总量为338份,样本的人口社会学特征前文已述(表8-7)。研究方法主要为感应心理学理论和方法,数据处理采用社会统计调查软件SPSS 17.0。数据分析过程首先对数据可靠性、数据结构效度等进行判定,在此基础上进行主成分分析、聚类分析或其他统计分析。

1 游憩动机特征

游憩动机是游憩行为的先导,也是分析游憩行为的重要环节。国内外学者对旅游动机、游憩动机等进行了比较全面而深入的研究，本研究对以往文献中的游憩动机类别进行了系统化综合，并结合苏州游憩实际情况，最终提炼出30类游憩动机类别，用于开展苏州游憩动机研究。对游憩动机的调查采用李克特7分量表法，请游憩者对各种动机类别的重要性进行打分，打分标准为："极为重要7分、很重要6分、重要5分、一般4分、不重要3分、很不重要2分、极不重要1分"。对获取数据输入统计软件，获取30项游憩动机的评价均值（图8-7）、标准差、均值标准误差和动机重要性排序等一般性统计数据描述表（表8-8）。

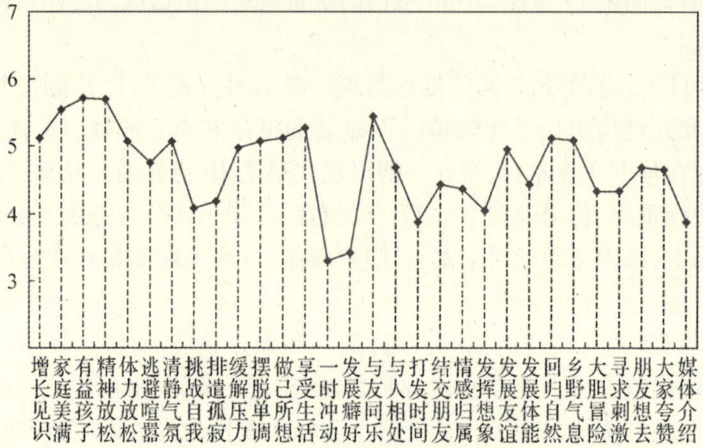

图8-7　苏州游憩者动机因子体系结构

表8-8　苏州游憩者动机因子的一般性统计特征描述

游憩动机	均值	标准差	均值标准误差	排序	游憩动机	均值	标准差	均值标准误差	排序
精神放松	5.718 9	1.230 54	0.066 93	1	逃避喧嚣	4.692 3	1.544 59	0.084 01	16
有益孩子	5.698 2	1.110 00	0.060 38	2	与人相处	4.677 5	1.420 34	0.077 26	17
与友同乐	5.550 3	1.286 36	0.069 97	3	大家夸赞	4.645 0	1.473 20	0.080 13	18
家庭美满	5.452 7	1.362 65	0.074 12	4	结交朋友	4.442 1	1.528 62	0.083 27	19
享受生活	5.269 2	1.512 07	0.082 25	5	寻求刺激	4.432 0	1.535 86	0.083 54	20
回归自然	5.130 2	1.463 98	0.079 63	6	大胆冒险	4.360 9	1.761 75	0.095 83	21
乡野气息	5.130 2	1.289 39	0.070 13	7	发展体能	4.337 3	1.568 94	0.085 34	22
增长见识	5.127 2	1.438 69	0.078 25	8	情感归属	4.331 4	1.514 41	0.082 37	23
清静气氛	5.094 7	1.317 50	0.071 66	9	排遣孤寂	4.186 4	1.561 08	0.084 91	24
做己所想	5.079 9	1.245 58	0.067 75	10	媒体介绍	4.082 8	1.553 86	0.084 52	25
体力放松	5.071 0	1.406 11	0.076 48	11	挑战自我	4.047 3	1.711 58	0.093 1	26
摆脱单调	5.071 0	1.341 30	0.072 96	12	打发时间	3.872 8	1.489 36	0.081 01	27
发展友谊	4.979 3	1.357 31	0.073 83	13	发挥想象	3.866 9	1.518 44	0.082 59	28
缓解压力	4.964 5	1.401 12	0.076 21	14	发展癖好	3.417 2	1.680 91	0.091 43	29
朋友想去	4.760 4	1.424 24	0.077 47	15	一时冲动	3.304 7	1.708 43	0.092 93	30

从图 8-7 可以看出,苏州市民游憩者的 30 项动机类别的平均值均处于 3 至 6 分之间。评分排名前五位的游憩动机类别依次为精神放松 5.72 分、有益孩子 5.70 分、家庭美满 5.55 分、与友同乐 5.45 分、享受生活 5.27 分;排名倒数后五位的依次为一时冲动、发展癖好、发挥想象、打发时间、挑战自我(表 8-8)。从标准差和均值标准误差可知所得数据正常合理,无排除项。

在实证研究领域,尤其是采用度量表的研究中,普遍采用克朗巴哈值来衡量数据的可靠性和信度。美国统计学者 Hair 等指出[343],克朗巴哈值大于 0.7,则说明数据可靠性较高。Cho 等认为当系数大于 0.5 意味着评估项目有较高的相关性,内在信度较高[344]。本研究利用 SPSS 17.0 统计软件中的度量—可靠性分析,算出 17 题中 30 个游憩动机变量的 338 份样本数据的信度水平,得到"游憩动机"克朗巴哈值为 0.894,说明本研究所调查使用的数据具有较高的置信度。

采用 SPSS 软件中的因子分析工具对 30 个游憩动机变量进行降维处理。首先,运用 KMO 和球形 Bartlett 检验进行因子分析的适用性检验,得到的 KMO 值为 0.833,球形 Bartlett 检验的近似卡方值为 4 423.543,自由度为 435,Bartlett 显著性检验的 F 值等于 0.000,说明数据存在良好的结构效度,适合于开展因子分析。利用主成分分析法提取公因子,经方差最大正交旋转后得到 8 个公因子(表 8-9),分别在 30 个动机项目上有较大的载荷(表 8-10)。根据表 8-10 的因子载荷矩阵,对 8 个公因子进行命名,依次为"亲近自然因子""缓解压力因子""丰富精神因子""张扬个性因子""与人交往因子""交朋识友因子""家庭因子""随意性因子"。

表 8-9　苏州游憩者动机的因子分析方差解释

公因子	1	2	3	4	5	6	7	8
特征值	3.355	2.705	2.678	2.595	2.58	2.435	1.992	1.48
贡献率/%	11.184	9.018	8.927	8.65	8.601	8.115	6.638	4.933
累计贡献率/%	11.184	20.202	29.129	37.779	46.38	54.495	61.134	66.066

分析 8 个公因子不难看出,公因子 2 和公因子 3 比较接近,二者反映了精神生活的微妙区别;公因子 5 和公因子 7 结交,二者反映了交朋识友、与友同乐等人际交往的需要;它们与回归自然、家庭因子等构成苏州游憩者的几种主要动机类别。总体来看,因子分析使我们对人的复杂性动机心理有了一个更清晰的认识。

表 8-10　苏州游憩者动机的正交旋转因子分析

动机因子	信息提取比例	因子负荷							
		因子 1	因子 2	因子 3	因子 4	因子 5	因子 6	因子 7	因子 8
增长见识	0.618				0.555				
家庭美满	0.738							0.835	
有益孩子	0.789							0.869	

续表

动机因子	信息提取比例	因子负荷							
		因子 1	因子 2	因子 3	因子 4	因子 5	因子 6	因子 7	因子 8
精神放松	0.694			0.681					
体力放松	0.422								
逃避喧嚣	0.629		0.758						
清静气氛	0.601		0.734						
挑战自我	0.616		0.574						
排遣孤寂	0.486		0.503						
缓解压力	0.632		0.513	0.513					
摆脱单调	0.669			0.754					
做己所想	0.686			0.668					
享受生活	0.751			0.597					
一时冲动	0.702				0.813				
发展癖好	0.671				0.772				
与友同乐	0.732					0.798			
与人相处	0.651					0.721			
打发时间	0.621								0.672
结交朋友	0.638						0.709		
情感归属	0.735						0.788		
发挥想象	0.697						0.562		
发展友谊	0.634					0.557	0.514		
发展体能	0.632								
回归自然	0.754	0.783							
乡野气息	0.721	0.757							
大胆冒险	0.673	0.687							
寻求刺激	0.753	0.675							
朋友想去	0.659	0.565							
大家夸赞	0.694	0.529				0.587			
媒体介绍	0.524								

进一步分析游憩动机类别差异性，在 SPSS 17.0 软件中，采用 K—均值聚类法，尝试着进行 2 类、3 类、4 类等聚类分析，发现 3 类有 2 个特殊项，为进一步将这两个特殊项分离出来，最终决定以 4 类为合理的聚类数。显著性检验表明，所有测量指标的 *S* 值均为 0.000，说明 4 个聚类存在明显差异，符合聚类分析要求。从表 8-11 中的聚类分析结果可知，苏州游憩动机 30 个项目可以划分出温和型动机、强烈型动机以及两个特例项。两个聚类特例项

中,特例Ⅰ的游憩动机整体偏冷淡,但对少数动机(清静气氛、与友同乐、回归自然、乡野气息等)反应强烈;特例Ⅱ则属于整体偏强烈型,除对少数游憩动机反应冷淡外,对大多数游憩动机的反应强烈,二者的冷、暖和聚类1型和聚类2型不同,特例型的冷暖两极分化比较严重。聚类1型和聚类2型分别是偏温和的动机类别组和偏强烈的动机类别组,二者之间差异性相对显著。

表8-11　苏州游憩者动机的K—均值聚类分析结果

游憩动机	聚类1 温和型 ($n=182$)	聚类2 强烈型 ($n=153$)	聚类3 特例Ⅰ ($n=1$)	聚类4 特例Ⅱ ($n=1$)	F值	Sig.	游憩动机	聚类1 温和型 ($n=182$)	聚类2 强烈型 ($n=153$)	聚类3 特例Ⅰ ($n=1$)	聚类4 特例Ⅱ ($n=1$)	F值	Sig.
增长见识	4.75	5.62	1.00	1.00	18.170	.000	与友同乐	5.00	5.96	7.00	7.00	16.714	.000
家庭美满	5.43	5.73	1.00	2.00	8.802	.000	与人相处	4.34	5.08	1.00	7.00	11.804	.000
有益孩子	5.64	5.83	1.00	7.00	6.224	.000	打发时间	3.54	4.28	4.00	1.00	8.317	.000
精神放松	5.43	6.03	1.00	6.00	15.957	.000	结交朋友	3.94	5.07	1.00	3.00	20.140	.000
体力放松	4.73	5.50	1.00	5.00	13.666	.000	情感归属	3.74	5.12	1.00	3.00	21.984	.000
逃避喧嚣	4.36	5.24	6.00	3.00	12.603	.000	发挥想象	3.26	4.96	3.00	5.00	36.351	.000
清静气氛	4.63	5.56	7.00	7.00	14.908	.000	发展友谊	4.52	5.49	2.00	7.00	18.000	.000
挑战自我	3.41	4.86	5.00	5.00	31.255	.000	发展体能	3.75	5.24	1.00	7.00	38.348	.000
排遣孤寂	3.48	5.04	5.00	1.00	38.628	.000	回归自然	4.55	5.78	7.00	7.00	34.279	.000
缓解压力	4.40	5.67	3.00	5.00	31.709	.000	乡野气息	4.58	5.67	7.00	7.00	25.110	.000
摆脱单调	4.67	5.59	4.00	1.00	22.615	.000	大胆冒险	3.49	5.32	6.00	1.00	68.017	.000
做己所想	4.50	5.90	4.00	1.00	37.564	.000	寻求刺激	3.54	5.29	5.00	1.00	53.022	.000
享受生活	4.64	5.99	6.00	7.00	28.417	.000	朋友想去	4.22	5.25	7.00	1.00	17.151	.000
一时冲动	2.75	3.99	1.00	1.00	18.395	.000	大家夸赞	4.04	5.33	7.00	5.00	27.122	.000
发展癖好	2.81	4.19	1.00	1.00	24.403	.000	媒体介绍	3.30	4.52	4.00	6.00	23.112	.000

特征总结:从30种游憩动机的评价均值大小可知,精神放松、有益孩子、家庭美满、与友同乐、享受生活是苏州市民最重要的5种游憩动机;对30种游憩动机进行降维,提取出8个公因子,依次可命名为“亲近自然因子”“缓解压力因子”“丰富精神生活因子”“张扬个性因子”“与人交往因子”“交朋识友因子”“家庭因子”“随意性因子”;游憩动机的K—均值聚类

分析结果显示,聚类1的182个样本的游憩动机的整体强度相对温和,以精神放松、有益孩子、家庭美满、与友同乐4种动机最强烈,聚类2的153个样本的游憩动机的整体强度相对强烈,最主要的动机类型有精神放松、享受生活、有益孩子、家庭美满、与友同乐。整体来看,游憩已成为国民精神生活中不可缺少的重要部分,成为市民生活的一种重要方式。

2 游憩整体印象特征

游憩者对游憩地发展水平综合质量的评价对游憩空间的发展具有重要意义。游憩发展水平包括游憩空间资源数量、游憩空间资源质量、游憩服务设施条件、游憩基础设施配套条件、游憩地综合社会环境条件等方面。本研究结合苏州游憩地的实际,兼顾游憩资源、游憩环境、游憩服务等游憩系统的各个方面,提炼出16个评价因子,采用李克特5分量表方法,划分为很好、较好、一般、较差、很差五个等级,分别赋予分值5、4、3、2、1,问卷调查最终获取有效问卷338份,对338份有效数据进行一般性统计描述分析,算出16个因子的平均值(图8-8)和标准差、标准误差及均值大小排序(表8-12)。

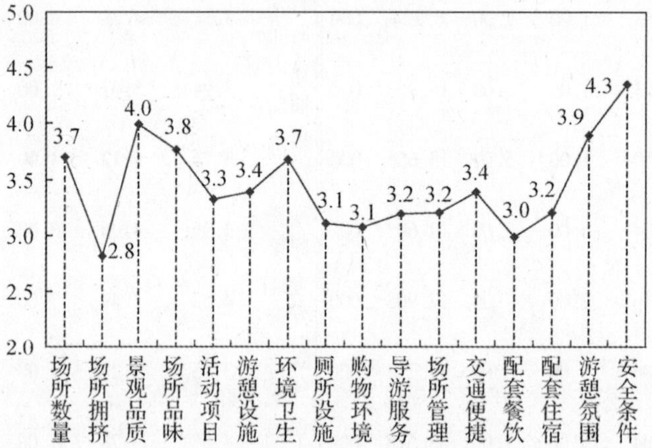

图8-8 苏州游憩空间整体印象评价

从图8-8可以看出,苏州游憩空间各评价指标分值范围处于2.8～4.3之间,按照Tosun的观点:李克特5分量表的均值在1～2.4之间表示反对;2.5～3.4之间表示中立;3.5～5之间表示赞同[345]。可知游憩者对苏州游憩空间发展水平评价整体上是积极的。其中,评分在3.5以上,即获得积极评价的主要有"场所数量""景观品质""场所品味""环境卫生""游憩氛围""安全条件"6个方面。从标准差来看,所有评价项目误差均没有超过两个标准差,说明数据分布的结构性合理。

表 8-12 苏州游憩空间整体印象评价因子的一般性统计特征描述

游憩映象	均值	标准差	均值标准误	排序	游憩映象	均值	标准差	均值标准误	排序
场所数量	3.701 2	0.805 80	0.043 83	1	购物环境	3.068 0	0.945 76	0.051 44	9
场所拥挤	2.807 7	0.999 26	0.054 35	2	导游服务	3.192 3	0.743 92	0.040 46	10
景观品质	3.988 2	0.758 64	0.041 26	3	场所管理	3.204 1	0.802 29	0.043 64	11
场所品味	3.763 3	0.802 56	0.043 65	4	交通便捷	3.387 6	0.956 36	0.052 02	12
活动项目	3.322 5	0.688 72	0.037 46	5	配套餐饮	2.985 2	0.883 29	0.048 04	13
游憩设施	3.387 6	0.654 20	0.035 58	6	配套住宿	3.207 1	0.780 90	0.042 48	14
环境卫生	3.680 5	0.890 92	0.048 46	7	游憩氛围	3.899 4	0.837 86	0.045 57	15
厕所设施	3.106 5	0.962 45	0.052 35	8	安全条件	4.346 2	0.823 43	0.044 79	16

利用 SPSS 中的可靠性分析，算出 16 个评价指标数据的信度，得到“游憩整体印象”的克朗巴哈值为 0.784，说明本研究所调查使用的数据具有较高的置信水平。进一步分析游憩印象评价因子的差异性，在 SPSS 17.0 软件中，采用 K—均值聚类法，尝试着进行 2 类、3 类、4 类等聚类分析，发现 3 类时所有测量指标的 S 值均为 0.000，聚类效果佳，符合聚类分析要求。从表 8-13 中的聚类分析结果可知，苏州游憩整体印象因子可以细分出三个特征类别，类型 1 和类型 2 的整体因子得分高于类型 3，表现为积极性评价特征，类型 3 则为中性评价组。比较类型 1 和类型 2 可以看出，二者对景观品质、游憩氛围、安全条件的评价均较高，其他方面二者存在着一些细微差别，聚类 2 型向高分和低分两极分化的现象较突出，而聚类 1 型则相对均衡，良好性评价居多。

表 8-13 苏州游憩整体印象因子的 K—均值聚类分析结果

游憩映象	聚类 1 良好 1 型 ($n=146$)	聚类 2 良好 2 型 ($n=79$)	聚类 3 普通型 ($n=113$)	F 值	Sig.	游憩映象	聚类 1 良好 1 型 ($n=146$)	聚类 2 良好 2 型 ($n=79$)	聚类 3 普通型 ($n=113$)	F 值	Sig.
场所数量	3.79	3.89	3.45	8.889	0.000	购物环境	3.70	2.03	2.98	154.806	0.000
场所拥挤	3.02	3.33	2.17	47.476	0.000	导游服务	3.45	3.15	2.89	19.598	0.000
景观品质	4.07	4.54	3.50	62.647	0.000	场所管理	3.55	3.13	2.81	33.777	0.000
场所品味	3.81	4.58	3.13	138.408	0.000	交通便捷	3.86	3.57	2.65	75.015	0.000
活动项目	3.71	3.01	3.04	51.782	0.000	配套餐饮	3.53	2.34	2.73	76.898	0.000
游憩设施	3.75	3.01	3.19	52.704	0.000	配套住宿	3.72	3.00	2.69	90.060	0.000
环境卫生	3.80	4.43	3.00	98.235	0.000	游憩氛围	4.18	4.18	3.34	49.341	0.000
厕所设施	3.74	2.19	2.93	117.144	0.000	安全条件	4.53	4.99	3.65	112.165	0.000

特征总结：从16个印象要素的评价均值来看，印象较好、获得积极评价的有场所数量、景观品质、场所品味、环境卫生、游憩氛围、安全条件6个方面。从K—均值聚类分析的3种聚类比较来看，聚类1的146个样本对16个游憩要素的整体印象较好，其中安全条件、游憩氛围、景观品质等的评价很高（4分以上）；聚类2的79个样本对苏州游憩的整体印象也较好，但好和差的极化现象比较突出，如安全条件、场所品味、景观品质、环境卫生、游憩氛围的评价很高，高于聚类1的对应项，但对购物环境、厕所设施、配套餐饮的评价却很低，低于聚类1和聚类3；聚类3的113个样本对苏州游憩整体印象的评价不高，获得积极评价即评分大于3.5的仅有安全条件和景观品质两项。游憩映象的内部结构差异性特征为苏州游憩空间多元化战略提供了客观依据。

3 游憩期望满意度特征

苏州市游憩问卷调查中的第21题项调查了居民游憩的期望、满意度及自我价值感知，采用李克特5分量表方法，参考以往文献并结合苏州游憩实际，共设计22项因子（图8-9）。

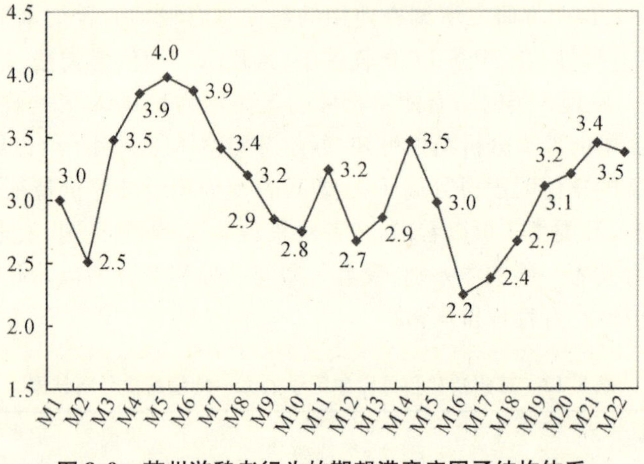

图8-9 苏州游憩者行为的期望满意度因子结构体系

注：M1. 您是否拥有充足的闲暇时间；M2. 您的收入水平能否应付平常的游乐消费；M3. 您对苏州游憩总体印象、特色的评价；M4. 对苏州游憩的总体期望；M5. 对自然景观环境的期望；M6. 对社会服务环境的期望；M7. 对自然景观环境质量的感知；M8. 对社会服务环境质量的感知；M9. 相对游憩场所门票，对游乐产品的评价；M10. 对游憩场所的消费性价比的评价；M11. 居民对苏州游憩发展的总体满意度；M12. 与理想中的游乐场所相比较，对实际的游憩设施进行评价；M13. 与游览前的期望比较，游憩者对游憩场点的评价；M14. 您对苏州的游憩生活做正面口碑宣传的可能性；M15. 去过的游乐场所会故地重游、经常光顾；M16. 您对苏州的游憩生活做负面口碑宣传的可能性；M17. 您向相关管理部门投诉游憩场所的可能性；M18. 您对苏州游憩条件的抱怨程度；M19. 外出游玩时，您的总体自我价值感或成就感；M20. 在游憩活动中，您感觉自己角色的重要性；M21. 在日常游憩中，他人对你的认可或尊重程度；M22. 在游憩活动中，您和外人交流的能力或成就感。

从图8-9可以看出，22项期望满意度因子的分值处于2.2～4.0之间，大于3.5的项目因子包括M3、M4、M5、M6、M14 5项因子，即对苏州游憩总体印象、特色的评价，对苏州游憩的总体期望，对自然景观环境的期望，对社会服务环境的期望，对苏州的游憩生活做正面口碑宣传的可能性，这几个方面的分值较高。苏州市民对苏州游憩的期望较高，同样对苏州游憩整体映象和特色的认可度也较高，倾向于对苏州游憩做正面宣传。由此可知，苏州市民的游憩认同感和自豪感较高。

对数据的可靠性信度进行分析，得到的克朗巴哈值为0.770，说明所使用量表数据具有较高的置信度。采用SPSS软件中的因子分析工具对22项期望满意度变量进行降维处理。首先，运用KMO和球形Bartlett检验进行因子分析的适用性检验，得到的KMO值为0.798，球形Bartlett检验的近似卡方值为2 379.003，自由度为231，Bartlett显著性检验的F值等于0.000，说明数据存在良好的结构效度，适合于开展因子分析。在主成分分析过程中进行方差最大正交旋转，以获取比较显著的提取效果，公因子的提取以特征根大于1、因子载荷大于0.50为标准，最后得到6个公因子（表8-14），分别在22个项目因子上有较大的载荷（表8-15）。根据表8-15的因子载荷矩阵，对6个公因子进行命名，依次为"感知满意度因子""期望因子""自我价值感因子""不满意因子""花费性价比因子""游憩制约因子"。

表8-14 苏州游憩期望满意度的因子分析方差解释

公因子	1	2	3	4	5	6
特征值	3.663	2.597	2.384	1.856	1.615	1.393
贡献率/%	16.650	11.804	10.837	8.437	7.343	6.333
累计贡献率/%	16.650	28.453	39.290	47.727	55.070	61.403

分析6个公因子不难看出，公因子之间的差异性显著，公因子分析的效果很理想。公因子1反映了游憩感知、满意度和游后重游意愿几个方面；公因子2反映了市民对自然观光环境、人文观光环境及综合游憩水平的期望；公因子3体现了游憩活动中的自我价值实现；公因子4包含3个项目，反映了负面评价不满意程度；公因子5包含2个项目，反映了门票价格和游憩场所消费水平的满意情况；公因子6包含2个项目，反映了时间和收入水平对游憩满意度的影响。6个公因子累计方差贡献率为61.403%，解释了原有变量的大部分信息。综合来看，6个公因子之间的差异性显著，6个公因子提取了原有变量的大部分信息，主成分分析方法较好地反映了市民游憩期望满意度水平及结构关联分异。

表8-15 苏州游憩者期望满意度的正交旋转因子分析

满意因子	信息提取比例	因子1	因子2	因子3	因子4	因子5	因子6
M1	0.494						0.685
M2	0.563						0.705
M3	0.487						
M4	0.662		0.773				
M5	0.730		0.846				
M6	0.767		0.858				
M7	0.592	0.607					

续表

满意因子	信息提取比例	因子 1	因子 2	因子 3	因子 4	因子 5	因子 6
M8	0.659	0.690					
M9	0.710					0.741	
M10	0.728					0.711	
M11	0.499	0.521					
M12	0.620	0.752					
M13	0.620	0.765					
M14	0.503						
M15	0.468	0.582					
M16	0.607				0.628		
M17	0.714				0.820		
M18	0.567				0.667		
M19	0.597			0.629			
M20	0.688			0.804			
M21	0.658			0.779			
M22	0.577			0.740			

特征总结:游憩期望满意度相关分析显示,市民对苏州游憩的期望、认同感和自豪感均较高,对苏州游憩整体映象和特色的认可度也较高,倾向于对苏州游憩做正面宣传。对 22 项满意度相关因子进行降维主成分分析,提取去“感知满意度因子”“期望因子”“自我价值感因子”“不满意因子”“花费性价比因子”“游憩制约因子”6 个公因子,有效揭示了 22 项满意度相关因子的结构关联合理性。满意度指标体系说明苏州游憩发展相对成熟,这和前文分形结构特征所揭示的规律相一致,也进一步说明本研究苏州案例区的选取具有代表性。

4 游憩决策影响因子特征

苏州市游憩问卷调查中的第 23 题项对居民游憩决策的主要影响因素进行了调查,根据前人文献和苏州游憩实际,共设计了 12 项影响因子,采用李克特 5 分量表方法,对调查数据统计得出 12 项影响因素的平均值(图 8-10)。

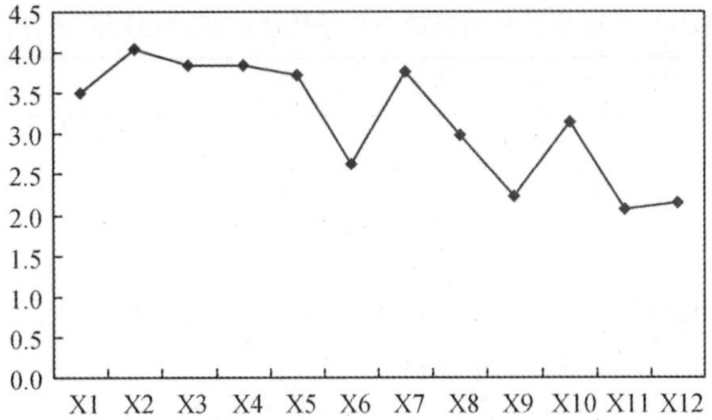

图 8-10 苏州游憩行为决策的影响因子结构体系

注:X1. 公园或游玩的地方离得太远;X2. 花费太高;X3. 交通不便;X4. 节假日市区游客太多;X5. 节假日郊外景区游客太多;X6. 不知道游玩的地方在哪里;X7. 没时间;X8. 没有人一块去;X9. 害怕受到袭击或伤害;X10. 家人或自己有病在身;X11. 对户外游玩没兴趣;X12. 不喜欢其他人玩的东西。

从表 8-16 可以看出,12 项决策影响因子的分值处于 2.0 ~4.1 之间,大于 3.5 的项目因子从大到小依次为:花费高 X2、假日市区拥挤 X4、交通不便 X3、没时间 X7、假日郊外拥挤 X5 5个方面。可见,交通便捷性、拥挤、花费水平对游憩决策的影响较强。另外,从标准差可知所得数据正常合理。

表 8-16 苏州游憩出游决策影响因子的一般性统计特征描述

	距离远	花费高	交通不便	市区拥挤	郊外拥挤	方位感差	安全问题	有病缠身	没有兴趣	不想从众	没人陪同	没时间
均值	3.509	4.047	3.834	3.840	3.725	2.633	2.228	3.136	2.062	2.148	2.988	3.757
标准差	1.370	1.195	1.362	1.291	1.358	1.438	1.428	1.636	1.270	1.245	1.453	1.393
样本量	338	338	338	338	338	338	338	338	338	338	338	338

对数据量表的信度进行分析,得到的克朗巴哈值为 0.553,量表的置信水平通过检验。采用SPSS 软件中的因子分析工具对12 项决策影响变量进行降维处理。首先,运用 KMO 和球形 Bartlett 检验进行因子分析的适用性检验,得到的 KMO 值为 0.609,球形 Bartlett 检验的近似卡方值为 522.860,自由度为 66,Bartlett 显著性检验的 F 值等于 0.000,说明数据存在良好的结构效度,适合于开展因子分析。在主成分分析过程中进行方差最大正交旋转,以获取比较显著的提取效果,公因子的提取以特征根大于 1、因子载荷大于 0.50 为标准,最后得到 5 个公因子分别在 12 个项目因子上有较大的载荷(表 8-17)。根据表 8-17 的因子载荷矩阵,对 5 个公因子进行命名,依次为“拥挤程度”“健康与安全因子”“交通与消费因子”“个人情绪因子”“方位感知因子”。从因子信息提取比例可知,5 个公因子提取了原有变量的大部分信息,主成分分析方法所提取的公因子较好地揭示了游憩出行决策影响因子影响的关联性与差异性。

表 8-17　苏州游憩出游决策影响因素的正交旋转因子分析

满意因子	信息提取比例	因子 1	因子 2	因子 3	因子 4	因子 5
距离远	0.561			0.566		
花费高	0.649			0.782		
交通不便	0.596			0.511		
市区拥挤	0.800	0.887				
郊外拥挤	0.756	0.862				
方位感差	0.723					0.844
安全问题	0.631		0.686			
有病缠身	0.648		0.795			
没有兴趣	0.684				0.779	
不想从众	0.674				0.783	
没人陪同	0.325					
没时间	0.426		0.523			

特征总结：从游憩决策影响要素的平均值大小可知花费、假日市区拥挤、交通不便、没时间、假日郊外拥挤 5 个方面对游憩决策的影响较强（均值大于 3.5）；主成分分析提取出“拥挤程度”“健康与安全因子”“交通与消费因子”“个人情绪因子”“方位感知因子”5 大类别公因子。综合可知，交通便捷性、拥挤程度、花费水平对苏州市民游憩决策行为的影响显著。目前苏州正在建设的城市轨道交通及城际轨道交通，以及停车场用地规划建设等，可在一定程度上缓解游憩交通拥挤（特别是节假日期间）问题。目前执行的苏州园林年卡、苏州休闲年卡等景区门票优惠政策，可以在景区个数上进一步增多，在服务对象上考虑外来务工人员，加大公益性福利游憩空间开发、开放力度，充分体现游憩机会均等和社会公平。

表 8-18　苏州不同属性类别游憩资源感知差异性的一般性统计特征描述

游憩动机	均值	标准差	均值标准误	排序
古典园林	4.390 5	1.184 0	0.064 4	1
名胜古迹	3.970 4	1.436 8	0.078 2	2
历史名城	3.899 4	1.423 2	0.077 4	3
水乡古镇	3.801 8	1.632 1	0.088 8	4
水城印象	3.650 9	1.553 0	0.084 5	5
优美湖景	3.647 9	1.514 6	0.082 4	6
休闲购物	3.085 8	1.583 0	0.086 1	7
河流景观	2.979 3	1.512 4	0.082 3	8

续表

游憩动机	均值	标准差	均值标准误	排序
著名高校	2.8047	1.6206	0.0882	9
自然生态	2.7249	1.6227	0.0883	10
民俗风情	2.6686	1.6886	0.0918	11
名山风光	2.6065	1.8574	0.1010	12
人造景观	2.5503	1.6046	0.0873	13
特色旅游	2.4911	1.7571	0.0956	14
乡村景色	2.4734	1.7502	0.0952	15
节事都会	1.9201	1.5889	0.0864	16
革命圣地	1.6805	1.7478	0.0951	17
疗养度假	1.6716	1.6742	0.0911	18
宗教旅游	1.3107	1.6562	0.0901	19

5 游憩资源感知强度差异特征

苏州市游憩资源丰富，各种游憩资源的开发程度和发展水平不同，市民对苏州各类不同属性特征游憩资源的感知也存在差异性，在对苏州游憩资源特色整体分析的基础上，本研究提炼出 19 项不同属性资源类别，采用李克特 5 分量表方法，对印象深、印象一般、印象浅、没印象四个项目因子分别赋予分值 5 分、3 分、1 分和 0 分，对 338 份有效问卷进行描述统计分析，得到不同属性类别资源的平均印象程度分值（图 8-11）、标准差、均值标准误和感知程度排序等一般描述统计数据表（表 8-18）。

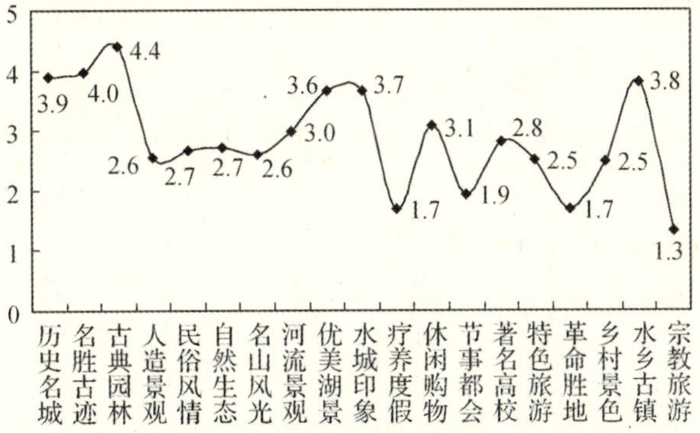

图 8-11　苏州游憩空间资源属性感知因子的体系结构

从图 8-11 可以看出，19 类游憩资源属性类别的平均值处于 1.3 至 4.4 分之间。大于 3.5 分的项目包括历史名城、名胜古迹、古典园林、优美湖景、水城印象、水乡古镇 6 个方面。误差均小于两个标准误差范围，数据分布结构合理。

进一步分析量表的可靠性，测算量表数据的克朗巴哈值为 0.845，远大于 0.7，说明数据可靠性或置信水平较高。采用 SPSS 软件中的因子分析工具对 19 类游憩属性感知印象项目主成分因子进行分析。首先,运用 KMO 和球形 Bartlett 检验进行因子分析的适用性检验,得到的 KMO 值为 0.814,球形 Bartlett 检验的近似方差卡方值为 2 369.075,自由度为 171,Bartlett 显著性检验的 F 值等于 0.000,说明所使用的数据存在良好的结构效度,适合于开展因子分析。利用 SPSS 降维分析中的主成分分析工具,选择方差最大正交旋转选项,设定公因子提取的标准为特征根值大于 1、因子载荷大于 0.50,最终提取出 5 个公因子的方差解释变量(表 8-19),以及它们在 19 个因子项目上的载荷矩阵(表 8-20)。

表 8-19 苏州游憩空间资源属性的因子分析方差解释

公因子	1	2	3	4	5
特征值	2.896	2.481	2.272	2.235	2.120
贡献率/%	15.242	13.060	11.958	11.765	11.158
累计贡献率/%	15.242	28.301	40.259	52.023	63.182

表 8-20 苏州游憩空间资源属性的正交旋转因子分析

满意因子	信息提取比例	因子 1	因子 2	因子 3	因子 4	因子 5
历史名城	0.720		0.841			
名胜古迹	0.727		0.831			
古典园林	0.631		0.731			
人造景观	0.653	0.755				
民俗风情	0.591	0.696				
自然生态	0.637	0.693				
名山风光	0.698	0.732				
河流景观	0.625					0.649
优美湖景	0.734					0.815
水城印象	0.576					0.570
疗养度假	0.551				0.519	
休闲购物	0.703				0.807	
节事都会	0.568				0.662	
著名高校	0.453				0.569	
特色旅游	0.549				0.565	
革命胜地	0.706			0.755		
乡村景色	0.619			0.611		
水乡古镇	0.630					0.557
宗教旅游	0.633			0.737		

根据表 8-20 的因子载荷矩阵可知,苏州游憩空间资源属性可以细分出五大类别,公因

子 1 包含了人造景观、民俗风情、自然生态、名山风光 4 个项目，反映了当代人造休闲、自然观光休闲的属性特征。公因子 2 包含了历史名城、名胜古迹、古典园林 3 个项目，反映了游憩资源的历史人文观光属性特征。公因子 3 包含了革命圣地、乡村景色、宗教旅游 3 个方面，反映了特色旅游资源特征。公因子 4 包含了疗养度假、休闲购物、节事都会、著名高校、特色旅游 5 个方面。公因子 5 包含了河流景观、优美湖景、水城印象、水乡古镇 4 个方面，反映了苏州的水景观特色。最后，从公因子贡献率来看，5 个公因子累计方差贡献率为 63.182%，解释了原有变量大部分信息。

采用 K—均值聚类法，对游憩空间资源属性因子进行 2 类、3 类、4 类等聚类分析，发现 3 类时有 1 个特殊项，显著性检验表明，所有测量指标的 *S* 值均为 0.000，说明 3 个聚类存在明显差异，符合聚类分析要求。从表 8-21 中的聚类分析结果可知，苏州游憩动机 19 个项目可以划分出印象深刻型、印象微弱型、印象偏执型 3 种类别。聚类 1 印象深刻型呈现出对多种游憩资源属性印象较深的特点。聚类 2 印象微弱型则与聚类 1 相反，呈现出整体印象微弱、印象不深的特点。聚类 3 印象偏执型则表现出对部分经典游憩空间资源的印象深刻，而对大多数普通类游憩空间资源的印象不深的特点。

表 8-21　苏州游憩空间资源属性因子的 K—均值聚类分析结果

游憩动机	聚类 1 印象深刻型（n = 154）	聚类 2 印象微弱型（n = 107）	聚类 3 印象偏执型（n = 77）	F 值	Sig.
古典园林	4.14	3.07	4.57	35.124	0.000
名胜古迹	4.38	2.91	4.64	58.755	0.000
历史名城	4.58	3.69	4.97	36.366	0.000
水乡古镇	3.29	2.35	1.36	48.942	0.000
水城印象	3.68	2.21	1.30	85.019	0.000
优美湖景	3.69	2.27	1.43	83.145	0.000
休闲购物	3.74	2.46	0.55	139.061	0.000
河流景观	3.70	2.17	2.66	43.322	0.000
著名高校	4.05	2.57	4.34	53.093	0.000
自然生态	4.08	2.24	4.74	115.905	0.000
民俗风情	2.66	1.13	0.45	75.896	0.000
名山风光	3.66	2.36	2.94	24.721	0.000
人造景观	2.82	1.28	1.00	63.912	0.000
特色旅游	3.44	1.83	2.90	37.844	0.000
乡村景色	3.58	1.75	1.35	81.725	0.000
节事都会	2.82	1.14	0.14	113.076	0.000
革命圣地	3.55	1.80	1.26	81.689	0.000
疗养度假	4.32	2.24	4.92	133.850	0.000
宗教旅游	2.23	0.74	0.26	62.544	0.000

特征总结:从评分均值大小来看,均值大于3.5即印象深刻的项目包括历史名城、名胜古迹、古典园林、优美湖景、水城印象、水乡古镇6个方面;利用主成分分析可以将19类游憩资源区分出5大类别;从K—均值聚类分析的3种聚类比较来看,聚类1印象深刻型的154个样本对古典园林、名胜古迹、历史名城、著名高校、自然生态、疗养度假的印象深刻;聚类2印象微弱型的107个样本对所有游憩属性的印象薄弱;聚类3印象偏执型的77个样本与聚类1相同,对古典园林、名胜古迹、历史名城、著名高校、自然生态、疗养度假的印象深刻,且深刻程度整体高于聚类1。苏州游憩资源感知特征和苏州游憩资源实际特点一致,说明市民对本地游憩资源的熟悉程度较高,这和苏州成功的旅游业发展息息相关。

6 游憩情绪体验特征

情绪体验是影响游憩偏好行为的重要内因,本研究在整理国内外文献的基础上,结合苏州游憩现象的地方特征,提炼出15项情绪体验因子。采用李克特5分量表方法,设计很对、对、中等、不对、很不对五个选项,分别赋予分值5分、4分、3分、2分、1分,对回收的338份有效问卷进行描述统计分析,得到苏州游憩者情绪体验的平均分值和均值标准差(表8-22),并根据变量"平均值-2.5"绘制出情绪体验的距平图(图8-12)。

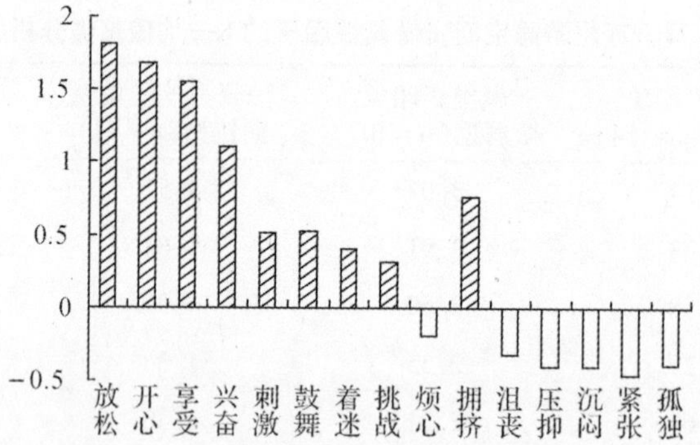

图8-12 苏州游憩情绪体验因子的体系结构

由表8-22可知,评价分值排名较高的情绪体验除了拥挤体验外,其他均为正向积极体验,而评分较低的则都是消极情绪。由此可知,苏州市民的积极情绪体验明显高于消极情绪体验,游憩活动对调节百姓的精神生活的作用显著。同样从苏州游憩者情绪体验的距平图(图8-12)来看,0轴线下方的都是消极情绪体验因子,0轴线上方的除拥挤体验外,其他皆为积极的情绪体验方式。

表8-22 苏州游憩情绪体验因素的一般性统计特征描述

	放松	开心	享受	兴奋	拥挤	鼓舞	刺激	着迷	挑战	烦心	沮丧	孤独	压抑	沉闷	紧张
排序	1	2	3	4	5	6	7	8	9	10	11	12	13	14	15
均值	4.334	4.204	4.074	3.627	3.287	3.047	3.041	2.926	2.840	2.317	2.183	2.118	2.107	2.107	2.053
标准差	0.757	0.787	0.856	0.948	1.212	0.997	1.004	1.063	1.094	1.047	1.002	1.061	0.962	1.002	0.939

测算量表数据的克朗巴哈值为0.817,远大于0.7,说明数据信度水平较高。采用SPSS软件中的因子分析工具对15种情绪体验因素进行主成分分析。首先,运用KMO和球形

Bartlett 检验进行因子分析的适用性检验，得到的 KMO 值为 0.857，球形 Bartlett 检验的近似方差卡方值为 3 019.998，自由度为 105，Bartlett 显著性检验的 F 值等于 0.000，说明所使用的数据存在良好的结构效度，适合于开展因子分析。利用 SPSS 降维分析中的主成分分析工具，选择方差最大正交旋转选项，设定公因子提取的标准为特征根值大于 1，因子载荷大于 0.50，最终提取出 3 个公因子的方差解释变量（表 8-23），以及它们在 15 个因子项目上的载荷矩阵（表 8-24）。

表 8-23 苏州游憩情绪体验的因子分析方差解释

公因子	1	2	3
特征值	4.423	3.025	2.714
贡献率/%	29.485	20.165	18.092
累计贡献率/%	29.485	49.650	67.742

表 8-24 苏州游憩情绪体验的正交旋转因子载荷

满意因子	信息提取比例	因子 1	因子 2	因子 3
放松	0.731			0.832
开心	0.840			0.895
享受	0.777			0.841
兴奋	0.636		0.556	0.572
刺激	0.723		0.830	
鼓舞	0.683		0.804	
着迷	0.555		0.713	
挑战	0.644		0.794	
烦心	0.570	0.734		
拥挤	0.288			
沮丧	0.781	0.880		
压抑	0.825	0.901		
沉闷	0.776	0.869		
紧张	0.687	0.797		
孤独	0.645	0.772		

根据表 8-24 的因子载荷矩阵可知，苏州游憩空间资源属性可以细分出三大类别，第一大类，公因子 1 包含了烦心、沮丧、压抑、沉闷、紧致、孤独 6 个项目，可命名为“消极情绪体验因子”。第二大类，公因子 2 包含了兴奋、刺激、鼓舞、着迷、挑战 5 个项目，反映了强烈型情绪体验特征，可命名为“强烈情绪体验因子”。第三大类，公因子 3 包含了放松、开心、享受 3 个项目，反映了惬意型情绪体验特征，可命名为“惬意情绪体验因子”。各公因子在 15

个情绪体验变量上的信息提取量整体较高(拥挤体验除外),公因子的累计贡献率为67.742%,解释了原有变量大部分信息。

特征总结:根据平均分值对情绪体验从强到弱依次排序为:放松、开心、享受、兴奋、拥挤、鼓舞、刺激、着迷、挑战、烦心、沮丧、孤独、压抑、沉闷、紧张。而运用主成分分析则可将14种情绪体验类别(拥挤类别在公因子之外)划分出"消极情绪体验因子""强烈情绪体验因子""惬意情绪体验因子"三种类型。情绪体验是检测城市游憩空间发展水平的根本依据,苏州游憩情绪体验的正面效果突出,已成为市民丰富精神生活的重要途径。

第三节　本章基本结论

首先,统计游憩流空间行为规律发现,苏州市区范围内的游憩流分布以Pareto函数拟合效果最佳,与以往的长距离游憩流分布特征相一致。市民出游的交通方式以公交车和私家车为主,且私家车的增长态势迅猛,鉴于此,有必要加快对苏州游憩交通网络进行调整和完善。门票对景区游憩流的日变化具有重要影响,已成为制约国民休闲出游的重要因素,因而有必要进一步加快公益性福利游憩空间的发展步伐。

其次,从行为动机、整体印象、满意度、情绪体验等心理因素来看,游憩已成为市民缓解精神压力、丰富日常生活的重要途径,市民对苏州游憩的认可度较高,倾向于对苏州游憩做正面宣传,但交通便捷性、拥挤程度、花费水平对苏州市民日常游憩行为的影响显著。这也要求苏州应加快以私家车、地铁、公交车为主导的游憩交通网络建设,加强游憩流的引导和调控,加大门票价格减免力度。

另外,国外学者对游憩映象及行为影响因素的分析主要涉及性别、年龄、种族、区位、距离、社会经济变量、交通、愉悦感、安全性、季节性等,而影响因素的考察比较全面;国内学者则主要考察了收入、闲暇时间、距离、出游能力、设施引力、可达性等,而对游憩心理因素的关注较少。国内外学者对游憩者的感应心理,特别是对游憩者群体心理要素结构分化的深层次探索都相对薄弱,诸多中国特色的游憩行为心理影响规律都有待进一步揭示和解释。本章主要运用主成分分析和聚类方法,对情绪体验等系列游憩心理因素进行了结构细分,得到了不同的细分游憩者群体,揭示了不同游憩者群体的行为心理差异性,从而使得所得出的结论更具体、更有实践指导价值,也更客观深入地揭示了游憩空间复杂性及其印象形态的内部心理影响机制。

第九章

城市游憩空间系统耦合关系复杂性及优化调控

第一节　城市游憩复合空间系统的复杂耦合关系分析

完整的城市游憩空间系统是一个游憩者与游憩环境的有机交互系统，包含着游憩场点空间、游憩行为空间和游憩映象空间三种类别，对应着物质属性、社会属性、感知属性三重属性或意义维度：实体空间体现了游憩场所的存在本质与结构分布模式，行为空间体现了游憩场所的功能结构及态势演变，而映象空间则是被感知到的有社会意义的游憩世界及游憩行为的触发器，三者互为因果、交互作用，最终有机融合形成多姿多彩的城市游憩生活空间系统。

前文研究表明，城市游憩空间的场点、行为、映象三维子系统均具有非线性、多样性、结构变异性、时空不对称性的复杂性特征。作为三维复杂子系统的有机耦合体，城市游憩空间系统的优化发展调控更是离不开对其三维空间子系统复杂耦合关系的剖析。分别选取实体系统的实际距离，行为系统的偏好程度、游憩流量，以及映象系统的熟悉度、意象频次、感知距离共 6 项要素指标，以 14 个游憩场点的 165 个有效样本为分析对象，测算绘制 6 要素之间的数量比较表（表 9-1），并运用 SPSS 对 6 要素进行相关性分析，得到相关性系数表（表 9-2）。

表 9-1　苏州游憩空间系统主要因子要素数量比较

项目因子		盘门景区	拙政园	山塘街	寒山寺	虎丘	苏州乐园	金鸡湖	阳澄湖	角直古镇	木渎景区	光福景区	石湖景区	太湖度假区	西山景区
场所	实际距离	2.91	1.52	2.82	6.05	5.77	8.91	8.32	24.18	27.46	14.06	25.72	9.65	28.39	40.20
	游憩流量	49.6	132.4	16.7	123.5	147.0	15.0	204.0	35.0	91.4	91.2	84.5	27.5	254.5	67.4
行为	偏好程度	404	436	411	418	414	460	496	53	346	260	68	260	146	401
	熟悉度	4.18	4.94	4.98	4.28	4.76	4.85	5.12	3.50	3.09	3.27	3.09	3.51	3.23	3.34
映象	意象频次	29	61	31	19	51	67	63	23	20	17	6	34	31	31
	感知距离	3.41	2.54	3.35	3.96	4.21	4.58	4.07	5.16	5.70	5.50	5.85	5.45	5.89	6.18

从表 9-2 可知：①最突出的特征是游憩流量和其他 5 个要素之间均无显著相关性，说明

游憩者对游憩场点的选择行为极为复杂,不能简单用其他个别变量进行解释。②熟悉度和游憩空间的意象频次、偏好程度、实际距离、感知距离之间均存在显著相关关系,说明熟悉度是影响游憩空间特征规律的重要因素。它与游憩场点客流规模之间不存在显著性相关性,说明人们对游憩场点的选择并非越熟悉越常去。③偏好程度和意象频次在0.01水平上存在显著正相关性,和感知距离在0.05水平上存在显著负相关性,说明人们对喜欢的游憩场点的感知映象较深,知觉距离也相对较近。④感知距离和实际距离之间存在0.01水平上的相关系数是0.864,存在显著性相关,也是所有相关系数中数值最大、相关程度最高的一对。⑤总体来看,城市游憩的场点空间、行为空间、映象空间之间不协调、不一致的特征比较突出,尽管这种不一致受到游憩空间发展客观规律性的影响和制约,但在一定程度上也暴露了城市游憩空间发展中存在的主要问题和矛盾。

表9-2　苏州游憩空间系统因子要素相关性分析

相关因子		熟悉度	意象频次	游憩流量	偏好程度	实际距离	感知距离
熟悉度	Pearson 相关	1	.776**	.035	.740**	-.782**	-.854**
	Sig.(双尾)		.001	.905	.002	.001	.000
	场点数量	14	14	14	14	14	14
意象频次	Pearson 相关	.776**	1	.179	.647*	-.456	-.505
	Sig.(双尾)	.001		.541	.012	.101	.065
	场点数量	14	14	14	14	14	14
游憩流量	Pearson 相关	.035	.179	1	.013	.100	.028
	Sig.(双尾)	.905	.541		.966	.734	.923
	场点数量	14	14	14	14	14	14
偏好程度	Pearson 相关	.740**	.647*	.013	1	-.522	-.598*
	Sig.(双尾)	.002	.012	.966		.056	.024
	场点数量	14	14	14	14	14	14
实际距离	Pearson 相关	-.782**	-.456	.100	-.522	1	.864**
	Sig.(双尾)	.001	.101	.734	.056		.000
	场点数量	14	14	14	14	14	14
感知距离	Pearson 相关	-.854**	-.505	.028	-.598*	.864**	1
	Sig.(双尾)	.000	.065	.923	.024	.000	
	场点数量	14	14	14	14	14	14

注:** 表示在0.01水平上显著相关(双尾),* 表示在0.05水平上显著相关(双尾)。

第二节　复杂性视野下城市游憩空间优化调控模式

1　优化调控的目标

城市游憩空间优化调控的总体目标是实现城市游憩空间的合理开发和持续发展。具体而言，即根据游憩者需求和城市空间发展实际，营造总量丰富、结构合理的城市游憩空间系统，合理组织城市游憩空间与其他功能空间的空间关系，实现城市游憩空间总量和结构的优化，最终促进城市游憩空间的合理开发和持续利用，实现城市空间的和谐与城市文明的进步。

城市游憩空间是构建社会主义和谐城市、宜居城市中的关键环节。它在很大程度上具有福利空间色彩，在当前我国社会经济发展水平不高、人均可支配收入较低的情况下，城市游憩空间更应强调其公益性、福利性和惠民性。另外，西方休闲经济发展的经验表明，城市游憩空间是激活城市休闲经济的重要空间载体，是实现产业结构调整、促进休闲服务产业发展的基础前提。城市游憩空间优化调控的目标除了实现城乡社会和谐发展之外，还要促进社会主义休闲经济产业的健康持续发展。

目前苏州正在大力推进“三区三城”建设，这也是对苏州未来城市发展形态的一种概括性描述，即以科学发展为导向，以开放创新为动力，以城乡一体为落脚点，以建设现代经济为特征的高端产业城市为核心，以建设生态环境优美的最佳宜居城市为根本，以建设历史文化与现代文明相融的文化旅游城市为特色，加快提升苏州的综合竞争力，促进苏州城乡社会的全面发展。而城市游憩空间的优化调控与发展则是实现最佳宜居城市、旅游城市、城乡一体化发展的重要环节。

2　优化调控的原则

城市游憩空间系统是一类由各种不同类型、不同层次的游憩场点以交通为连接，以游憩流为主体作用因子，所形成的具有自组织演化功能的复杂动态反馈系统。实现其优化调控需要坚持以下原则。

(1) 整体性原则

以系统思维为指导，综合考虑游憩场所分布、游憩交通联系及游憩需求结构的有机协调，实现游憩空间供需平衡。同时需要考虑游憩空间与其他非游憩空间用地的空间关系，从城市空间整体的高度考虑城市游憩空间布局的合理性，为城市游憩空间系统优化提供比较良好的外部环境。

(2) 动态性原则

城市游憩空间系统是一种不断发展的开放性复杂系统，不同的时空条件下其结构与功能也会有质和量的不同，因此城市游憩空间的优化调控必须随着游憩需求的不断发展变化而变化，建立市民游憩需求的动态调研制度；在城市规划建设中考虑到游憩预留用地或城市土地更新的游憩利用等，并建立科学长效的城市游憩空间优化调控的保障系统。

(3) 层次性和均衡性原则

城市游憩空间优化调控的最终目标是为国民提供便利的游憩空间。人的游憩需求具有多样性，在不同的活动地域范围内，均有不同类别的需求，比如社区游憩场所、片区游憩场所及市区级游憩场所，尽管游憩场所的规模不同，但却与市民在不同的游憩机会开展游憩活动的差异化需求相一致。因此，针对需求层次性，构建不同规模层次的游憩场所空间，是游憩空间优化的一个关注点。同时，要以实现游憩机会均等为要旨，在城市的不同区位上，根据市民数量规模、游憩需求结构，构建结构均衡合理的游憩空间系统。

(4) 优化从简原则

在当前我国经济发展水平整体不高的情况下，一定要避免游憩空间优化环节中的浪费现象，争取以最少的投入实现游憩空间的合理化优化。目前我国不少城市的公共空间开发存在缺乏人文关怀、投资庞大却实用性较差等问题。另外，游憩空间作为一种休闲空间场所，可以在其他功能空间的基础上加以更新和再利用。国际上最为成功的是城市滨水区更新中的游憩功能开发，即把河流附近的一些不合理开发建设拆除后用于游憩。总体而言，将优化从简应作为一项执政理念来抓，这样才能有利于城市游憩空间优化工作的开展。

3 优化调控的模式

映象是行为的先导，而行为是空间发展的导向。根据人类活动的感应—行为模式，可以实现对城市游憩空间的有效调控。前文以苏州游憩者为例，深入分析了苏州游憩者的映象形态、行为规律，从根本上为苏州城市游憩空间系统的优化调控提供了行为学依据。在我国的旅游规划领域，旅游开发的模式依次经历了资源导向模式、市场导向模式、形象导向模式等。这种旅游规划模式的转变反映了人们对行为和映象分析的重视程度在不断增加，也符合以人为本、多方参与的旅游规划理念。

伴随着城市与旅游规划理念的不断成熟，学术界对行为、映象的研究越来越重视，城市管理部门也越来越强调在规划过程中充分听取多方意见。然而，总体而言，目前我国的城市规划和旅游规划中，对行为和映象的分析仍然非常薄弱，至今仍没有形成比较成熟的规划模式。

城市游憩空间的“场点、行为、映象”系统在本质上就是拓展细化的供求关系系统，深入分析“场点、行为、映象”系统要素相关性及交互影响机理是揭示城市游憩空间发展问题、寻求城市游憩空间优化发展策略的本质要求。美国遗传学家里查德·列万廷最先使用三螺旋来模式化基因、生物体和环境之间的关系，认为三者就像三条螺旋缠绕在一起，同时互为因和果。1997 年亨瑞·埃茨科瓦茨引入三螺旋概念提出使用三螺旋模型(Triple Helix Model，TH 模型)来分析政府、产业和大学之间关系的动力学。本章认为“场点—行为—映象”是城市游憩空间系统中的三个动力螺旋，三者相互沟通协调是实现三股力量抱成一团、推动游憩系统螺旋上升的关键所在，并据此提出城市游憩空间优化调控的三螺旋模型(图 9-1)。

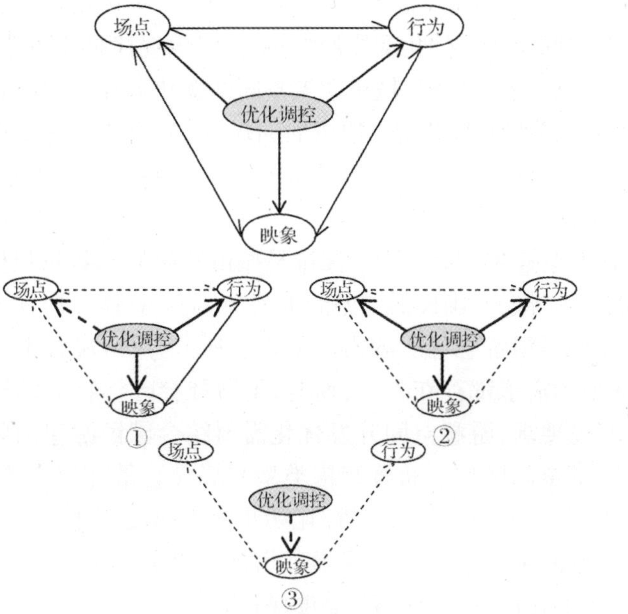

图 9-1 复杂性视野下城市游憩空间优化调控三螺旋模型

城市游憩空间优化调控三螺旋模型的基本特征包括:一是优化主体的互为因果不可分割性;二是优化动力要素的多重互反关系;三是优化升级路径的螺旋型;四是优化调控过程的动态性;五是优化调控效果的整体性。该模型强调了城市游憩空间优化调控是一项针对复杂关系网络的动态化调控、螺旋式提升的过程,需要同时综合考虑游憩者行为、游憩者对游憩空间的映象及游憩场点自身的优化发展规律这三个相互关联、不可分割的有机统一体,通过分析三者之间的复杂作用关系寻求城市游憩空间优化发展的普适规律及具体路径模式。在具体优化调控操作中,可以采取先对场点结构、行为规律、映象特征进行分开分析,然后综合考察三者之间的交互作用关系,总结并实施可行性优化方案,根据动态反馈效果进行实时调控,最终推动城市游憩空间系统不断发展优化。图 9-1 中的①、②、③列举了三种调控模式,虚线表示被忽略的作用关系,可见,模式①表示在组织优化调控中强调了对行为、映象的分析,并兼顾了行为与映象的关系,但对城市游憩空间自身结构及映象—行为导向下的游憩空间优化调控策略考虑不够;模式②表示缺乏对映象、行为、场点优化三者之间关联的分析;模式③表示一种比较空想的组织优化模式,具体体现为对三要素分析不够且忽视三者间的关联作用,缺乏依据地、孤立地对游憩空间进行组织优化。

总体而言,本研究提出的三螺旋模型旨在强调在城市游憩空间优化调控中重视对映象、行为、场点三个维度的一体化研究。

4 优化调控的方向与路径

在当前中国经济和平崛起、大规模城市化快速推进、社会各领域发生着日新月异变化的历史新时期,探索城市游憩空间组织方向和途径显得意义重大。

我国政府对国民的游憩需求、身心健康等问题非常重视。在当前全国上下共建和谐社会、推进社会主义新农村建设、建设和谐文明城市等社会背景下,我国的城市游憩空间优化调控必须顺应国民需求实际和时代发展趋势,城市游憩空间优化调控的具体方向与路径包括以下几个方面：

其一，城市游憩空间系统自优化调控的方向，自组织规律是不可避免的，它内在地规制着城市游憩空间的发展方向，完整的城市游憩空间的优化调控应包括自组织优化和他组织优化两个方面，我们在强调他组织优化作用的同时，应重视和尊重城市游憩空间自组织演化的规律和方向。对自组织方向的分析需要依靠复杂性科学理论手段来实现，分形几何就是目前比较成熟的方法。

其二，以国民游憩动态需求为方向。无论是城市游憩空间数量规模，还是结构格局，都必须以国民游憩需求为导向。国民的游憩需求复杂多变，具体可体现在国民游憩需求的类型具有多样性，对不同类型游憩场所的需求量也有所差异；市民在不同的休闲时间段对不同空间距离游憩场所的需求都存在差异，而且，不同社会经济特征的居民的游憩需求通常也存在一定差异，这就要求，游憩空间开发优化需要结合国民游憩的区位偏好、时间偏好、类型偏好等，在不同的空间区位上布置结构类型和规模总量合理地游憩场所。目前，城市规划建设中对游憩需求的差异化分析不够，比如我国不同民族休闲行为差异与游憩福利空间均衡发展等一些问题，都有待进一步探索。此方向的实现途径，需要加快城市规划建设中游憩空间调研体系的建设，并完善相关制度保障。

其三，福利与经济并重的方向，当前我国处于以经济建设为中心的社会主义初级阶段，国家的综合经济实力在不断增强，游憩福利空间发展的步伐也在不断加快，然而，福利通常伴随着一定的经济负效应，如何合理地发展游憩福利空间，兼顾休闲经济利益，是我国城市游憩空间优化中需要重点考虑的问题。实现社会、经济的同步发展是体现社会主义制度优越性的内在要求，城市游憩空间优化调控应从为国民谋福祉和促进社会主义休闲经济蓬勃发展的双重目标，向着福利与经济并重的方向发展和努力。在实现途径上，国内外经验告诉我们，游憩福利空间的发展离不开政府行为。

第三节　本章基本结论

首先，游憩映象偏好、实际行为规律和游憩空间自组织优化结构之间存在差异性，树立城市规划建设的公共管治理念、加强对市民游憩行为规律及心理机制的分析研究，是和谐城市规划建设中不可或缺的重要环节。

其次，城市游憩空间的“场点、行为、映象”三维子系统均具非线性、多样性、结构变异性、时空不对称性的复杂性特征，子系统复杂作用关系内在决定着城市游憩空间系统发展是一个复杂演变的过程。类比里查德·列万廷的“基因、生物体、环境”三螺旋复杂演化理念可知，“场点、行为、映象”是城市游憩空间系统发展演化的三个动力螺旋，通过沟通协调，三股力量抱成一团、共同推动城市游憩空间系统螺旋上升。

最后，提出城市游憩空间优化调控的三螺旋模型，强调了城市游憩空间优化调控是一项针对复杂空间网络的动态化调控、螺旋式提升过程，必须同时综合考虑游憩者行为、游憩者对游憩空间的映象及游憩场所自身的优化发展规律这三个相互关联、不可分割的有机统一体，通过分析三者之间的复杂作用关系寻求城市游憩空间优化发展的普适规律及具体路径模式。

第十章
研究结论与展望

第一节 主要结论

城市游憩空间是和谐城市规划建设的核心对象,也是一种结构复杂的自然—人文复合系统。本研究针对当前中国城市游憩空间配置中存在的总量不足、分布失衡、利用效率不高等实际问题,将城市游憩空间细分出场点空间、映象空间和行为空间三个维度子系统,选取苏州案例地,综合运用分形理论、城市映象理论及行为心理理论,研究了城市游憩空间三个子系统的复杂性及其耦合关系的复杂性,构建了复杂性视野下中国城市游憩空间优化调控的三螺旋模型,以期为转型期中国城市游憩空间的优化发展实践提供理论参考依据。

1 城市游憩场点空间复杂性研究结论与讨论

运用分形指标随机聚集分维、空间网络关联分维、网格信息分维研究游憩场点空间分布复杂性特征,运用分形指标长度—半径分维研究游憩场点连接纽带即交通网络的复杂性及其效率。主要研究发现:

① 相对于传统的空间分布描述方法而言,分形几何为城市游憩场点空间分布复杂性研究提供了科学指标依据,具有城乡二元复杂结构、融自然和人文属性于一体的城市游憩场点系统,其空间分布结构具有明显的分形特性。

② 各分形维数均具有较强的结构解析能力,为城市游憩场点系统的优化布局提供了指标依据并指明了优化方向:古城区子系统是一种以优化整合、提升精品为重点的优化模式,古城区游憩子系统的空间结构最松散,且用地非常有限,从数量上调控系统结构的潜力有限,比较可行的优化途径是通过营造水路景观通道,加强外围游憩场点与观前街的联动,从而提高系统空间结构的紧致性程度。新城区子系统是一种普通开发与品牌营造并举的优化模式,具体途径为在增强金鸡湖和苏州乐园规模质量的同时,加强其他区位的游憩场点开发力度。环城游憩带则是一种以品牌开发和客流调控为重点的优化模式,目前外围环城游憩带结构最紧致、自组织优化能力最强,可利用现有的结构优势,在不同方位打造少数高等级的游憩核心场点,以核心场点辐射带动周边开发,从而促进系统空间结构的优化。

③ 苏州游憩场点空间结构均呈现出一种核心松散—外围紧致的分形递变趋势,自组织能力的离心化现象比较突出。这种结构模式与游憩者的需求结构特征相吻合,准确反映了成熟型游憩场点系统自组织结构分形的一般特征,也说明跟踪分析游憩系统的结构演化,加强对游憩系统自组织能力的引导和提升,是和谐城市规划建设中的一项长效工作。

④ 苏州水陆游憩交通网络的分形发育良好，对游憩场点的支撑效率好。长度—半径维数能够刻画交通网络从城市中心向外围的递变趋势，较好地反映城市交通网络的结构优劣与支撑能力，也为评价城市交通网络发展水平提供了指标依据。通过测算交通网络半径维数与游憩场点系统聚集维数之间的差值正负及大小，来反映交通网络对城市游憩场点系统支撑效率的正负及强弱，能够很好地揭示交通网络与游憩场点系统的耦合关系和关联演变趋势。当然，半径分形维数不同于传统的路网密度、连通度、通达深度、路网闭合度、什贝尔指数等指数，半径分形维数与它们存在后现代数学和现代数学的本质差异，通过两类方法论指数的比较分析有助于全面认识城市游憩交通网络特征。

2 城市游憩行为空间复杂性研究结论与讨论

一方面，运用分形指标等级信息分维、等级 Zipf 维数和系统有序度来研究城市游憩客流偏好行为的等级结构复杂性。主要研究发现：

① 城市游憩客流规模分布模式具有显著分形特性。

② 从城市中心向外围，苏州古城、新城、环城游憩带的游憩客流等级规模分布呈现核心松散—外围紧致的分形递变趋势，这一特点与游憩场点的空间分布结构分形特性也相同，但客流规模等级结构本身缺乏空间位置属性，应认清二者在本质上的差异性。

③ 基于偏好评价和基于游憩流量的游憩场点等级结构分形特性差异较大。基于游憩流量的等级结构的紧致性很高，游憩流在少数高级别游憩场点集聚的现象突出，而民众对游憩场点的偏好评价却呈现出比较均衡的等级结构，游憩偏好的分散性和现实游憩流量的突出集聚特征之间存在较大差异，这种差异性应该和游憩场点的门票、拥挤程度等有关，也告诫我们在城市游憩空间开发与研究过程中，必须重视对游憩者行为心理的分析。

④ 苏州城市游憩场点中自然观光子系统游憩流分维值最高，人造娱乐休闲子系统分维值最低，人文观光子系统的客流等级分布模式及其等级结构效应处于二者之间，但整体而言属性系统分维发育的特征不显著，产生的原因可能是划分游憩场点类别的属性是主导属性而非总体属性，研究的地域范畴是城市尺度而非更广泛的区域尺度，这些均可能影响客流规模等级特性。另外，游憩流分布趋于集中，游憩流集聚效应突出，有利于区内整体实力的提升，但游憩流在高级别游憩场点集聚的同时，同样会对低级别游憩场点的游憩流集聚造成一定的阴影效应或阻滞作用。

另一方面，则是开展第一手的问卷调查研究，运用距离累计和函数拟合的方法研究游憩行为的复杂时空轨迹。主要研究发现：

① 苏州游憩流分布以 Pareto 函数拟合效果最佳，与以往的长距离游憩流分布特征一致。市民出游的交通方式以公交车和私家车为主，且私家车的增长态势迅猛，鉴于此有必要加快对苏州游憩交通网络进行调整和完善。门票对景区游憩流的日变化具有重要影响，已成为制约国民休闲出游的重要因素，因而有必要进一步加快公益性福利游憩空间的发展步伐。

② 从游憩流的日变化来看，收门票型景区和免门票型公共游憩场所差异性较大，门票收入在很大程度上制约了游憩流变化的复杂性。五一游憩流的时间覆盖比国庆要广些，季节性特别是气温变化对游憩流变化具有重要影响。在市区范围内，游憩场点的空间距离、时间跨度均较小，游憩场所的空间区位对游憩流的影响不大，相反，游憩场所的活动项目丰

度和活动类别对游憩流日变化具有决定性影响。

③ 从行为动机、整体印象、满意度、情绪体验等心理因素来看，游憩已成为市民缓解精神压力、丰富日常生活的重要途径，市民对苏州游憩的认可度较高，倾向于对苏州游憩做正面宣传，但交通便捷性、拥挤程度、花费水平对苏州市民日常游憩行为的影响显著。这也要求苏州应加快以“公交车 + 地铁 + 私家车”为主导的游憩交通网络建设，加强游憩流的引导和调控。

3　城市游憩映象空间复杂性研究结论与讨论

综合运用图片识别、认知地图及 SPSS 统计手段分析了复杂城市游憩映象空间的要素、结构模式及影响因素。主要研究发现：

① 城市游憩映象空间要素类型涵盖了林奇的城市意象五要素，且表现出标志类要素数量大的鲜明特点。

② 与以往城市意象空间结构模式不同，苏州游憩空间形态结构模式可细分出顺序型、空间型、路径—散点复合型、单体型四种类别，其中的单体型和复合型是两种特殊结构模式。我国学者冯健曾在北京城市意象空间研究中发现过单体型，而复合型模式是本研究游憩映象形态分析中出现的一种特殊映象的结构形态，它融路径主导的顺序型和区位主导的空间型于一体，很难将之归为顺序型和空间型的哪一类；呈现出靠近城市中心区以路径主导的顺序型为主，远离市中心则呈现出区位主导的散点类空间型为主；这种映象结构模式比较真实地反映了城市游憩空间的系统特征。

③ 与以往研究发现的城市映象空间型和顺序型之间 3∶7的数量关系不同，苏州游憩映象形态的空间型数量比重略高于顺序型，空间型比重有很大提升。空间型的散点类、顺序型的段类以及路径—散点复合型是数量排名前三的城市游憩映象空间主导形态模式，其形成原因与城市游憩空间系统的非面状网络型特征、城乡游憩空间的二元分异规律以及城市游憩空间感知强度的距离衰减现象密切相关。

④ 从映象空间形态变形来看，通过不同函数拟合比较发现，距离感知的偏差以对数函数拟合的效果最佳。交通方式对游憩感知距离有一定影响，小汽车游憩者的感知距离小于非自驾游者，也小于全市的感知距离平均水平，其感知偏差最小。与小汽车感知距离最为接近的交通方式依次是公交车、摩托车和电瓶车，而摩托车和电瓶车的使用比重较小且在长距离游憩中的优势不明显，可见重视和优先发展旅游公交线路是推进游憩发展的重要战略选择。

⑤ 熟悉度和游览次数之间存在显著正相关，和感知距离偏差之间存在显著负相关，但“游览次数→熟悉度→感知距离”因果关联一致性并不很高，进而推知，在较小的地域范围内，城市游憩距离的感知偏差除了受熟悉度、游览次数等影响外，还受到外部环境因素或诸如地方情结等多种复杂心理情感因素的影响。另外，作为中间变量的交通方式对熟悉度的影响不大、相关性不强。

4　城市游憩空间复杂耦合关系及优化研究结论与讨论

① 游憩映象偏好、实际行为规律和游憩空间自组织优化结构之间存在差异性，树立城市规划建设的公共管治理念、加强对市民游憩行为规律及心理机制的分析研究，是和谐城市规划建设中不可或缺的重要环节。

② 城市游憩空间的“场所、行为、映象”三维子系统均具非线性、多样性、结构变异性、时空不对称性的复杂性特征，子系统复杂作用关系内在决定着城市游憩空间系统的发展，这是一个复杂演变过程。类比里查德·列万廷的“基因、生物体、环境”三螺旋复杂演化理念可知，“场点、行为、映象”是城市游憩空间系统发展演化的三个动力，三者通过沟通协调实现三股力量抱成一团、共同推动城市游憩空间系统螺旋上升。

③ 提出复杂性视野下城市游憩空间优化调控的三螺旋模型，强调了城市游憩空间优化调控是一项针对复杂空间网络的动态化调控、螺旋式提升的过程，必须同时综合考虑游憩者行为、游憩者对游憩空间的映象及游憩场所自身的优化发展规律这三个相互关联、不可分割的有机统一体，通过分析三者之间的复杂作用关系寻求转型期中国城市游憩空间优化发展的普适规律及具体路径模式。

第二节 主要创新点

综合来看，本研究的主要创新点有以下几个方面：

① 将复杂性科学和分形理论应用到城市游憩空间研究领域，刻画了城市游憩场点空间分布结构、客流偏好行为等级结构以及游憩交通网络结构的分形分异特征，揭示了城市游憩空间系统三要素的自相似分形成因及复杂性本质。发现城乡游憩空间的分形结构存在二元分异规律，为基于客流分布统计的环城游憩带理论找到了复杂性分形指标的比较依据。

② 实证研究发现城市游憩映象形态模式可溯源于凯文·林奇城市意象模式，但又有所不同，主要表现为散点型形态模式的数量比重大幅提高，且出现了散点-路径复合型的新形态模式。这些新特征、新模式比较真实地反映了城市游憩空间和城市空间之间存在的内在差异性，形成原因应该与城市游憩空间的散点性或非面状网络型特征、城乡游憩空间的二元分异规律以及城市游憩空间感知强度的距离衰减现象密切相关。

③ 统计分析了城市游憩映象空间变形的数理统计模型及交通方式影响特征。发现城市游憩映象空间变形的感知距离偏差以对数函数模型的拟合效果最佳。交通方式对城市游憩空间的感知距离偏差具有一定的影响。自驾车游憩者对距离感知的精确性略高于非自驾车游憩者，感知距离的长度小于非自驾游者。与自驾车感知距离最为接近的交通方式依次是公交车、摩托车和电瓶车，而摩托车和电瓶车的使用比重较小且在较长距离游憩中的优势不明显，因此重视和优先发展旅游公交线路是推进游憩空间发展的重要战略选择。

④ 以城市游憩空间耦合关系复杂性研究发现为基础，类比里查德·列万廷的“基因、生物体和环境”三螺旋概念和亨瑞·埃茨科瓦茨的“政府、产业和大学”三螺旋模型，提出了城市游憩空间优化调控的“场点、行为、映象”三螺旋模型，为贯彻城市游憩空间的公共管治理念和规划创新转型提供了科学路径模式。

第三节 问题与展望

① 游憩分形拓展研究：其一，是城市游憩社会空间复杂性分形研究，即进一步加强对社会经济因素的关注，运用主成分分析方法从我国人口普查数据中提取游憩社会主导公因

子，将主导因子以权重形式纳入分形测算公式，最终实现对整个游憩社会空间进行更系统更深入的分形复杂性研究。其二，是城市游憩空间多分形及发展演变模拟研究。苏州古城区子系统及市区大系统均已经出现多分形现象，利用多分维谱及质量指数 $\tau(q)$、奇异性指数 $\alpha(q)$、奇异谱 $f(q)$ 等参量跟踪研究其多分形特性，有利于深入刻画苏州游憩场点系统的空间结构及其演变。当然，根据这些分形指标的控制参量，寻找系统演化的最终趋势——奇异吸引子，并在有效约束条件下，构建系统演化的动力学方程，或借助 Multi-agent 和元胞自动机对苏州游憩系统结构演变进行计算机模拟刻画也是后续研究的重要内容。

② 中华民族休闲行为差异与游憩福利空间均衡发展研究。笔者在苏州案例研究的基础上提出了复杂性视野下的城市游憩空间优化调控三螺旋模型。该理论模式提出了一种发展理念和研究框架，而没有对城市游憩的个性进行界定，因此其本身具有较强的推广性。我国是一个拥有 56 个民族的多民族国家，各民族和谐相处的同时保留着各自丰富灿烂的民族文化，不同民族的群众拥有着不同的民风民俗和休闲行为。深入揭示不同民族之间休闲行为的差异，探索社会主义游憩福利空间的均衡发展理论，是构建中国特色社会主义休闲理论体系的基本出发点，也是构建社会主义和谐社会、推进社会主义福利事业发展、促进民族团结、实现民族共同繁荣的重要途径。

③ 城市游憩映象空间结构形态的多城市比较实证研究。笔者在对苏州城市游憩空间系统的映象结构形态进行研究的过程中，发现了单体型和散点—路径复合型两种比较特殊的映象形态模式，其中单体型在国外学者研究中没有出现过，国内学者冯健在北京城市意象结构的研究中提到过。复合型形态模式的提出是因为笔者发现这种映象图式中散点与路径并存，将之简单地归类为散点型或路径型，都会导致映象信息的丢失，笔者认为这种映象结构模式和游憩空间系统的非连续性网络系统特征、城乡二元分异规律、感知强度梯度差异有关，比较有代表性，因此以散点—路径复合型命名之。同时，和以往研究发现的城市意象结构形态中顺序型与空间型之间 7∶3的数量关系相比，城市游憩空间的映象形态中散点类比重大幅提升，最终导致顺序型和空间型之间的数量关系趋于均等。为进一步检测城市映象形态与城市游憩映象形态之间的异同，揭示非连续性网状空间系统与连续性面状空间系统之间的映象形态差异性，有必要开展更多的实证研究。

④ 城市游憩者行为心理 ERP 实验研究的探索与展望。事件相关电位 ERP（Event-related Potentials）是一种基于现代高科技精密仪器的先进认知技术手段（脑认知成像技术）。它开创了认知科学、心理学、脑神经科学的新时代。近年来，伴随着计算机技术、电子技术、认知神经科学的迅猛发展，ERP 技术开始受到了多个学科的广泛关注，并被成功应用在心理学、生理学、医学、神经科学、人工智能、航空航天等多个领域。在社会科学领域，行为学研究方法通常均采用观察、问卷、量表、认知地图等调研方法间接地透视人的行为心理，而以 ERP 为代表的认知神经实验技术则是直接从生理层面探测人类心理活动机制。社会学研究的根本落脚点即在于对人的行为心理的研究，ERP 认知神经科学新技术为社会科学领域中的人的行为心理研究提供了前所未有的发展机遇。紧密追踪 ERP 技术新进展，探索其在游憩行为心理研究中的可行性及可操作性技术途径，将成为未来游憩行为心理研究中的一个新领域和新方向。

参考文献

[1] Geoffrey C. Godbey. Leisure in Your Life: An Exploration. State College. PA: Venture Publishing, 1999: 12 - 14.

[2] Batty M, Xie Y. From cells to cities. Environmentand Planning B, 1994 (21): 531 - 548.

[3] Ward D P, Murray A T, Phinn SR. A stochastically constrained cellularmodel of urban growth. Computer, Environment and Urban System, 2000(24): 539 - 558.

[4] 秦耀辰,刘凯. 分形理论在地理学中的应用研究进展. 地理科学进展, 2003(4): 426 - 436.

[5] Peter Ambrose. Analytical human geography, Concepts is geography 2, Loagman, third impression, 1972.

[6] Strauss A L. Image of the American City. NewYork: Free Press, 1961: 126 - 381.

[7] Michael E, Nagami K. Compat-covening images of metric space proc of AMS., 1973 (37): 260 - 266.

[8] Halfar. E. Compact Mappings, Proc. Amer Math. Soc. 1957(8): 828 - 830.

[9] 燕鹏飞. 度量空间的紧映象. 数学研究, 1997(2): 185 - 187, 198.

[10] 葛英. 度量空间的序列商, k—映象. 数学杂志, 2004(3): 275 - 279.

[11] 毛端谦, 刘春燕. 旅游目的地映象研究述评. 旅游学刊, 2006(8): 40 - 44.

[12] 毛端谦, 张捷, 包浩生. 旅游目的地映象的对应分析: 以江西庐山、龙虎山、三清山、井冈山为例. 长江流域资源与环境, 2003(1): 23 - 28.

[13] Neil Carr. The tourism——leisure behavioural continuum. Annals of Tourism Research,2002(4):972 - 986.

[14] 黄泰, 保继刚,等. 苏州城市游憩场点系统空间结构分形. 地理科学进展, 2009 (5): 735 - 743.

[15] 秦学. 城市游憩空间结构系统分析: 以宁波市为例. 经济地理, 2003(2): 269 - 271,288.

[16] Batty M. The fractal nature of geography. Geographical Magazine, 1992 (5): 34 - 36.

[17] 钱学森,等. 论系统工程. 长沙: 湖南科技出版社, 1982.

[18] 陈永红，周桐，何岱海，等．研究多中心奇异吸引子混沌相位的新方法．物理学报，2002(4)：731－735．

[19] 薛莹．城市游憩空间西方演变之历史考察．广州大学学报(社会科学版)，2008(8)：29－32．

[20] 俞孔坚，李迪华．城市景观之路——与市长们交流．北京：中国建筑工业出版社，2003．

[21] Stansfield C. A. A note on the urban-nonurban imbalance in American recreational research[J]. Tourist Review, 1964.

[22] 何绿萍．城市游憩绿地的几个问题．中国园林，1986(3) 9－11．

[23] 吴必虎，董莉娜，唐子颖．公共游憩空间分类与属性研究．中国园林，2003(4)：48－50．

[24] Getz D. Planning for tourism business districts. Annals of Tourism Research, 1993 (20): 583－600.

[25] Jansen Verbeke. Leisure, Recreation and Tourism in Inner Cities: Explorative Case Studies[J]. Netherlads Geographical Studies, 1985.

[26] Pearce, P. Mental Souvenirs: A Study of Tourists and Their City Maps. Australian Journal of Psychology, 1977(29): 203－210.

[27] Judd, D. and M. Collins. The Case of Tourism: Political Coalitions and Redevelopment in Central Cities. In The Changing Structure of Cities: What Happened to the Urban Crisis? Beverly Hills, CA: Sage. G. Tobin, ed., 1979: 177－199.

[28] Hall, P. Urban Development and the Future of Tourism. Tourism Management, 1987 (8): 129－130.

[29] Karski, A. Urban Tourism: A Key to Urban Regeneration? The Planner, 1990(13): 15－17.

[30] Pearce, D. Tourism Today: A Geographical Analysis. Harlow, Essex: Longman, 1987.

[31] Ashworth, G. Urban Tourism: An Imbalance in Attention. In Progress in Tourism Recreation and Hospitality Management. London: Belhaven. C. P. Cooper, ed., 1989 (1): 33－54.

[32] Page, S. Urban Tourism. London: Routledge, 1995.

[33] Pearce, D. G. Tourism Today: A Geogruphical Analysis(2nd edn). Longman, Harlow, 1995.

[34] Stansfield C A, Rickert J E. The Recreational Business District. Journal of Leisure Research, 1970(4): 213－225.

[35] Taylor V. The Recreational Business District: a Component of the East London Urban Morphology: South African Geographer, 1975.

[36] Stepheh L. J. Smith. Dictionary of Concepts in Recreation and Leisure Studies. London: Greenwood Press, 1990.

[37] Burtenshaw D, Bateman M. Ashworth G J. The European City. London: David Ful-

ton Publishers, 1991.

[38] Smith S. Recreation Geography. London & N. Y: Longman, 1983.

[39] Pearce D G. Tourist District in Paris: structure and functions. Tourism Management, 1998(1): 49-65.

[40] Douglas G Pearce. Tourism in Paris studies at the Misroscale. Annals of Tourism Research, 1999(1): 91-93.

[41] 保继刚，古诗韵. 城市RBD初步研究. 规划师，1998(4): 59-64.

[42] Jim Sibthorp, Erin Witter, etc. Hierarchical linear modeling in park, recreation and tourism research. Journal of Leisure Research, 2004(1): 89-100.

[43] Stephen L. J. Smith. Location patterns of urban restaurants. Annals of Tourism Research, 1985: 581-602.

[44] Ainhoa Urtasun, Isabel Gutiérrez. Hotel location intourism cities Madrid 1936-1998. Annals of Tourism Research, 2006(2): 382-402.

[45] Pearce, D. G. Tourist Development(2nd edn). Longman, Harlow, 1987.

[46] Ashworth, G. J. and Tunbridge, J. E. The Tourist-Historic City. London: Belhaven 1990.

[47] Chazaud, P. Quels espaces, quels Ioisirs, quelles stratégies pour le tourisme urbain d'agrément. Espuces, 1994(99): 44-52.

[48] Judd, D. R. Promoting tourism in US cities. Tourism Management, 1993(3): 175-187.

[49] Heilburn, J. Urban Economies and Public Policy(2nd edn). New York: St Martin's Press, 1981.

[50] Law, C. M. Urban Tourism: Attracting Visitors to Large Cities. London: Mansell, 1993.

[51] Timothy, D. J. and Wall, G. Tourist accommodation in an Asian historic city. Journal of Tourism Studies, 1995(1): 63-73.

[52] Smith S L J. Regional analysis of tourism resources. Annals of Tourism Research, 1987(2): 254-273.

[53] Weaver, D. B. Model of urban tourism for small Caribbean islands. Geographical Review, 1993(2): 134.

[54] Preobrazensky, V. S., and V. M. Krivosheyev. Recreational Geography of the USSR. Moscow: Progress Publishers, 1982: 31-42.

[55] (日)山村顺次，新观光地理学. 大明堂. 1995: 135.

[56] (日)铃木富志郎. 都市周边旅游开发变容. 地理，1985(8): 171-190.

[57] Smith R A, Lesure J D. The U S Lodging industry today. Cornell Hotel and Restaurant Administration Quarterly, 1999(1): 18-25.

[58] Scott-D. Exploring time patterns in people's use of a metropolitan park district. Leisure-Sciences, 1997(3): 159-174.

[59] Gunn Clare A. Tourism Planning: Basics, Concepts, Cases. New York: Wiley,

1999: 63.

[60] Faulkner B, Russell R. Chaos and complexity in tourism: research of a new perspective. Pacific Tourism Review,1997(2): 93 – 102.

[61] Russell R, Faulkner B. Entrepreneurship, chaos and the tourism area lifecycle. Annals of Tourism Research,2004(3): 556 – 579.

[62] McKercher B. A chaos approach to tourism. Tourism Management, 1999(20): 425 – 434.

[63] Zahra A, Ryan C. From chaos to cohesion-complexity in tourism structures: an analysis of New Zealand's regional tourism organizaions. Tourism Management, 2007(3): 854 – 862.

[64] 古诗韵, 保继刚. 城市旅游研究进展. 旅游学刊,1999(2): 15 – 20.

[65] 陶伟, 黄荣庆. 城市游憩商业区空间结构的发展演变及其相关影响因素研究. 人文地理, 2006(3): 10 – 13.

[66] 陶伟, 李丽梅. 城市游憩商业区系统 SRBD 的生长研究. 旅游学刊, 2003(3): 43 – 48.

[67] 陶伟, 李丽梅. 香港城市游憩商业区空间结构演变模式. 城市规划, 2005(6): 69 – 75.

[68] 陶伟,戴光全,吴霞. "世界遗产地苏州"城市旅游空间结构研究. 经济地理, 2002(4): 487 – 491.

[69] 侯国林,等. 城市商业游憩区的形式及其空间结构分析. 人文地理, 2002(5): 12 – 16.

[70] 俞晟, 何善波. 城市游憩商业区(RBD)布局研究. 人文地理, 2003(4): 10 – 15.

[71] 李麟学. 城市滨水区空间形态的整合. 时代建筑, 1999(3): 83 – 89.

[72] 徐小波,袁蒙蒙,樊志敏. 城市游憩空间布局驱动系统探析. 城市问题, 2008(8): 29 – 34.

[73] 王兴中,秦瑞英,何小东,等. 城市内部生活场所的微区位研究进展. 地理学报(增刊), 2004(59): 125 – 131.

[74] 周菁, 李迪华, 张蕾. 菏泽市游憩网络的构建. 中国园林, 2006(8): 51 – 55.

[75] 吴承照. 城市旅游的空间单元与空间结构. 城市规划学刊, 2005(3): 82 – 87.

[76] 卞显红. 城市旅游空间结构研究. 地理与地理信息科学, 2003(1): 105 – 108.

[77] 汪德根. 城市旅游空间结构演变与优化研究. 城市发展研究, 2007(1): 21 – 26.

[78] 周向频,吴伟勇. 从"大世界"到"新天地"——消费文化下上海市休闲空间的变迁、特征及反思. 城市规划学刊, 2009(2):110 – 118.

[79] 黄泰,保继刚. 基于文化空间解读的城市水上旅游组织策划模式研究——苏州环城河水上旅游案例分析. 规划师,2008(8): 37 – 40.

[80] 王鲁民, 宋鸣笛. 关于休闲层面上的城市广场的思考. 规划师, 2003(3): 51 – 52.

[81] 张祖群, 杨新军. 基于廊道的游憩斑块空间组织研究. 小城镇研究, 2003: 52 – 55.

[82] 张建. 上海大都市游憩商业区的型态模式研究. 地域研究与开发, 2005(3): 63 - 67.

[83] 宋长海,楼嘉军. 上海休闲旅游特色街空间结构及成因研究. 旅游学刊, 2006(8): 13 - 17.

[84] 余向洋, 王兴中. 城市社区环境下商业性娱乐场所的空间结构. 人文地理, 2003(2): 30 - 36.

[85] 柳英华, 白光润. 城市娱乐休闲设施的空间结构特征. 人文地理, 2006(5): 6 - 9.

[86] 赵清,郑国强,黄巧华. 南京城市森林景观格局特征与空间结构优化. 地理学报, 2007(8):870 - 878.

[87] 俞金国,王丽华. 城市旅游地景观格局分析方法——以大连为例. 自然资源学报, 2007(2): 281 - 289.

[88] 祝昊冉,冯健. 北京城市公园的等级结构及其布局研究. 城市发展研究, 2008(4): 76 - 83.

[89] 肖贵蓉,宋文丽. 城市游憩空间结构优化研究——以大连市为例. 中国人口·资源与环境, 2008(2): 86 - 92.

[90] 史春云,张捷,李亚兵等. 城市闲暇业态的空间分异研究. 中国人口·资源与环境, 2008(5): 90 - 95.

[91] 吴必虎. 上海城市游憩者流动行为研究. 地理学报, 1994(2): 117 - 127.

[92] 吴必虎. 大城市环城游憩带(ReBAM)研究. 地理科学, 2001(4): 354 - 359.

[93] 黄泰,张捷,等. 基于区域城市体系的旅游地域系统空间组织研究. 人文地理, 2003(2): 49 - 54.

[94] 苏平, 党宁, 吴必虎. 北京环城游憩带旅游地类型与空间结构特征. 地理研究, 2004(3): 403 - 410.

[95] 王云才, 郭焕成. 略论大都市郊区游憩地的配置: 以北京市为例. 旅游学刊, 2000(2): 54 - 58.

[96] 刘家明,王润. 城市郊区游憩用地配置影响因素分析. 旅游学刊,2007(12): 18 - 22.

[97] 师谦友,裴博. 西安城郊游憩带旅游地空间结构研究. 陕西师范大学学报(自然科学版), 2007(4): 102 - 106.

[98] 李江敏,刘承良. 武汉环城游憩地空间演变研究. 人文地理, 2006(6): 90 - 96.

[99] 陈彦光,王义民. 论分形与旅游景观. 人文地理, 1997(1): 62 - 66.

[100] 戴学军, 丁登山, 许志晖,等. 旅游景区(点)系统空间结构随机聚集分形研究: 以南京市旅游景区(点)系统为例. 自然资源学报, 2005(5): 706 - 713.

[101] 戴学军, 丁登山. 旅游景区(点)系统空间结构关联维数分形研究: 以南京市旅游景区(点)系统为例. 资源科学, 2006(1): 180 - 185.

[102] 戴学军, 林岚, 丁登山,等. 基于分形的旅游景区(点)系统等级结构研究. 地理科学, 2006(2): 244 - 250.

[103] 许志晖,戴学军,庄大昌,等. 南京市旅游景区景点系统空间结构分形研究. 地理研究, 2007(1): 132 - 140.

[104] 高元衡,王艳. 基于聚集分形的旅游景区空间结构演化研究——以桂林市为例. 旅游学刊, 2009(2): 52 - 58.

[105] 冒亚龙,欧阳梅娥. 山地城市的分形美学特征. 山地学报, 2007(2): 148 - 152.

[106] 徐红罡. 城市旅游地生命周期的系统动态模型. 人文地理,2005(5): 66 - 69.

[107] 徐红罡. 城市旅游与城市发展的动态模式探讨. 人文地理,2005(1): 6 - 9.

[108] 冯淑华,沙润,欧阳冬. 基于分形理论的江西丹霞地貌景区点空间特征及优化整合研究. 江西师范大学学报(自然科学版),2007(3): 321 - 326.

[109] 李凤华,李晓东,唐伟,等. 吐鲁番地区旅游景区(点)系统的分形研究. 资源与产业, 2007(4): 50 - 54.

[110] 杨国良, 游勇, 李海燕. 旅游景区(点)系统空间分布的分形发育及演化特征. 自然资源学报, 2007(6): 963 - 973.

[111] 朱晓华, 乌恩. 旅游系统网络空间分形研究的科学展望. 地理科学进展, 2007(1): 133 - 142.

[112] 张振宇, 汪波. 旅游交通网络空间分析——以浙江松阳县为例. 浙江理工大学学报, 2006(2): 219 - 222.

[113] 陈彦光,刘继生. 中心地体系与水系分形结构的相似性分析. 地理科学进展, 2001(1): 81 - 88.

[114] 刘妙龙,黄蓓佩. 上海大都市交通网络分形的时空特征演变研究. 地理科学, 2004(2): 144 - 149.

[115] 陈明星,沈非,查良松,金宝石. 基于空间句法的城市交通网络特征研究——以安徽省芜湖市为例. 地理与地理信息科学, 2005(2): 39 - 42.

[116] 程昌秀,张文尝,陈洁,蔡俊. 基于空间句法的地铁可达性评价分析——以 2008 年北京地铁规划图为例. 地球信息科学, 2007(6): 31 - 35.

[117] 傅搏峰,吴娇蓉,陈小鸿. 空间句法及其在城市交通研究领域的应用. 国际城市规划, 2009(1): 79 - 83.

[118] 黄泰,保继刚. 城市游憩场点系统结构分形及优化——以苏州为例. 地理研究, 2010(1): 79 - 92.

[119] 王兴中,郑国强,李贵才. 行为地理学导论. 西安:陕西人民出版社, 1988.

[120] 林岚,许志晖,丁登山. 旅游者空间行为及其国内外研究综述. 地理科学, 2007(3): 434 - 439.

[121] Timothy A. Deyak and Thomas J. Parliment. An Analysis of Youth Participation at Urban Recreation Facilities. Land Economics, 1975(2): 172 - 176.

[122] Laura L. Payne, Andrew J. Mowen, Elizabeth Orsega-Smith. An Examination of Park Preferences and Behaviors Among Urban Residents: The Role of Residential Location, Race, and Age. Leisure Sciences, 2002(24): 181 - 198.

[123] Jennifer Wolch, John P. Wilson, and Jed Fehrenbach. Parks and Park Funding in Lo-

sangeles: an Equity-Mapping Analysis. Urban Geography, 2005(1): 4 -35.

[124] Peter R. Stopher, Gŏkmen Ergŭn. The effect of location on demand for urban recreation trips. Tanspn Res, 1982(1): 25 -34.

[125] John F. Dwyer. Predicting Daily Use of Urban Forest Recreation Sites. Landscape-and Urban Planning,1988: 127 -138.

[126] Myriam Jansen-Verbeke,Johan van Rekom. Scanning Museum Vistors Urban Tourism Marketing. Annals of Tourism Research, 1996(2): 364 -375.

[127] Jason C. Kinnell, Matthew F. Bingham,etc. Estimating Site Choice Decisions for Urban Recreators. Land Economics, 2006(2): 257 -272.

[128] Peter F. Colwell, Carolyn A. Dehring, Geoffrey K. Turnbull. Recreation Demand and Residential Location. Journal of Urban Economics,2002(51): 418 -428.

[129] Daniel Albalate, Germà Bel. Tourism and urban public transport: Holding demand pressure under supply constraints. Tourism Management,2009: 1 -9.

[130] Jakle, J. The Tourist: Travel in Twentieth-Century North America. Lincoln: University of Nebraska Press, 1985.

[131] Frans M. Dieleman, Martin Dijst and Guillaume Burghouwt. Urban Form and Travel Behaviour: Micro-level Household Attributes and Residential Context. Urban Studies,2002(3): 507 -527.

[132] Smith S I. J. Recreation Geography. London: Longman Group Limited, 1983.

[133] Mercer D C. Discretionary travel behaviour and the urban mental map. Australian Geographial Studies, 1971(9): 133 -143.

[134] Murphy P E, Rosenblood L. Tourism. An exercise in spatial search. The Canadian Geographer, 1974(18): 201 -210.

[135] Elson M J. Activity space and recreational spatial behaviour. Town Planning Review, 1976(47): 241 -255.

[136] Ullman E L, Volk D J. An operational model for predicting reservoir attendance and benefits: implications of a location approach to water recreation. Papers of the Michigan Academy of Science, Arts, and Ietters, 1962(47): 473 -484.

[137] 王斌，赵荣. 西安市市民出游行为研究. 人文地理，2002(5): 21 -24.

[138] Lieber S R, Fesenmiaier D R. Recreation planning and management. London: E & FN Spon L td,1983: 103 -179.

[139] 吴承照. 旅游区游憩活动地域组合研究. 地理科学，1999(5): 437 -441.

[140] 吴承照. 游憩效用与城市居民户外游憩分布行为. 同济大学学报，1999(6): 718 -722.

[141] Stemerding M, Oppewal H. and Timmermans H. A Constraints-Induced Model of Park Choice. Leisure Science, 1999(2): 145 -158.

[142] Shaw D W, Michael T O. Modeling over night recreation trip choice: application of a repeated nested multinomial logit model. Environ Resecon, 1999(4): 397 -414.

[143] Hammitt W E, Knauf L R. and Noe F P. A Comparison of Uservs Researcher: Determined Level of Past Experience on Recreation Preference. Journal of Leisure Research, 1989 (2): 202 -213.

[144] Anastasia Loukaitou-Sideris. Urban Form and Social Context: Cultural Differentiation in the Uses of Urban Parks. Journal of Planning Education and Research,1995(14): 89 -102.

[145] David J. Snepenger, Leann Murphy,etc. Tourists and Residents Use of a Shopping Space. Annals of Tourism Research, 2003(3): 567 -580.

[146] Joanne Connell, Stephen J. Page. Exploring the spatial patterns of car-based tourist travel in Loch Lomond and Trossachs National Park, Scotland. Tourism Management,2007.

[147] Bob McKercher. Segment transformation in urban tourism. Tourism Management. 2008(29): 1215 -1225.

[148] Myron F. Floyd, J. O. Spengler,etc. Environmental and Social Correlates of Physical Activity in Neighborhood Parks: An Observational Study in Tampa and Chicago. Leisure Sciences, 2008(30): 360 -375.

[149] Pearce D. Tourism Today:A Geographical Analysis. Longman Scientific & Technical, 1987.

[150] John H. E. Taplin. Carmel McGinley. A Linear Program to Model Daily Car Touring Choices. Annals of Tourism Research, 2000(2): 451 -467.

[151] Thomas A. More,James R. Averill. The structure of recreation behavior. Journal of Leisure Research. 2003(4): 372 -395.

[152] Yeong-Hyeon Hwang, Ulrike Gretzel, Daniel R. Fesenmaier. Multicity Trip Pattens: Tourists to the United States. Annals of Tourism Research, 2006(4): 1057 -1078.

[153] Charles F. Sidman, Timothy J. Fik. Modeling Spatial Patterns of Recreational Boaters:Vessel, Behavioral, and Geographic Considerations. Leisure Sciences, 2005 (27): 175 -189.

[154] Donald R. Field. Social groups and parks: leisure behavior in time and space. Journal of Leisure Research, 2000(1): 27 -31.

[155] Astrid D. A. M. Kemperman, Aloys W. J. Borgers. Consumer Choice of Theme Parks: A Conjoint Choice Model of Seasonality Effects and Variety Seeking Behavior. Leisure Sciences, 2000(22): 1 -18.

[156] 吴必虎. 旅游城市本地居民环城游憩偏好:杭州案例研究. 人文地理, 2007(2): 27 -31.

[157] 周常春, 车震宇. 昆明城市居民的游憩活动空间研究. 热带地理, 2006(1): 81 -85.

[158] 陈世斌. 杭州城区“最具出游力”人群休闲旅游障碍性因素的实证分析. 地理研究, 2005(6): 982 -991.

[159] 汪芳,俞曦. 城市园林游憩活动评价及“期望差异—体验水平”管理模式. 地理研究, 2008(5): 1059 -1070.

[160] 俞曦,汪芳. 城市园林游憩活动谱研究——以无锡市为例. 中国园林, 2008(4): 84-88.

[161] 唐雪琼. 县级城镇居民休闲行为研究:以云南蒙自县为例. 人文地理, 2004(4): 41-44.

[162] 张安,丁登山,沈思保,等. 南京城市游憩者时空分布规律与活动频率分析. 经济地理, 1999(1): 106-110.

[163] 梁美玉,史春云,车前进. 徐州市民周末休闲活动的空间结构与属性特征研究. 北京第二外国语学院学报, 2008(11): 74-78.

[164] 张春丽,刘继生. 长春市城市游憩系统研究. 人文地理,2005(3): 94-98.

[165] 粟路军,许春晓. 城市居民环城游憩距离选择的实证研究——以长沙市为例. 旅游科学, 2008(1): 34-39.

[166] 彭顺生. 广州市居民环城游憩行为特征研究. 人文地理, 2007(1): 53-57.

[167] 彭顺生. 穗港澳居民环城游憩行为比较研究. 旅游学刊, 2006(12): 22-28.

[168] 周尚意,李淑方,张江雪. 行为地理与城市旅游线路设计——以苏州一日游线路设计为例. 旅游学刊, 2002(5): 66-70.

[169] 梁玥琳, 张捷. 城市滨水空间休闲者行为规律分析: 以武汉市汉口江滩为例. 北京第二外国语学院学报, 2007(7): 77-82.

[170] 杨兴柱,顾朝林,王群. 南京市旅游流网络结构构建. 地理学报, 2007(6): 609-620.

[171] 刘志林. 深圳市民周末休闲活动的空间结构. 经济地理, 2001.

[172] 刘志林,柴彦威,龚华. 深圳市民休闲时间利用特征研究. 人文地理, 2000(6): 73-78.

[173] 唐雪琼, 贾莲莲, 朱竑. 经济欠发达地区县级城镇居民休闲活动空间结构分析. 热带地理, 2005(4): 384-388.

[174] 田谆君. 城市广场休闲者的空间行为特征研究:以无锡市太湖广场为例. 人文地理, 2009.

[175] 宁艳,胡汉林. 城市居民行为模式与城市绿地结构. 中国园林, 2006(10): 51-53.

[176] 杨晓俊,王兴中. 居民消费行为与城市休闲、娱乐场所的空间关系. 西北大学学报(哲学社会科学版), 2005(6):29-31.

[177] 龚洪波. 从休闲活动出发的城市滨水环境设计. 南方建筑, 2004(4): 78-80.

[178] 黄向,保继刚,Wall Geoffrey. 场所依赖(place attachment):一种游憩行为现象的研究框架. 旅游学刊, 2006(9): 19-24.

[179] 李峥嵘, 柴彦威. 大连城市居民周末休闲时间利用特征. 经济地理, 1999(5): 80-85.

[180] 龚华, 柴彦威, 刘志林. 深圳市民工作日生活活动时空结构特征研究. 人文地理, 2000(6): 60-66.

[181] 仵宗卿, 柴彦威, 李志斌. 天津市民购物行为特征分析. 地理科学, 2000(6):

534 - 540.
[182] 孙樱,陈田,韩英. 北京市区老年人口休闲行为的时空特征初探. 地理研究, 2001(5): 537 - 546.
[183] Portugali J. Self Organization and City. Berlin: Springer-Verlag, 2000: 14 - 22.
[184] Jaesoo Kim, Sherrie Wei, Hein Ruys. Segmenting the market of West Australian senior tourists using an artificial neural network. Tourism Management, 2003(24): 25 - 34.
[185] 陈涛,罗宏宇. 旅游行为本质的信息论探讨. 地理学与国土研究, 1996(1): 35 - 39.
[186] 杨国良,张捷,刘波,等. 旅游流流量位序—规模分布变化及其机理——以四川省为例. 地理研究, 2007(4): 662 - 672.
[187] 杨国良,张捷,刘波,等. 旅游景区分布约束下的四川旅游流齐夫(Zipf)结构发育特征. 旅游学刊, 2007(8): 17 - 23.
[188] 王英姿,洪伟,吴承祯,等. 武夷山双遗产地旅游景区系统等级结构的分形分析. 山地学报, 2008(1): 103 - 112.
[189] Moore G T, Golledge R G. Environmental Knowing. Pennsylvania: Dowden, Hutchison and Ross Press, 1976: 123 - 341.
[190] Tolman E C. Cognitive map in rats and men. Psychological Review, 1948: 189 - 208.
[191] Tolman, E. C. Animals and Men. New York: Century, 1932.
[192] Wertheimer, M. Gestalt Psychology. New York: Liveright Publishing Corporation, 1992.
[193] Lynch K. The image of the city. Cambridge Mass: MIT Press, 1960.
[194] Appleyard D. Styles and methods of structuring a city. Environment and Behavior, 1970 (2):100 - 107.
[195] Golledge R G. Learning about urban environment. In: Carlstein T, Parkes D, Thrift N(eds). Making Sense of Time New York: Halsted, 1978: 76 - 98.
[196] M. H. Matthews. Children represent their environment: Mental maps of Coventry city centre. Geoforum. 1980(4): 385 - 397.
[197] Peter D. Killworth, H. Russell Bernard. A technique for comparing mental maps. Social Networks. 1982(4): 307 - 312.
[198] Geoffrey C. Smith, Robert G. Ford. Urban mental maps and housing estate preferences of council tenants. Geoforum, 1985(1): 25 - 36.
[199] Lee Y, Schmidt C G. Urban Spatial Cognition: A Case Study of Guangzhou, China. Urban Geoecaphy, 1986(7): 397 - 412.
[200] Michael H. Birnbaum, Carolyn J. Anderson and Linda G. Hynan. Two Operations for "Ratios" and "Differences" of Distances on the Mental Map. Journal of Experimental Psychology: Human Perception and Performance, 1989(4): 785 - 796.
[201] Horton F E, Reynolds D R. Effects of urban spatial structure on idividiual behavior.

Economic Geography, 1971(47): 36 -48.

[202] Pacione M. Urban Geography: A Global Perspective. New York: Routledge,2001: 389 -393.

[203] Steve Pike. Destination image analysis: view of 142 papers from 1973 to 2000. Tourism Management,2002(23): 541 -549.

[204] Pizam A., Neumann Y. and Reichel A. Dimensions of tourist satisfaction with a destination area. Annals of Tourism Research,1978(3): 314 -322.

[205] Yau, O. H. M. and Chan, C. F.. Hong Kong as a travel destination in South-east Asia: a multidimensional approach. Tourism Management,1990: 123 -132.

[206] Dadgostar, B. and Isotalo, R. M. Factors affecting time spent by near-home tourists in city destinations. Journal of Travel Research,1992(2): 34 -39.

[207] Dadgostar, B. and Isotalo, R. M. Content of city destination image for near-home tourists. Journal of Hospitality and Leisure Marketing,1995(2): 25 -34.

[208] Young, M. Evaluative constructions of domestic tourism places. Australian Geographical Studies,1995(2): 272 -286.

[209] Weber, S. and Mikacic, V.. Importance-performance analysis: application to senior programs evaluation. Journal of Park and Recreation Administration,1995(3): 57 -70.

[210] Mazanec, J. A. Competition among European tourist cities: a comparative analysis with multidimensional scaling and selforganizing maps. Tourism Economics, 1995 (3): 283 -302.

[211] Oppermann, M. Convention destination images: analysis of association meeting planners' perceptions. Tourism Management,1996(3): 175 -182.

[212] Bramwell, B. and Rawding, L.. Tourism marketing images of industrial cities. Annals of Tourism Research, 1996(1): 201 -221.

[213] Mazanec, J. A. Satisfaction tracking for city tourists. In J. A. Mazanec (Ed.), International City Tourism. London:Pinter,1997.

[214] Murphy, P. E. and Pritchard, M. Destination price-value perceptions: an examination of origin and seasonal influences. Journal of Travel Research, 1997(3): 16 -22.

[215] Grabler, K. Perceptual Mapping and Positioning of Tourist Cities. In J. A. Mazanec (Ed.), International city tourism. London:Pinter, 1997a.

[216] Grabler, K. The Managerial Perspective. In J. A. Mazanec(Ed.), International city tourism. London: Pinter. 1997b.

[217] Go, F. and Zhang, W. Applying importance-performance analysis to Beijing as an international meeting destination. Journal of Travel Research, 1997(36): 42 -49.

[218] Lawton, G. R. and Page, S. J. Analysing the promotion, product and visitor expectations of urban tourism: Auckland, NewZealand as a case study. Journal of Travel and Tourism Marketing, 1997(3/4): 123 -142.

[219] Illiewich, S. Deconstructing Destination-image. ttra 29th annual conference proceed-

ings, Travel and Tourism Research Association,1998.

[220] Dimanche, F. and Moody, M. Perceptions of destination image: A study of Latin American intermediary travel buyers. Tourism Analysis, 1998(3): 173 - 180.

[221] Van Limburg, B. City marketing: a multi-attribute approach. Tourism Management, 1998(5): 475 - 477.

[222] Dolnicar, S., Grabler, K. and Mazanec, J. A. A tale of three cities: Perceptual charting for analysing destination images. In: A. G. Woodside, G. I. Crouch, J. A. Mazanec, M. Oppermann and M. Y. Sakai (Eds.), Consumer psychology of tourism, hospitality and leisure. Wallingford: CABI., 1999.

[223] Murphy, P., Pritchard, M. P. and Smith, B. The destination product and its impact on traveller perceptions. Tourism Management,2000(21): 43 - 52.

[224] Heung, V. C. S. and Qu, H. Hong Kong as a travel destination: an analysis of Japanese tourists' satisfaction levels, and the likelihood of them recommending Hong Kong to others. Journal of Travel and Tourism Marketing, 2000(1/2): 57 - 80.

[225] Jutla, R. S. Visual image of the city: tourists' versus residents' perceptions of Simla, a hill station in northern India. Tourism Geographies,2000(4): 404 - 420.

[226] Andreu, L., Bigne, J. E. and Cooper, C. Projected and perceived image of Spain as a tourist destination for British travellers. Journal of Travel and Tourism Marketing, 2000(4): 47 - 67.

[227] Chacko, H. E. and Fenich, G. G. Determining the importance of US convention destination attributes. Journal of Vacation Marketing,2000(3): 211 - 220.

[228] Richard Prentice. Tourist familiarity and imagery. Annals of Tourism Research, 2004(4): 923 - 945.

[229] Ahmad Y. Al-Zoabi. The residents' "images of the past" in the architecture of Salt City, Jordan. Habitat International,2004(28): 541 - 565.

[230] Seyhmus Baloglu, Curtis Love. Association meeting planners perceptions and intentions for five major US convention cities: the structured and unstructured images. Tourism Management, 2005(26): 743 - 752.

[231] Soojin Choi, Xinran Y. Lehto, Alastair M. Morrison. Destination image representation on the web: Content analysis of Macau travel related websites. Tourism Management,2007(28): 118 - 129.

[232] Lapage, W. F. and Cormier, P. L. Image of Camping-Barriers to Participation. Journal of Travel Research, 1977(4):21 - 25.

[233] Chon K S. The Role of Destination Image in Tourism: A Review and Discussion. Revue du Tourisme, 1990(2): 2 - 9.

[234] Telisman-Kosuta, N. Tourism Destination Image. In Tourism Marketing and Management Handbook, S. F. Witt and L. Moutinho, eds. Cambridge: Prentice Hall, 1989: 557 - 561.

[235] Echtner, C. M. and J. R. B. Ritchie. The Meaning and Measurement of Destination Image. The Journal of Tourism Studies,1991(2):2 -12.

[236] Stabler, M. J. The Image of Destination Regions: Theoretical and Empirical Aspects. In Marketing in the Tourism Industry: The Promotion of Destination Regions, B. Goodall and G. Ashworth, eds. London: Croom Helm,1988:133 -161.

[237] Fakeye, P. C. and J. L. Crompton. Image Differences Between Prospective, First-Time, and Repeat Visitors to the Lower Rio Grande Valley. Journal of Travel Research, 1991 (2): 10 -16.

[238] Echtner, C. M. and J. R. B. Ritchie. The Meaning and Measurement of Destination Image. The Journal of Tourism Studies,1991(2):10.

[239] Gartner, W. C. Image Formation Process. Journal of Travel and Tourism Marketing. 1993: 191 -215.

[240] Friedmann, R. and Lessig, V. P. A framework of psychological meaning of products. Advances in Consumer Research, 1986(1): 338 -342.

[241] Stabler, M. J. The image of destination regions: Theoretical and empirical aspects. In B. Goodall and G. J. Ashworth (Eds.),Marketing in the Tourism Industry: the Promotion of Destination Regions. London: Routledge,1990:133 -161.

[242] Um, S. and Crompton, J. L. Attitude determinants in tourism destination choice. Annals of Tourism Research, 1990(3): 432 -448.

[243] Woodside, A. G. and Lysonski, S. A General Model of Traveler Destination Choice. Journal of Travel Research,1989(4): 8 -14.

[244] Fisk, G. A conceptual model for studying consumer image. Journal of Retailing, 1961 -1962(4): 1 -8.

[245] Sheth, J. N. An integrative theory of patronage preference and behavior. In W. R. Darden, & R. F. Lusch (Eds.), Patronage Behavior and Retail Management. New York: North-Holland, 1983.

[246] Hanqin Q. Zhang, Hailin Qu, Venus Mo Yin Tang. A case study of Hong Kong residents' outbound leisure travel. Tourism Management, 2004(25): 267 -273.

[247] BongKoo Lee, C. Scott Shafer. The Dynamic Nature of Leisure Experience: An Application of Affect Control Theory. Journal of Leisure Research, 2002(3): 290 -310.

[248] Frances E. Kuo, Magdalena Bacaicoa, William C. Sullivan. Transforming inner-city landscapes: trees, sense of safety, and preference. Environment and Behavior,1998(1).

[249] Takemi Sugiyama, Catharine Ward Thompson, Susana Alves. Associations Between Neighborhood Open Space Attributes and Quality of Life for Older People in Britain. Environment and Behavior, 2009(1): 3 -21.

[250] Byoung-sukkweon, William C. Sullivan, Angela R. Wiley. Green common spaces and the social integration of inner-city older adults. Environment and behavior, 1998(6): 832 -858.

[251] 顾朝林,宋国臣. 北京城市意象空间及构成要素研究. 地理学报, 2001(1): 64-74.

[252] 冯健. 北京城市居民的空间感知与意象空间结构. 地理科学, 2005(2): 142-154.

[253] 李雪铭,李建宏. 大连城市空间意象分析. 地理学报, 2006(8): 809-817.

[254] 冯维波,黄光宇. 基于重庆主城区居民感知的城市意象元素分析评价. 地理研究, 2006(5): 803-813.

[255] 陈基纯, 陈忠暖, 王枫. 城市居民距离认知研究——以校园大学生群体为对象的调查分析. 热带地理, 2004(1): 60-64.

[256] 石坚韧,赵秀敏,王竹. 城市开放空间公众意象的影响因素研究. 新建筑, 2006(2): 71-74.

[257] 田逢军,沙润. 城市旅游地意象空间分析——以南昌市为例. 旅游学刊, 2008(7): 67-71.

[258] 梁玥琳,张捷. 武汉市休闲意象空间结构研究. 华中师范大学学报(自然科学版), 2007(4): 632-640.

[259] 曹小曙,薛德升,余浩然. 广州城市水上休闲交通意象空间探讨. 热带地理, 2003(4): 359-361.

[260] 蒋志杰,吴国清,白光润. 旅游地意象空间分析——以江南水乡古镇为例. 旅游学刊, 2004(2): 32-36.

[261] 李瑞. 城市旅游意象及其构成要素分析. 西北大学学报(自然科学版), 2004(4): 494-498.

[262] 王艳,张捷,史春云,冉江. 基于公众媒介信息的水乡古镇景观意象研究. 北京第二外国语学院学报(旅游版), 2007(9): 1-8.

[263] 王红,胡世荣. 镇远古城意象空间与旅游规划探讨. 地域研究与开发, 2007(3): 61-64.

[264] 廖仁静,李倩,张捷,卢韶婧,祁秋寅. 都市历史街区真实性的游憩者感知研究——以南京夫子庙为例. 旅游学刊, 2009(1): 55-60.

[265] 邵靖. 古韵今风——论苏州城市意象元素. 现代城市研究, 2007(1): 9-12.

[266] 王婉飞,王毅菲,樊玲玲. 城市游憩商业区(RBD)深度体验研究. 浙江大学学报(人文社会科学版), 2009(1): 43-50.

[267] 徐菊凤. 北京市居民旅游行为特征分析. 旅游学刊, 2006(8): 34-39.

[268] 李连璞,付修勇. 从"时空缩减"视角看环城游憩带发展. 地理与地理信息科学, 2006(2): 97-99.

[269] B. B. Mandelbrot. The Fractal Geometry of Nature. New York: Freeman, 1982: 55-58.

[270] 张济忠. 分形. 北京: 清华大学出版社, 1995: 42-65.

[271] 仪垂祥. 非线性科学及其在地学中的应用. 北京: 气象出版社, 1995: 226-241.

[272] 朱晓华，毛建明．经济混沌研究的非线性科学方法．经济地理，2000(2)：7－9．

[273] 王建国．现代城市设计理论与方法．南京：东南大学出版社，1991：100－101．

[274] Baloglu S, McCleary K. A model of destination image formation. Annals of Tourism Research, 1999(4)：868－897.

[275] Echtner C, Ritchie M B. The measurement of destination image：A empirical assessment. Journal of Travel Research, 1993(4)：35－13.

[276] Gunn C. Vacationscape. Designing tourist regions. Washington DC：Taylor and Francis University of Texas, 1972.

[277] 陆林．旅游规划原理．北京：高等教育出版社，2005：105．

[278] 薛求知，黄佩燕，等．行为经济学：理论与应用．上海：复旦大学出版社，2003：16．

[279] 刘纯．旅游心理学．北京：科学出版社，2004：41－43；82．

[280] 赫尔曼·哈肯．协同学．凌复华，译．上海：上海译文出版社，2001．

[281] 钱学森，于景元，戴汝为．一个科学新领域——开放的复杂巨系统及其方法论．自然杂志，1990(1)：3－10．

[282] 房艳刚．城市地理空间系统的复杂性研究．东北师范大学博士学位论文，2006．

[283] 陈彦光．分形城市系统的空间复杂性研究．北京大学博士学位论文，2004．

[284] Cramer F. 混沌与秩序：生物系统的复杂性．柯志阳，吴彤，译．上海：上海科技教育出版社，2000：285．

[285] 钟义信．信息科学原理．福州：福建人民出版社，1988：36．

[286] Ryabko BYa. Noise-free coding of combinatorial sources, Hausdorff dimension and Kolmogorov complexity. Problemy Peredachi Informatsii, 1986(3)：16－26.

[287] Peitgen H-O, Saupe D. Eds. The Science of Fractal Images. New York：Springer-Verlag, 1988.

[288] Gregory D. Spatial structure[A]. In：Johnstone R J, Gregory D, Smith D M(ed). The Dictionary of Human Geography(2nd edn)[C]. Oxford：Basil Blackwell, 1988：450－451.

[289] Christos Siderelis and Roger L. Moore. Recreation demand and the influence on site preference variables. Journal of Leisure research, 1998(3)：301－318.

[290] Benguigui L, Czamanski D, Marinov M, etal. When and where is a city fractal? Environment and Planning：Planning and Design, 2000(27)：507－519.

[291] Peter M. Allen. Cities and Regions as Self-organizing Systems：Models of Complexity. Amsterdam：Gordon and Breach Science Publishers, 1997：275.

[292] Mandelbrot B. B. The fractal geometry of nature. New York：W. H. Freeman and Company, 1983.

[293] Batty M. Cities as fractal：simulating growth and form. In：Crilly Tetal. Fractal and Chaos. New York：Springer-Verlag, 1991：43－69.

[294] 刘继生，陈彦光．城镇系统等级结构的分形维数及其测算方法．地理研究，1998(1)：82－89．

[295] 陈彦光,刘继生. 城市土地利用结构和形态的定量描述:从信息熵到分数维. 地理研究, 2001(2): 146 -152.

[296] Dekeersmaecker M L, Frankhauser P, Thomas I. Using fractal dimensions to characterize intra-urban diversity: the example of Brussels. Geographical Analysis, 2003 (35): 310 -328.

[297] Batty M, Longley P. Fractal cities: a geometry of form and function. London: Academic Press, 1994.

[298] 陈彦光. 城市化: 相变与自组织临界性. 地理研究, 2004(3): 302 -312.

[299] 刘继生,陈彦光,刘志刚. 点-轴系统的分形结构及其空间复杂性探讨. 地理研究, 2003(4): 447 -454.

[300] Yanguang Chen, Yixing Zhou. Reinterpreting central place networks using ideas from fractals and self-organized criticality. Environment and Planning B: Planning and Design, 2006 (33): 345 -364.

[301] Shen, G. A Fractal Dimension Analysis of Urban Transportation Networks. Geographical and Environmental Modelling, 1997(1): 221 -236.

[302] Lu, Y., and J. Tang. Fractal Dimension of a Transportation Network and Its Relationship with Urban Growth: A Study of the Dallas-Fort Worth Area. Environment and Planning B, 2004(31): 895 -911.

[303] Beckmann M J. City hierarchies and distribution of city size. Economic Development and Cultural Change, 1958(6): 243 -248.

[304] Yanguang Chen, Yixing Zhou. The rank-size rule and fractal hierarchies of cities: mathematical models and empirical analyses. Environment and Planning B: Planning and Design, 2003(30): 799 -818.

[305] 谈明洪, 范存会. Zipf 维数和城市规模分布的分维值的关系探讨. 地理研究, 2004(2): 243 -248.

[306] 刘继生, 陈彦光. 基于 GIS 的细胞自动机模型与人地关系的复杂性研究——关于人地关系研究的技术模式探讨. 地理研究, 2002(2): 155 -162.

[307] White R, Engelen G. Cellular automata and fractal urban form: a cellularmodelling approach to the evolution of urban land-use patterns. Environment and Planning A, 1993(25): 1175 -1199.

[308] 刘继生,陈彦光. 城镇体系空间结构的分形维数及其测算方法. 地理研究, 1999 (2): 171 -172.

[309] 戴学珍. 论京津空间相互作用. 地理科学, 2002(3):257 -262.

[310] 刘继生,陈涛. 东北地区城市体系空间结构的分形研究. 地理科学, 1995(2): 136 -143.

[311] 李震,顾朝林,姚士媒. 当代中国城镇体系地域空间结构类型定量研究. 地理科学, 2006(5): 544 -550.

[312] 陈涛(陈彦光). 城镇体系随机聚集的分形研究. 科技通报, 1995(2): 98 -10.

[313] Brian Howard Kaye. A Random Walk through Fractal Dimensions. VCH Verlagsgesellschaft, Germany, 1989.

[314] Yanguang Chen, Yixing Zhou. Multi-fractal measures of city-size distributions based on the three-parameter Zipf model. Chaos, Solitons and Fractals, 2004(22): 793 - 805.

[315] 吴敏金. 关于分形的定义与分维的计算. 华东师范大学学报(自然科学版). 1992(3): 27 - 37.

[316] 邹珊刚,等. 系统科学. 上海: 上海人民出版社, 1987.

[317] 辛厚文. 分形理论及其应用. 合肥: 中国科技大学出版社, 1993.

[318] 吴敏金. 分形信息学导论. 上海:上海科学技术文献出版社, 1994.

[319] Fedr J, Jossang T. Fractals. New York: Plenum, 1987.

[320] White R, Engelen G. Urban systems dynamics and cellular automata: Fractal structures between order and chaos. Chaos, Solitons & Fractals, 1994(4): 563 - 583.

[321] Benguigui L, Daoud M. Is the suburban railway system a fractal? Geographical Analysis, 1991(23): 362 - 368.

[322] Dendrinos D S, El Naschie M S. (eds.). Nonlinear dynamics in urban and transportation analysis. Chaos, Soliton & Fractals (Special Issue), 1994(4): 497 - 617.

[323] Benguigui L. A fractal analysis of the public transportation system of Paris. Environment and Planning A, 1995(7): 1147 - 1161.

[324] Kim K S, Benguigui L, Marinovc M. The fractal structure of Seoul's public transportation system. Cities, 2003(1): 31 - 39.

[325] 李文华,杨兆升,王希伟. 基于分形几何学的区域公路网布局评价指标的研究. 交通运输系统工程与信息, 2005(5): 50 - 53.

[326] 赵萍, 冯学智. 绍兴市城镇聚落空间形态信息提取及其演化的分形分析. 遥感信息, 2003(1): 11 - 14.

[327] Selby M, Morgan N J. Reconstruing place image—a case-study of its role on destination market research. Tourism Management, 1996(4): 287 - 294.

[328] (加拿大) S·史密斯. 旅游决策与分析方法. 北京:中国旅游出版社, 1991: 80 - 83.

[329] Golledge R. Learning about urban environments[A]. In: Carlstein T, Parkes D, Thrift N. Timing space and spacing time, Vol. 1[C]. London: Edward Arnold, 1979.

[330] Ashworth G J. Products, places and promotion: destination images in the analysis of the tourism industry[A]. In: T. Sinclair and M. J. Stabler, eds. The Tourism industry: An International Analysis[C]. Wallingford: CAB International. 1991: 121 - 142.

[331] Chen, Po-Ju, Deborah L Kerstter. International students' image of rural Pennsylvania as a destination. Journal of Travel Research, 1999(29): 256 - 266.

[332] Scott D R, C D Schewe, D G. Frederick. A multi-brand/multi-attribute model of tourist state choice. Journal of Travel Research, 1978(3): 23 - 29.

[333] Toyne P, Newby P T. Techniques in human geography. London: Macmillan Educaiton

Ltd. 1986: 161 -165.

[334] Montello D. R. The Measurement of Cognitive Distance: Methods and Construct Validity. Jouranl of Environmental Psychology, 1991(2): 101 -122.

[335] Walmsley D. J, Jenkins M. Cognitive Distance: An Neglected Issue in Travel Behavior. Journal of Travel Research,1992(31): 24 -29.

[336] 张捷,李升峰,周寅康,等. 九寨沟风景区游客入游距离特征研究. 长江流域资源与环境, 2002(1): 5 -9.

[337] Downs, Stea D. Cognitive maps and spatial behavior: process and products[A]. Downs RM and Stea D. Image and Environmen[C]. Chicago: Edward Arnold, 1977.

[338] Ankomah, Crompton, Baker D. A study of pleasure travelers'cognitive distance assessment. Journal of Travel Research, 1995: 12 -18.

[339] McNamara. Mental representations of spatial relations. Cognitive Psychology,1986(18): 87 -121.

[340] Canter D., Tagg S. Distance estimation in cities. Environment and Behavior, 1975(7): 59 -80.

[341] Ekman G., Bratfisch O. Subjective distance and emotional involvement: a psychological mechanism. Acta Psychologica, 1965(24): 446 -453.

[342] Mayo, Jarvis. The Psychology of Leisure Travel, Effective Marketing and Selling of Travel Services. Boston :CBI Publishing, 1986.

[343] Hair Joseph F. J., et al. Multivariate Date Annlysis(5 edition). Upper Saddle River, NJ: Prentice Hall, 1998: 118.

[344] Choi W. M., Chan A, Wu J. A qualitative and quantitative assessment of Hong Kong's image as a tourist destination. Tourism Management,1999(3): 361 -365.

[345] Tosun C. Host perceptions of impacts:A comparative tourism study Annals of Tourism Research,2002(1): 231 -253.

附　录

苏州游憩场所发展状况问卷调查

尊敬的女士/先生:您好!我们是中山大学、苏州大学和加拿大滑铁卢大学的城市游憩空间规划领域的研究人员。为更好地了解苏州游憩场所发展状况,了解苏州市民对本市游憩场所开发的需求和呼声,从而为苏州城市规划、建设和管理部门的决策提供依据,我们开展这次问卷调查。敬请填写如下问卷,您不必署名,故不存在泄密问题,请放心如实填写。如果问题的选项与您的答案不符,欢迎将您的观点或看法写在问题旁的空白处。谢谢您的支持!

一、游憩者社会经济状况调查

1. 您的性别__________:□A. 男　□B. 女

2. 您的年龄__________:□A. 18岁以下　□B. 18—25岁　□C. 26—35岁　□D. 36—45岁　□E. 46—55岁　□F. 56—65岁　□G. 66岁以上

3. 您的出生地__________:□A. 苏州市　□B. 苏州所辖的县级市　□C. 其他

4. 目前的居住地__________(□A. 平江区　□B. 沧浪区　□C. 金阊区　□D. 园区　□E. 高新区、虎丘区　□F. 吴中区　□G. 相城区)__________街道(或乡镇),距离苏州观前街的公交站数__________站,或距离__________分钟公交车程。

5. 您在苏州居住的时间__________:□A. 不到1年　□B. 1—3年　□C. 3—5年　□D. 5—10年　□E. 10年以上

6. 您的文化程度__________:□A. 小学　□B. 初中　□C. 高中　□D. 中专/中技/职高　□E. 大专、本科　□F. 研究生及以上　□G. 其他

7. 您所从事的职业__________:□A. 公务员　□B. 企事业管理人员　□C. 专业技术人员　□D. 教师　□E. 商业服务业员工　□E. 工人　□F. 军人　G. 农民　H. 离退休人员　I. 学生　J. 其他__________

8. 您的月收入__________:□A. 1万元以上　□B. 4 000—10 000元　□C. 2 001—4 000元　□D. 1 001—2 000元　□E. 501—1 000元　□F. 500元以下　□G. 无固定收入

9. 您的家庭结构__________:□A. 未婚或独身　□B. 夫妻二人　□C. 有18岁以下子女　□D. 无18岁以上孩子　□E. 与父母同住　□F. 三代同堂

二、游憩者出游行为偏好调查

10. 您家里是否拥有私家小汽车＿＿＿＿＿（□A. 是 □B. 否）或配有公家小汽车＿＿＿＿＿（□A. 是 □B. 否）？若有私家车，购于何时＿＿＿＿＿（□A. 15 年前 □B. 10 年前 □C. 5 年前 □D. 2 年前 □E. 2 年以内）？平时外出，您是＿＿＿＿＿（□A. 自己驾驶 □B. 别人驾驶，自己乘坐 □C. 有时驾驶，有时乘坐）。购车的原因为＿＿＿＿＿（最好选择一项，若选多项，请按重要程度从重到轻排序）（□A. 上班或工作需要 □B. 经济上有条件使其成为生活必需品 □C. 心理需要 □D. 外出休闲娱乐的需要 □E. 属可有可无之物 □F. 其他原因）。

11. 您日常上班的主要交通方式是＿＿＿＿＿（□A. 公交车 □B. 私人小汽车 □C. 单位小汽车 □D. 出租车 □E. 通勤车 □F. 摩托车 □G. 电瓶车 □H. 自行车 □I. 步行 □J. 地铁 □K. 其他）。

12. 上班的交通线路附近是否有购物、游憩场所＿＿＿＿＿（□A. 有 □B. 没有）？如果有，您对上班线路附近的多数购物游憩场所是否熟悉＿＿＿＿＿（□A. 熟悉 □B. 不熟悉）？您觉得熟悉程度在您外出游玩中的重要程度是＿＿＿＿＿（□A. 因为熟悉会去 □B. 因为熟悉了而不去 □C. 因为熟悉会优先考虑 □D. 因为熟悉而作为相对次要的备选游憩地 □F. 和熟悉不熟悉关系不大，很大程度上由个人需要所决定）；您觉得这些游憩场所在整体城市游憩场所体系中的重要程度＿＿＿＿（□A. 非常重要 □B. 重要 □C. 地位一般，无所谓重要不重要 □D. 不重要 □E. 微不足道）。您通常多久光顾这些游憩场所＿＿＿＿（□A. 一周多次 □B. 一周一次 □C. 半月一次 □D. 一个月一次 □E. 2 个月一次 □F. 一个季度一次 □G. 半年乃至 1 年一次 □H. 基本不去）？

13. 在周末休息日，您一般如何利用时间＿＿＿＿＿（□A. 近距离外出购物 □B. 远距离外出购物 □C. 到附近公园游玩 □D. 到苏州近郊游玩 □E. 到苏州远郊（如太湖）游玩 □F. 在家看电视、休息、工作或做家务 □G. 在自己家里聚会 □H. 外出探友或与朋友聚会 I. 其他）？

周末出游，您一般花在路上的时间为＿＿＿＿＿（□A. 30 分钟以内 □B. 30 分钟至 1 小时 □C. 1 小时至 2 小时 □D. 2 小时至 3 小时 □E. 3 小时以上）；一般采取何种交通方式＿＿＿＿＿（□A. 公交车 □B. 私人小汽车 □C. 单位小汽车 □D. 大客车 □E. 摩托车 □F. 电瓶车 □G. 自行车 □H. 步行 □I. 地铁 □J. 出租车 □K. 其他）；是否会在外过夜＿＿＿＿＿（□A. 会 □B. 不会）？如果在外过夜，您选择的住宿方式通常为＿＿＿＿＿（□A. 宾馆 □B. 亲朋家 □C. 家庭旅馆 □D. 位于游玩地附近的自己家的住房 □E. 其他）。

14. 关于您的户外游玩计划：在未来一年（52个星期）内，您在苏州本市游玩的总次数大概为＿＿＿＿＿次？不同时间去不同地点游玩的次数分别为多少，在下表格中填写次数：

游玩次数 地方 时间	苏州市城区及近郊	苏州市远郊（如西山）	苏州市管辖的5个县级市	外地旅游
工作日空闲时				
周末双休日				
五一、清明、端午、中秋、元旦等三天假期				
国庆、春节等7天长假、带薪年休假七天				

15. 假如您从家里前往西山景区、石湖景区、阳澄湖景区、苏州乐园、金鸡湖、观前街：

	西山景区	石湖景区	阳澄湖景区	苏州乐园	金鸡湖	观前街
公交车程						
备选项	A. 15 分钟以内 B. 15 分钟至 30 分钟 C. 30 分钟至 1 小时 D. 1 小时至 2 小时 E. 2 小时至 3 小时 F. 3 小时以上					
	西山景区	石湖景区	阳澄湖景区	苏州乐园	金鸡湖	观前街
交通工具						
备选项	A. 公交车 B. 私人小汽车 C. 单位小汽车 D. 大客车 E. 摩托车 F. 电瓶车 G. 自行车 H. 步行 I. 地铁 J. 出租车 K. 其他					
	西山景区	石湖景区	阳澄湖景区	苏州乐园	金鸡湖	观前街
前往频率						
备选项	A. 一周多次 B. 一周一次 C. 半月一次 D. 一个月一次 E. 2 个月一次 F. 一个季度一次 G. 半年乃至 1 年一次 H. 基本不去					
	西山景区	石湖景区	阳澄湖景区	苏州乐园	金鸡湖	观前街
出游方式						
备选项	A. 和家人一起外出 B. 亲朋结伴 C. 独自外出 D. 找网友结伴 E. 跟着旅行社组团 F. 单位组织					
	西山景区	石湖景区	阳澄湖景区	苏州乐园	金鸡湖	观前街
过夜方式						
备选项	(1) 如果希望在外过夜请选择：A. 宾馆 B. 亲朋家 C. 家庭旅馆 D. 游玩地附近自己的住宅 E. 其他 (2) 不想在外过夜请打 ×					

16. 倘若您分别在元旦(1 月 1 日)和五一(5 月 1 日)前往观前街、金鸡湖、苏州乐园、虎丘四处游玩，您计划抵达和离开返回的时间分别是(注明早上还是下午，或 24 时制表示)：

	观前街		金鸡湖		苏州乐园		虎丘	
	抵达时间	离开时间	抵达时间	离开时间	抵达时间	离开时间	抵达时间	离开时间
元旦								
五一								

17. 请对下列游憩动机的重要性进行打分，采取最高7分制，评分标准为：□A. 极为重要7分　□B. 很重要6分　□C. 重要5分　□D. 一般4分　□E. 不重要3分　□F. 很不重要2分　□G. 极不重要1分

游憩动机	重要性打分	游憩动机	重要性打分
增加阅历见识		与朋友度过快乐时光	
促进家庭的美满和睦		和他人在一起	
促进孩子的健康成长		打发时间	
精神放松		结交朋友	
体力放松		获得情感上的归属	
逃避城市生活的喧嚣		发挥自我想象	
清静的气氛		发展密切的友谊	
挑战极限、向自我能力挑战		在运动中发展体能和技巧	
排遣孤寂		回归大自然	
缓解工作压力		体验乡村田园气息	
摆脱单调的日常生活和工作		体现大胆和冒险	
自由自在地做我想做的事		寻求刺激兴奋和不寻常的经历	
享受生活		去朋友想去却还没去过的地方	
一时冲动		去大家都认为好玩的地方	
发展个人癖好		去媒体介绍过的地方	

18. 在购物方面，当购置日常生活用品时，您的选择是__________；在购置衣服时，您的选择是__________；在购置大型重要物品时，您的选择是__________（□A. 基本上在距家最近的大型超市里解决　□B. 在住宅附近的中、小型超市里解决　□C. 在居住小区里的商店或附近市场、小商店里解决　□D. 在距家有一定距离的中、大型商场里解决　□E. 在观前街、石路等大型购物场所解决　□F. 其他方式）。

在光顾观前街、石路等大型购物商业街区方面，您一般是__________；在光顾以圆融时代广场为中心的园区金鸡湖湖东商业街区方面，您一般是__________；在光顾新城区中心—园区金鸡湖湖西商业街区方面，您一般是__________；在光顾区域性购物中心或大型超市方面，您一般是__________（□A. 一周多次　□B. 一周一次　□C. 半月一次　□D.

一个月一次 □E. 2 个月一次 □F. 一个季度一次 □G. 半年乃至 1 年一次 □H. 基本不去)。

19. 在苏州本地游玩,您最经常去的三个地方是:________________;您最喜欢的三个地方是:________________;您未来一段时间最想去的三个地方是:________________;最喜欢的什么样的活动________________。

20. 请结合您在苏州生活游玩的体验或印象,对苏州游憩场所做出评价(对应划√):

	很好	较好	一般	较差	很差	未曾使用
场所规模数量						
场所容量,是否拥挤						
旅游景观品质						
游憩场所品味						
游憩活动项目						
游憩基础设施						
环境卫生条件						
厕所设施						
购物环境条件						
景区导游服务						
场所管理服务						
交通便捷性						
配套餐饮条件						
配套住宿条件						
游乐氛围						
游憩的安全性						

21. 作为市民,您对苏州的游憩生活的期望、满意感、自我价值感如何?请评分(对应划√)

评价问题	弱	⟶					强
您是否拥有充足的闲暇时间	很不对	1	2	3	4	5	很对
您的收入水平能否应付在平常的游乐消费	完全不能	1	2	3	4	5	完全能
您对苏州游憩总体印象、特色的评价	很差	1	2	3	4	5	很好
您对苏州游憩的总体期望	很低	1	2	3	4	5	很高
您对自然景观环境的期望	很低	1	2	3	4	5	很高
您对社会服务环境的期望	很低	1	2	3	4	5	很高

续表

评价问题	弱	————	———	——→			强
您对自然景观环境质量的感知	很差	1	2	3	4	5	很好
您对社会服务环境质量的感知	很差	1	2	3	4	5	很好
您相对游憩场所门票,对游乐产品的评价	很低	1	2	3	4	5	很高
您对游憩场所的消费性价比的评价	很低	1	2	3	4	5	很高
您对苏州游憩发展的总体满意度	很不满意	1	2	3	4	5	很满意
与理想中的游乐场所相比较,您对实际的游憩设施进行评价	很低	1	2	3	4	5	很高
与游览前的期望比较,您对游憩场点的评价	很低	1	2	3	4	5	很高
您对苏州的游憩生活做正面口碑宣传的可能性	不会	1	2	3	4	5	一定会
去过的游乐场所您会故地重游、经常光顾	不会	1	2	3	4	5	一定会
您对苏州的游憩生活做负面口碑宣传的可能性	不会	1	2	3	4	5	一定会
您向相关管理部门投诉游憩场所的可能性	不会	1	2	3	4	5	一定会
您对苏州游憩条件的抱怨程度	很低	1	2	3	4	5	很高
外出游玩时,您的总体自我价值感或成就感	很低	1	2	3	4	5	很高
在游憩活动中,您感觉自己角色的重要性	很不重要	1	2	3	4	5	很重要
在日常游憩中,他人对您的认可或尊重程度	很低	1	2	3	4	5	很高
在游憩活动中,您和外人交流的能力或成就感	很低	1	2	3	4	5	很高

22. 对于在本地游玩,您的态度是:__________(□A. 不喜欢在本地玩 □B. 感觉本市休闲娱乐场所多少并不重要 □C. 希望家门口能有更多更好玩的地方 □D. 只要条件允许,很希望在本地休闲游乐);您觉得苏州本地现有的游憩场所能否满足您的休闲娱乐需要:__________(□A. 能 □B. 基本能 □C. 基本不能 □D. 不能);在乡野郊外游玩,您喜欢的用餐方式是__________(□A. 野外烧烤 □B. 自带食物 □C. 吃农家菜 □D. 在景区餐厅用餐 □E. 返回城区用餐)。

23. 一些因素会影响您出门游玩的决策,请判断下表第一行要素对您的出游的影响程度:

	公园或游玩的地方离得太远	花费太高	交通不便	节假日市区游客太多	节假日郊外景区游客太多	不知道游玩的地方在哪里	没时间	没有人一块去	害怕受到袭击或伤害	家人或自己有病在身	对户外游玩没兴趣	不喜欢其他人玩的东西
严重影响												
一般影响												
不影响												

欢迎您对苏州市游憩场所的开发提出宝贵建议或意见：________________________________

____

三、游憩者的感知印象调查

24. 谈到在苏州本地游玩，您的最深印象是什么？请用一句话来形容________________

____

您对苏州印象最深的游玩场所是：________________。

25. 下表第一行中列出了一些景区，请回答您曾去过的次数，您去的时候所选的交通方式，您对通往这些景区的道路线路的熟悉程度，并根据您的直观印象，以市中心观前街为参考点，判断这些景区距离观前街的远近程度（请注意：不要参照任何材料，凭直观印象在相应空格内画√）。

		盘门景区	拙政园	山塘街	寒山寺	虎丘	苏州乐园	金鸡湖	阳澄湖	角直古镇	木渎景区	光福景区	石湖景区	太湖度假区	西山景区
曾去过多少次															
所选的交通工具（表下选项）															
对通往景区的道路	极熟悉														
	很熟悉														
	熟悉														
	中等														
	不熟悉														
	很不熟														
	极不熟														
感觉景区离观前街	非常近														
	很近														
	近														
	中等														
	远														
	很远														
	非常远														

若选多项，请按可能性从大到小排序：（□A. 公交车 □B. 小汽车 □C. 大客车 □D. 出租车 □E. 摩托车 □F. 电瓶车 □G. 自行车 □H. 步行 □I. 其他）。

26. 苏州的游憩资源在哪些方面给您留下比较深的印象，哪些方面给您留下的印象则很一般呢？请对表中所罗列的方面给您留下印象的深浅进行判断并在相应的空格内画√。

	历史名城	名胜古迹	古典园林	人造景观	民俗风情	自然生态	名山风光	河流景观	优美湖景	水城印象	疗养度假	休闲购物	节事都会	开发区	著名高校	特色旅游	革命圣地	乡村景色	水乡古镇	宗教旅游
印象深																				
印象一般																				
印象浅																				
没印象																				

27. 喜怒哀乐,人人有之,在游玩过程中的体验或许更为复杂,请问,在苏州本地的游玩经历中,您在下列不同情绪体验方面的感受程度分别如何?请判断并在相应的空格内画√。

感受程度		放松	开心	享受	兴奋	刺激	鼓舞	着迷	挑战	烦心	拥挤	沮丧	压抑	沉闷	紧张	孤独
程度递减↓	很对															
	对															
	中等															
	不对															
	很不对															

28. 请在下面空白处尽可能多地画出您记忆中的苏州市的游乐场所印象草图。特别提醒,请不要参照其他任何材料。草图方位采取上北、下南、左西、右东,适当位置可用文字标注说明。

后　记

本书是在我的博士论文基础上修改、完善而成的。经过无数次思考求索，历经无数个不眠之夜，我的博士论文终于完成，并顺利通过答辩，在论文即将出版的这一刻，我的内心是激动的，更是充满感激的。

首先要感谢我的导师保继刚教授，在我论文的写作过程中，先生自始至终都倾注着心血，恩师无私的教诲帮助、高尚的师德风范、严谨的治学态度、睿智的学业点拨、乐观的生活态度令我受益终生，他的教诲与鞭策将激励我在科学和教育的道路上励精图治、开拓创新！

感谢加拿大滑铁卢大学的 Geoffrey Wall 教授在我求学加国的一年里给予的热情帮助和入微关切，师恩铭记于心。

感谢中山大学地理科学与规划学院、中山大学旅游发展与规划研究中心所有老师给予我的温厚关怀和辛勤授业！

感谢朱竑教授、徐红罡教授、李郇教授给予我的真诚关怀和无私指导，诸位教授兼恩师之博大、尊长之宽厚令我难以忘怀！

感谢陈志钢、左冰等师兄与师姐在生活上的照顾和学业上的帮助，以及在本文写作过程中给予的大量建议与帮助！

感谢余意峰、马凌、古诗韵、叶圣涛同窗数载的兄弟姐妹，友谊地久天长，帮助永记在心！

感谢李鹏、孟威、翁时秀、朱峰、项怡娴等各位师弟师妹，感谢你们给予我的热心帮助！

感谢好友戴学军博士、王行风博士在本文写作过程中所提供的数据处理方面的技术支持！

感谢王芳博士、许振晓博士、刘冬梅博士等数十位在加留学的好友们，永远难忘在加国一起共度的美好时光。

感谢教育部国家留学基金委《国家留学基金全额资助项目（留金出 20073021 号）》的资助，保证了论文调研、交流活动的顺利开展，也促进了笔者国际学术视野的形成和学术研究能力的提高。

最后，要感谢我的家人，预答辩之夜父亲的病逝令我非常忧伤，在此我要慰藉父亲在天之灵，感谢勤劳朴实的母亲，感谢贤惠善良的妻子，没有她们，就没有我的今天，她们的爱是那么厚实，值得我用一生去守护和回报！

黄　泰

2013 年 10 月